Mathematikdidaktik im Fokus

Reihe herausgegeben von

Rita Borromeo Ferri, Fachbereich 10 Mathematik, Universität Kassel, Kassel, Deutschland

Andreas Eichler, Institute for Mathematics, University of Kassel, Kassel, Deutschland

Elisabeth Rathgeb-Schnierer, Institut für Mathematik, Universität Kassel, Kassel, Deutschland

In dieser Reihe werden theoretische und empirische Arbeiten zum Lehren und Lernen von Mathematik publiziert. Dazu gehören auch qualitative, quantitative und erkenntnistheoretische Arbeiten aus den Bezugsdisziplinen der Mathematikdidaktik, wie der Pädagogischen Psychologie, der Erziehungswissenschaft und hier insbesondere aus dem Bereich der Schul- und Unterrichtsforschung, wenn der Forschungsgegenstand die Mathematik ist.

Die Reihe bietet damit ein Forum für wissenschaftliche Erkenntnisse mit einem Fokus auf aktuelle theoretische oder empirische Fragen der Mathematikdidaktik.

Nina Gusman

Tafel versus Beamer

Welche Rolle spielt die Präsentation
mathematischer Inhalte für das
Lernen?

Springer Spektrum

Nina Gusman
FB 10, Institut für Mathematik
Universität Kassel
Kassel, Deutschland

Dissertation an der Universität Kassel, Fachbereich 10 Mathematik und Naturwissenschaften, u. d. T.: Nina Gusman. Tafel versus Beamer: Welche Rolle spielt die Präsentation mathematischer Inhalte für das Lernen von Studierenden in der Studieneingangsphase?
Tag der Disputation: 14.09.2021

ISSN 2946-0174   ISSN 2946-0182   (electronic)
Mathematikdidaktik im Fokus
ISBN 978-3-658-37788-5   ISBN 978-3-658-37789-2   (eBook)
https://doi.org/10.1007/978-3-658-37789-2

Die Deutsche Nationalbibliothek verzeichnet diese Publikation in der Deutschen Nationalbibliografie; detaillierte bibliografische Daten sind im Internet über http://dnb.d-nb.de abrufbar.

Planung/Lektorat: Marija Kojic
Springer Spektrum ist ein Imprint der eingetragenen Gesellschaft Springer Fachmedien Wiesbaden GmbH und ist ein Teil von Springer Nature.
Die Anschrift der Gesellschaft ist: Abraham-Lincoln-Str. 46, 65189 Wiesbaden, Germany

Geleitwort

Nina Gusman ist seit 2017 im Institut für Mathematik der Universität Kassel für die Organisation und Durchführung von Vorkursen zur Mathematik zuständig, die für Studierende in den Ingenieurswissenschaften, der Mathematik, Naturwissenschaften und für die Lehramtsstudiengänge Mathematik angeboten werden. Jedes Jahr werden hier rund 1000 Studierende betreut mit dem Ziel, den Einstieg in mathematikhaltige Studiengänge so vorzubereiten, dass er erfolgreich gelingt und dann auch zu einem erfolgreichen Studienabschluss führen kann. Dieser bekanntermaßen schwierige Übergang von Schule zu Hochschule, der durch Vorkurse abgefedert werden soll, ist vielfach in der Forschung unter dem Stichwort Transition diskutiert und analysiert worden. Grund dafür ist die zum Teil erschreckend hohe Anzahl von Studienabbrüchen gerade in der Einstiegsphase des Studiums.

In diesem Arbeitsbereich, den Vorkursen, setzt die Dissertation von Nina Gusman im Umfeld der entscheidenden Fragestellung in diesem Bereich: Wie müssen Vorkurse gestaltet sein, damit diese erfolgreiches Lernen von Mathematik ermöglichen? Unter dieser Fragestellung ist Nina Gusman einer Hypothese gefolgt, nämlich dass Mathematik geschrieben sehen und Mathematik schreiben das Lernen und Verstehen unterstützt, insbesondere am Beginn des Studiums, in dem auch neue Konventionen des mathematischen Schreibens eingeführt werden. Auf der Basis dieser Hypothese hat Nina Gusman in zwei Hauptstudien Serien von Interventionen mit einem experimentellen Design geplant, durchgeführt und analysiert. Die Experimente sind dabei Schritte auf dem Weg zur Beantwortung der Frage, welchen Stellenwert das Schreiben von Mathematik zu Beginn des Studiums haben kann.

In der ersten Hauptstudie werden dazu zunächst zwei deutlich unterschiedliche Veranstaltungsformate, eine Tafelvorlesung (handschriftlich, dynamisch) und eine Beamervorlesung (Computerdruck, statisch) in drei Experimenten verglichen. Dabei werden jeweils ausgewählte Inhalte des Vorkurses in den beiden Bedingungen Tafel und Beamer identisch eingeführt, nur das Präsentationsmedium wird variiert. Mit diesem sehr gut geplanten Vorgehen konnte Nina Gusman zeigen, dass die Leistung und auch die Behaltensleistung der Tafelgruppe der Beamergruppe deutlich überlegen ist. Unmittelbar klar wurde aber, dass in der ersten Hauptstudie mit einem noch groben Design gearbeitet werden musste, in dem dennoch die Präsentationsarten in mehr als einer Eigenschaft variieren. Das diskutiert Nina Gusman transparent in der Zusammenfassung der Experimente und führt die Diskussion zu einem verfeinerten Design in einer zweiten Hauptstudie.

In der zweiten Hauptstudie werden neben dem Präsentationsmedium auch die Dynamik und schließlich die Handschriftlichkeit der Präsentation mathematischer Inhalte variiert und wiederum in einem experimentellen Design in fünf Experimenten untersucht. In beeindruckender Weise ergibt sich hier insgesamt, dass eine dynamische einer statischen Präsentation überlegen ist. Weiterhin scheint eine handschriftliche Präsentation einer Präsentation mit gedruckten Worten überlegen zu sein. Allerdings spielt das Medium selbst, also Tafel oder Beamer, keine entscheidende Rolle für den Lernerfolg. Über die Präsentationsformen wurde in der zweiten Hauptstudie auch der Einfluss des Schreibens auf den Lernerfolg untersucht. Hier hat sich ein Vorteil derjenigen ergeben, die handschriftliche Notizen angefertigt haben. Dieser Vorteil hat sich unabhängig von den temporären Experimenten erwiesen. Vielmehr scheint sich bereits zu Beginn der Vorkurse bei einem Teil der Studiereden eine Strategie des Mitschreibens herauszubilden, die den Lernerfolg deutlich unterstützt.

Insgesamt zeichnen sich die Analysen in der gesamten Arbeit dadurch aus, dass sie alle denkbaren Facetten von Unterschieden beleuchten und so Schritt für Schritt aus dem Einzelexperimenten einen Gesamtüberblick ermöglichen. Dabei sind die Analysen stets sehr gut nachvollziehbar und werden präzise beschrieben und visualisiert.

Eingebettet sind die empirischen Betrachtungen in eine umfangreiche Literaturschau zu Präsentationsformen, aber auch zum Vorteil des Schreibens. Gerade die zuletzt genannte Literatur ermöglicht Erklärungen für die empirischen Ergebnisse dieser Arbeit.

Die Ergebnisse der Arbeit von Nina Gusman sind hoch relevant für die Mathematikdidaktik. Sie können als Grundlagenarbeit im Bereich der Einführung in die universitäre Mathematik dienen und hier Konsequenzen für die Gestaltung von

Einführungsveranstaltungen an den Hochschulen nach sich ziehen. Sie führen auf jeden Fall zum Nachdenken über das eigene Vorgehen im Hochschulbetrieb, insbesondere, wenn fachwissenschaftliche Inhalte thematisiert werden.

Mit den Ergebnissen wird ein Feld bereitet, in dem sich Anschlussstudien, etwa zum Erwerb konzeptuellen Wissens in der Studieneingangsphase oder zu Verbindungen der fachdidaktischen Forschung mit der kognitionswissenschaftlichen Forschung, anbieten. Ich wünsche der Arbeit von Nina Gusman eine breite Rezeption in der Mathematikdidaktik, insbesondere in der Hochschuldidaktik Mathematik.

Prof. Dr. Andreas Eichler

Danksagung

An dieser Stelle möchte ich mich bei allen, die mich bei der Anfertigung meiner Dissertation unterstützt und begleitet haben, ganz herzlich bedanken.

Mein besonderer Dank gilt Herrn Prof. Dr. Andreas Eichler für das Ermöglichen meiner Forschung, für die Betreuung meiner Arbeit, für den regelmäßigen und gewinnbringenden Austausch, für die lehrreiche Zeit, für die Wertschätzung und Unterstützung bei der Erstellung dieser Arbeit.

Ich bedanke mich ganz herzlich bei Herrn Prof. Dr. Wolfram Koepf für das Ermöglichen meiner Forschung und für die Einführung und die Unterstützung bei der Arbeit bezüglich der Organisation und Durchführung der Mathematikvorkurse.

Bei Herrn Prof. Dr. Andreas Eichler, Herrn Jun.-Prof. Dr. Michael Liebendörfer und Herrn Prof. Dr. Wolfram Koepf möchte ich mich für das Begutachten meiner Arbeit ganz besonders bedanken.

Ich möchte mich auch ganz herzlich bei unserem Forschungskolloquium für die zahlreichen Ideen und für die wertvollen Diskussionen und Ratschläge bedanken.

Ebenfalls danke ich allen studentischen Hilfskräften, die an diesem Projekt beteiligt waren und ihr Engagement bei der Erledigung verschiedener Aufgaben gezeigt haben.

Ganz besonders danke ich meiner Familie und meinen Freunden, die mich durchgehend während der Promotionszeit unterstützten und ermutigten sowie eine arbeitsgünstige Atmosphäre für die Anfertigung dieser Arbeit geschaffen und mir Kraft und Energie gegeben haben.

Nina Gusman

Inhaltsverzeichnis

Abkürzungsverzeichnis

ANOVA	Varianzanalyse
BOLD	Blood Oxygen Level Dependent
EEG	Elektroenzephalographie
EMG	Elektromyographie
fMRT	funktionelle Magnetresonanztomographie
MEG	Magnetoenzephalographie
MRT	Magnetresonanztomographie
NHST	Nullhypothesis Significance Testing
OHP	Overheadprojektor
PET	Positronen-Emissions-Tomographie
TMS	transkranielle Magnetstimulation
TOST	Two One-Sided t-Tests

Abbildungsverzeichnis

Tabellenverzeichnis

Einleitung 1

1.1 Übergang zwischen Schule und Hochschule

Auf dem Weg ins Berufsleben erleben junge Menschen verschiedene wichtige Übergänge. Bei einer akademischen Ausbildung ist eine bedeutende Transition der Übergang zwischen Schule und Hochschule. Dieser Übergang wird für viele Studienanfängerinnen und Studienanfänger zu einer Herausforderung und stellt für sie eine hohe Hürde dar. Besonders mathematische Lehrveranstaltungen bereiten den Studierenden zu Beginn des Studiums große Schwierigkeiten (z. B. Gueudet, 2008; Rach & Heinze, 2013)[1]. Außerdem sind Studienabbruchquoten gerade im mathematisch-naturwissenschaftlichen und technischen Bereich ausgesprochen hoch (Heublein et al., 2014).

„Mathematische Inhalte sind nicht identisch mit ihren materialisierten Ausdrucksformen" (Hefendehl-Hebeker, 2016, S. 18). Im Hochschulbereich sind die Lehrinhalte grundsätzlich anspruchsvoll und viel abstrakter als in der Schule, sodass sich hochschulmathematische Inhalte stark von der für die Studienanfängerinnen und Studienanfänger bereits bekannten Schulmathematik unterscheiden (Gueudet, 2008). Auch die Organisation der Lehrveranstaltungen mit einem hohen Anteil frontaler Instruktion könnte für viele Studierende zum Beginn des Studiums als fremd und anstrengend empfunden werden, denn beim Eintritt in eine Universität müssen sie eine didaktische Umstellung und Veränderungen auf institutioneller Ebene erleben (Gueudet, 2008; Rach & Heinze, 2013).

---

[1] Diese Dissertation wurde nach den beim Institut für Psychologie der Universität Kassel (2018) zusammengefassten Richtlinien der American Psychological Association (APA) gestaltet.

Mit der rasanten Entwicklung der digitalen Medien entstehen zugleich diverse Möglichkeiten und Formate für die Durchführung verschiedener Lehrveranstaltungen und die Gestaltung unterschiedlicher Lehrmaterialien, die von Dozentinnen und Dozenten aktiv und umfangreich genutzt werden. „Students in transition are exposed to numerous didactical differences in approaches to teaching, as well as to a large variety in individual instructors' teaching styles, and changing features of knowledge and knowing" (Clark & Lovric, 2008).

Studienanfängerinnen und Studienanfänger werden mit einer neuen Lernsituation konfrontiert und müssen sich außerdem mit einem anspruchsvollen Lernstoff und einer unbekannten Darstellungsweise auseinandersetzen (Gueudet, 2008; Moore, 1994). Diese neue Darstellungsweise ist einer der Bestandteile visueller Präsentationen, die in den Vorlesungen den Lehrstoff zur Anschauung anbieten. In diesem Kontext werden in dieser Arbeit Parallelen zwischen dem Aneignen neuer Inhalte durch Schülerinnen und Schüler im Grundschulalter und durch Studierenden in der Studieneingangsphase durch visuelle und auch andere Sinneskontakte gezogen. Genauso wie Schülerinnen und Schüler kommen Studienanfängerinnen und Studienanfänger mit Hilfe unterschiedlicher Darstellungsarten mit neuen, unbekannten mathematischen Inhalten in Kontakt. Dieser visuelle Kontakt soll nach Aebli (2011) eine Unterstützung beim Erfassen des Unterrichtsgegenstandes bieten:

> Die anschauliche Gegenwart des Unterrichtsgegenstandes und damit der Sinneskontakt zwischen Betrachter und Gegenstand stellt eine notwendige (aber nicht genügende) Bedingung des Anschauens dar. Daraus ergibt sich für den Lehrer die wichtige didaktische Aufgabe, die Schüler mit den Dingen in Kontakt zu bringen. [...] Im anschaulichen Unterricht kommen die Schüler mit der Sache in unmittelbare Berührung. Die Rolle des Lehrers verwandelt sich von der eines Vermittlers in die eines Helfers: er hilft dem Schüler, den Gegenstand zu erfassen (Aebli, 2011, S. 101).

Es könnte angenommen werden, dass unterschiedliche Darstellungsarten verschiedene Eindrücke beim Sinneskontakt mit dem Gegenstand der Mathematik verursachen und eine Rolle bei der Vermittlung und vor allem bei der Aneignung der hochschulmathematischen Inhalte für Studienanfängerinnen und -anfänger spielen könnten.

1.2   Schwierigkeiten der Studierenden mit symbolischen und formalen mathematischen Inhalten

„Mathematik ist eine abstrakte Wissenschaft. Ihre Gegenstände sind mentale Konstrukte, die im Umgang mit Darstellungen ausgebildet werden und nur über Darstellungen vermittelt werden können. Hierfür hat die Mathematik eine eigene Symbolsprache entwickelt" (Hefendehl-Hebeker, 2013, S. 79). Hefendehl-Hebeker (2016) betont außerdem, dass selbst „[d]ie elementare algebraische Formelsprache [...] sich aus antiken Wurzeln in vielen Jahrhunderten langsam und schrittweise entwickelt [hat] und für die Hochschulmathematik fundamental [ist]" (Hefendehl-Hebeker, 2016, S. 23), und unterstreicht damit die Bedeutung der abstrakt-symbolischen Darstellungen für diese Wissenschaft.

Die Untersuchungen von beispielsweise Lee et al. (2010), Sohn et al. (2004) und Dehaene et al. (1999), die sich mit den im Gehirn stattfindenden Verarbeitungsprozessen unterschiedlicher mathematischer Inhalte beschäftigten, deuten darauf hin, dass unterschiedliche Verarbeitungsressourcen bei der Verarbeitung abstrakt-symbolischer und visuell-räumlicher Informationen beansprucht werden und dass ein abstrakt-symbolischer Ansatz ressourcenintensiver ist.

Die formale, abstrakte und symbolische Darstellungsart unterscheidet Mathematik darstellungstechnisch außerdem von vielen anderen schulischen und universitären Fächern und bereitet den Studierenden zu Beginn ihres Studiums oft große Schwierigkeiten. Das unzureichende Verständnis der mathematischen Notationssprache beeinträchtige die Studierenden beispielsweise dabei, mathematische Definitionen zu verstehen, sie sich zu merken und bei Bedarf zu verwenden (Moore, 1994). Das mathematische Zeichensystem, mit dem Studierende umgehen müssen, sei neben einem eventuell mangelnden Konzeptverständnis und unzureichenden Kenntnissen der Logik und Beweismethoden (Moore, 1994) die Ursache für hohe Anforderungen und Schwierigkeiten beim Studienbeginn (Hefendehl-Hebeker, 2013), denn die Studienanfängerinnen und -anfänger müssen lernen, die mathematische Sprache so zu verwenden, dass die mit Hilfe von Symbolen dargestellte Lösung als natürlich und intuitiv (Arcavi, 2003) angesehen wird.

In tertiary mathematics courses, students are exposed to introduction and/or routine use of abstract concepts, ideas and abstract reasoning; they witness an increased emphasis on multiple representations of mathematical objects, precision of mathematical language required and the central role of proofs (Clark & Lovric, 2008, S. 28).

Die mathematische Formelsprache hat nach Hefendehl-Hebeker (2013) auch deswegen einen hohen Stellewert, weil jegliche auch kleinere Abweichungen in der

Platzierung, Größe, Reihenfolge und weiteren Konfigurationen der mathematischen Zeichen eine große Wirkung verursachen könnten, denn „jedes einzelne Zeichen [trägt] eine Information" (Hefendehl-Hebeker, 2013, S. 79).

Grundsätzlich enthalten mathematische Inhalte unterschiedliche Arten visueller Darstellungen: graphische Darstellungen, Tabellen sowie formale und symbolische Elemente. Die schulischen Kompetenzbereiche, die mit den Kompetenzen „Mathematische Darstellungen verwenden" (K4)[2] und „Mit symbolischen, formalen und technischen Elementen der Mathematik umgehen" (K5)[3] abgedeckt werden, sind sogar direkt auf visuelle Darstellungsmöglichkeiten angewiesen. Dabei sind jeweils alle drei Anforderungsbereiche der Kompetenzen K4 und K5 betroffen. In diesem Zusammenhang ist es zu beachten, dass die Kompetenz K4 im großen Umfang visuelle mathematische Darstellungen behandelt, die beispielsweise laut Arcavi (2003) grundsätzlich eine große Bedeutung für mathematische Lehrinhalte haben. Darunter können unter anderem unterschiedliche graphische Darstellungen als Visualisierungen mathematischer Inhalte auch im visuell-räumlichen Kontext verstanden werden.

Die Kompetenz K5 behandelt explizit formale, abstrakte und symbolische mathematische Inhalte. Diese Schulkompetenz bekommt bei der Behandlung hochschulmathematischer Lehrinhalte wegen mathematischer Symbolsprache eine besonders starke Ausprägung. Um abstrakte und symbolische Lehrinhalte zu vermitteln und dabei zu zeigen, wie die Symbole auszusehen haben und zu verwenden sind, sind visuelle Darstellungsmöglichkeiten ebenfalls notwendig, obwohl es dabei nicht um graphische Visualisierungen, sondern um mathematische Symbole, die nicht gezeichnet, sondern entweder per Hand geschrieben oder getippt werden, handelt.

---

[2] K4: „Diese Kompetenz umfasst das Auswählen geeigneter Darstellungsformen, das Erzeugen mathematischer Darstellungen und das Umgehen mit gegebenen Darstellungen. Hierzu zählen Diagramme, Graphen und Tabellen ebenso wie Formeln. Das Spektrum reicht von Standarddarstellungen – wie Wertetabellen – bis zu eigenen Darstellungen, die dem Strukturieren und Dokumentieren individueller Überlegungen dienen und die Argumentation und das Problemlösen unterstützen" (Kultusministerkonferenz, 2015, S. 16).

[3] K5: „Diese Kompetenz beinhaltet in erster Linie das Ausführen von Operationen mit mathematischen Objekten wie Zahlen, Größen, Variablen, Termen, Gleichungen und Funktionen sowie Vektoren und geometrischen Objekten. Das Spektrum reicht hier von einfachen und überschaubaren Routineverfahren bis hin zu komplexen Verfahren einschließlich deren reflektierender Bewertung. Diese Kompetenz beinhaltet auch Faktenwissen und grundlegendes Regelwissen für ein zielgerichtetes und effizientes Bearbeiten von mathematischen Aufgabenstellungen, auch mit eingeführten Hilfsmitteln und digitalen Mathematikwerkzeugen" (Kultusministerkonferenz, 2015, S. 16)

1.3 Motivation

Die erste Begegnung mit den neuen Lehrinhalten beginnt für die meisten Lernenden während einer Lehrveranstaltung, für Studienanfängerinnen und Studienanfänger in einem Hörsaal. Die Präsentation dieser Lehrinhalte kann somit als eine Schnittstelle zwischen den Lehrenden und den Studierenden verstanden werden. Es kann aus diesem Grund angenommen werden, dass die Art dieser Präsentation, und zwar die Art der Mathematikvorlesung, eine Rolle bei der Gestaltung dieser ersten Berührung mit dem unbekannten und anspruchsvollen hochschulmathematischen Lehrstoff, insbesondere für Studierende in der Studieneingangsphase, spielen könnte.

Für die Durchführung von Lehrveranstaltungen sind Dozentinnen und Dozenten verantwortlich. Ihnen obliegt die Wahl der Präsentationsart ihrer Vorlesungen, es sei denn, die Präsentationsart wird von den technischen Bedingungen am Veranstaltungsort bestimmt. Von vielen Hochschullehrenden wird für mathematische Lehrveranstaltungen eine traditionelle Kreidetafel präferiert. Eine umfangreiche internationale Studie von Artemeva und Fox (2011), die mehrere international lehrende Mathematikdozentinnen und -dozenten befragte, verteidigt die folgende Ansicht: „[C]halk talk, namely, writing out a mathematical narrative on the board while talking aloud, is the central pedagogical genre of the undergraduate mathematics lecture classroom" (Artemeva & Fox, 2011, S. 345). Andere Dozentinnen und Dozenten finden dagegen Vorteile der digitalen Medienformate, die ebenfalls für Lehrveranstaltungen verwendet werden (z. B. Maclaren et al., 2013). Die Präferenzen der Studierenden bezüglich der Darstellungsart gehen ebenfalls auseinander (z. B. Bartsch & Cobern, 2003; Shallcross & Harrison, 2007; Susskind, 2005).

Darüber hinaus haben Lehrveranstaltungen als Ziel, das Wissen an die Lernenden weiterzugeben. Daraus ergibt sich die Frage, ob die jeweilige Darstellungsart einer Lehrveranstaltung dabei helfen kann, mathematische Lehrinhalte besser zu vermitteln, um den Lerneffekt positiv zu beeinflussen. Diese Fragestellung kann weiterhin präzisiert werden. Wie im Abschnitt 1.2 dargestellt, bereiten formale und symbolische mathematische Lehrinhalte den Studienanfängerinnen und -anfängern Schwierigkeiten, stellen allerdings eine Grundlage für die hochschulmathematischen Inhalte dar. Für eine adäquate Vermittlung dieser für die Lernenden neu einzuführenden mathematischen Formel- und Zeichensprache sowie fachspezifischen Schreibweisen und Rechenwege ist eine visuelle Präsentation notwendig. In dieser Arbeit werden unterschiedliche Darstellungsarten mathematischer Vorlesungen in Bezug auf ihr Potenzial untersucht, mathematisches Wissen an die Studierenden in der Studieneingangsphase zu vermitteln, um den Schwierigkeiten der Studienanfängerinnen und Studienanfänger mit der mathematischen Notation entgegenzuwirken.

1.4   Unterschiedliche Medien und Darstellungsformate

Für die Lehrveranstaltungen, die darauf angewiesen sind, ihre Lehrinhalte visuell zu präsentieren (zu denen mathematische Lehrveranstaltungen gehören), wurden historisch gesehen unterschiedliche Medien verwendet. Ab dem 19. Jahrhundert ist die traditionelle Kreidetafel zum Standardmedium geworden (Maclaren, 2014) und ist auch heutzutage in den vielen Mathematikhörsälen zu finden (Artemeva & Fox, 2011; Fox & Artemeva, 2012). Zum ersten Mal wurde eine Kreidetafel im Geographieunterricht 1854 angewendet (Kroell & Ebner, 2011). Früher wurden die Unterrichtstafeln aus Holz in dunkler Farbe hergestellt. In der modernen Zeit verwendet man eine neue Technologie unter Verwendung emaillierten Stahls, die eine hoch qualitative Schreiboberfläche bietet. Kreidetafeln können aus mehreren verschiebbaren Teilen (Tafelblättern) bestehen, die nach Bedarf individuell bewegt werden können. Die Lehrinhalte werden handschriftlich präsentiert; die Kreide ist in vielen Farben erhältlich. Der Tafelanschrieb wird mit Hilfe von feuchten Schwämmen (und Tafelabziehern) von der Tafel entfernt. Die Verwendung von Kreidetafeln ermöglicht es den Dozierenden, den Lehrstoff parallel zum mündlichen Vortrag visuell, und dabei dynamisch sowie handschriftlich, darzustellen (Kroell & Ebner, 2011).

Overheadprojektoren (OHP), die auch Tageslichtprojektoren genannt werden, werden seit den 1950er Jahren verwendet. Der Inhalt transparenter Folien (die entweder als einzelne Blätter oder als Folienrolle zum Einsatz kommen) wird auf eine Projektionsfläche geworfen (Maclaren, 2014). Die Folien können computerbedruckt (Maclaren, 2014) bzw. handschriftlich beschrieben werden. Wenn Folien im Vorfeld vorbereitet wurden, kann man während der Veranstaltung die Inhalte entweder komplett oder sequentiell (z. B. Zeile für Zeile) einblenden. Es ist außerdem möglich, während der Lehrveranstaltung auf die Folie live mit einem speziellen (Folien-)Stift zu schreiben.

Wie bei Kroell und Ebner (2011) erwähnt, wurde 1990 das Whiteboard als Weiterentwicklung der Kreidetafel eingeführt. Die Whiteboards werden aus weißem Kunststoff oder Stahlemaille hergestellt. Die speziellen Filzstifte (auch „Whiteboard-Stifte" genannt), die zum Schreiben verwendet werden, werden trocken und ohne Staub abgewischt. Der Anschrieb ist allerdings nicht immer so gut lesbar wie bei einer modernen Kreidetafel. Bei einer Tafel- sowie einer Whiteboard-Präsentation muss sich der Vortragende während des Schreibens vom Publikum abwenden (Kroell & Ebner, 2011).

„Interaktive Whiteboards" werden namentlich von herkömmlichen Whiteboards, die mit Filzstiften beschrieben werden, abgeleitet, allerdings basieren sie auf ganz anderen Technologien. Als interaktives Whiteboard wird eine Fläche bezeichnet, auf die mit Hilfe eines Digitalprojektors ein von einem Computer übertragenes Bild projiziert wird (Kroell & Ebner, 2011). Es handelt sich dabei grundsätzlich um die Übertragung der Interaktionen der Finger und/oder des Digitalstiftes mit dem Computer (Kroell & Ebner, 2011), die über die Bildschirmoberfläche mit Hilfe einer Computeranwendung erfolgt.

Bei Maclaren (2014) findet man die Beschreibung der Digitalstifttechnologie: Die Technologie des Schreibens mit Hilfe von Digitalstiften bietet eine digitalgesteuerte Live-Schreib-Möglichkeit mit einem relativ natürlichen Schreibgefühl. Sie ermöglicht eine hochgenaue Positionsauflösung und kann druckempfindlich reagieren. Da der Computer zwischen dem Kontakt mit dem Digitalstift und der Hand unterscheiden kann, kann man (genauso wie beim Schreiben auf dem Papier) den Bildschirm mit der Hand berühren, ohne unerwünschte Eingabeeffekte zu verursachen. Diese Technologie ist einfach zu erlernen und zu verwenden (Maclaren, 2014). Die während der Lehrveranstaltung entstandene Präsentation kann gespeichert und auch später zur Verfügung gestellt werden.

Durch die Verwendung eines Digitalprojektors (Beamers) können auch Präsentationen, die mit Hilfe von PowerPoint bzw. Keynote (Wecker, 2012) erstellt wurden, übertragen werden. Diese Computeranwendungen erlauben es dem Benutzer, Präsentationsinhalte entweder statisch (jeweils eine Folie komplett) oder sequentiell/dynamisch darzustellen, sodass Bilder, Textzeilen und weitere Bauelemente nacheinander eingeblendet werden. Alternativ kann eine statische Präsentation in Form einer pdf-Datei erstellt werden, die z. B. mit Hilfe von PowerPoint bzw. LaTeX erzeugt wurde. Im Falle einer Darstellung im PowerPoint-, Keynote- bzw. pdf-Format handelt es sich immer um eine im Vorfeld vorbereitete und computergedruckte Präsentation. Bei solchen Darstellungsarten besteht ebenfalls die Möglichkeit, den Teilnehmenden die vorbereitete Präsentationsdatei zur Verfügung zu stellen.

Weitere für mathematische Lehrveranstaltungen eher nicht übliche Möglichkeiten wie z. B. Diaprojektor, Fernseher, Videorekorder, DVD-Player (ebenfalls erwähnt bei Kroell & Ebner, 2011), Flipchart usw. werden in dieser Arbeit nicht mit einbezogen.

1.5 Aufbau der Dissertation

Die nachfolgende Arbeit stellt eine Untersuchung dar, die Einfluss unterschiedlicher Darstellungsarten mathematischer Vorlesungen auf die Lernleistung der Studienanfängerinnen und Studienanfänger überprüft und zwei Experimentalstudien enthält.

Im zweiten Kapitel wird der Forschungsstand dargestellt, der den Vergleich verschiedener Darstellungsarten unterschiedlicher, darunter auch mathematischer, Hochschulvorlesungen behandelt. In diesem Bezug werden die Sichtweise sowohl der Lehrenden als auch der Studierenden vorgestellt sowie die bisherigen Ergebnisse hinsichtlich der Untersuchung der Lernleistung abhängig von der Verwendung verschiedener Präsentationsarten erläutert. In diesem Zusammenhang werden wissenschaftliche Ergebnisse verschiedener Forschungsstudien bezüglich der Bedeutung des handschriftlichen Arbeitens vorgestellt. Auf Basis dieser Erkenntnisse werden die Ziele und die Forschungsfragen der Dissertation hergeleitet.

Das dritte und das vierte Kapitel behandeln die beiden Experimentalstudien, die im Rahmen dieser Dissertation durchgeführt wurden. Diese beiden Kapitel beschreiben die Forschungsziele sowie die Rahmenbedingungen und die verwendeten Untersuchungsmethoden. Nachfolgend werden die durchgeführten Experimente vorgestellt und ihre Ergebnisse vorläufig zusammengefasst.

Im letzten Kapitel werden die Ergebnisse der beiden Experimentalstudien auf Basis der im zweiten Kapitel vorgestellten theoretischen Erkenntnisse interpretiert und diskutiert. Abschließend werden die Forschungsfragen zusammenfassend beantwortet, Limitationen der durchgeführten Untersuchung genannt und ein Ausblick auf weitere Forschungsfragen gegeben.

Theoretischer Hintergrund

2

In diesem Kapitel werden mehrere Studien vorgestellt, die verschiedene für Lehr-veranstaltungen im Hochschulbereich verwendbare Darstellungsarten vergleichen. Nachfolgend wird die Rolle des handschriftlichen Arbeitens in Bezug auf formale und symbolbehaftete mathematische Inhalte auf Basis der bisherigen neurologi-schen und kognitionspsychologischen Erkenntnisse diskutiert. Anschließend wer-den die aus der Forschung bekannten Untersuchungsergebnisse zusammengefasst und die Ziele sowie die Forschungsfragen dieser Dissertation formuliert.

2.1 Der Stand der Forschung: bisherige Vergleiche unterschiedlicher Darstellungsarten

In der Literatur finden sich einige Berichte über die bereits durchgeführten Ver-gleiche traditioneller Tafelvorlesungen mit Vorlesungen, die mit Hilfe vom OHP, vom Digitalstift bzw. von PowerPoint durchgeführt wurden. Diese Untersuchun-gen gestatten Einblicke in Sichtweise der Lehrenden bezüglich der Vorteile und Nachteile unterschiedlicher Präsentationsarten, betrachten die Präferenzen, darun-ter Akzeptanz und Motivation, sowie die Lernleistung von Studierenden im Zusam-menhang mit verschiedenen Darstellungsarten der Hochschulvorlesungen.

2.1.1 Sichtweise der Lehrenden hinsichtlich der Verwendung verschiedener Präsentationsarten

Die im Kapitel 1 bereits erwähnte qualitative internationale Studie von Artemeva und Fox (2011) beschäftigte sich mit den international verbreiteten Arten, Mathematik zu lehren, mit unterschiedlichen Unterrichtssprachen, kulturellen sowie bildungs-

und erfahrungstechnischen Hintergründen. An dieser Studie haben Hochschullehrende und Mathematikstudierende aus verschiedenen Ländern teilgenommen. Die Studie kam zum Schluss, dass die am meisten benutzte Art für mathematische Lehrveranstaltungen im Hochschulbereich eine traditionelle Vorlesung mit Hilfe von Tafel und Kreide sei. Alle 50 Hochschullehrerinnen und -lehrer, die in zehn Universitäten und sieben Ländern besucht wurden, haben für ihre Lehrveranstaltungen „the genre of chalk talk" (Artemeva & Fox, 2011, S. 369) verwendet. (In dieser Studie wurde zwischen Kreidetafel und Whiteboard mit Filzstiften nicht unterschieden; Whiteboards wurden ebenfalls als Tafel bezeichnet.) Die meisten teilnehmenden Lehrenden sind der Auffassung, dass diese Art ihnen das Denken, Machen und Schreiben in Echtzeit ermögliche. Gerade für die Mathematiklehre im Grundstudium habe sich die Vorlesungsart mit Hilfe von Tafel und Kreide etabliert und stelle ein Aktivierungssystem für die Studierenden dar (Artemeva & Fox, 2011).

Diese hochkomplizierte und wenig erforschte pädagogische Art (Artemeva & Fox, 2011) beinhalte mehrere Komponenten, die auf Verkörperungs-Hintergrund zurückzuführen seien (Fox & Artemeva, 2012). Mehrere typische Bewegungsabläufe würden während einer Tafelvorlesung teilweise gleichzeitig stattfinden. Die physische Präsenz und die Aktivität der Lehrenden sei ein wichtiger Aspekt für dieses kommunikative Ereignis (Fox & Artemeva, 2012).

Fox und Artemeva (2012) definieren „the chalk talk genre as a cinematic, multimodal performance comprised of co-occurring elements" (Fox & Artemeva, 2012, S. 90), die durch folgende Aktivitäten der Mathematikdozentinnen und -dozenten, die Artemeva und Fox (2011, S. 359) als „board choreography" bezeichnen, gekennzeichnet sei:

- Sie schreiben und zeichnen mathematische Symbole und Texte, Graphen und Diagramme an die Tafel,
- drücken parallel den Tafelanschrieb in Worten aus,
- sprechen über die an die Tafel geschriebene Inhalte,
- nehmen Bezug auf Lehrbücher,
- nehmen Bezug auf ihre eigenen (normalerweise handgeschriebenen) Notizen,
- bewegen sich im Raum und gestikulieren, um wichtige Zusammenhänge und Erkenntnisse zu betonen,
- lesen im Vorlesungsskript nach,
- treten von der Tafel zurück, um das Geschehen zu reflektieren,
- schauen die Teilnehmenden an, um zu überprüfen, wie sie den Stoff verstanden haben,
- wenden sich an die Studierenden, sprechen mit Ihnen und stellen Fragen (Fox & Artemeva, 2012, S. 90; Artemeva & Fox, 2011, S. 355–356).

Mehrere charakteristische Aussagen der Lehrenden und Lernenden, wie zum Beispiel „when preparing for lectures, I handwrite my text completely and look at the notes in class, while writing on the board... I articulate everything I write .. and then turn to the class and discuss what I have written" (Artemeva & Fox, 2011, S. 362) zeigen ihre klaren Präferenzen der traditionellen Tafelvorlesung. Ein anderer erfahrener Mathematikprofessor vergleicht das Schreiben mathematischer Inhalte (mit der Hand) mit Musikspielen: „I cannot do mathematics, for the most part, without writing. . . . mathematical arguments are intricate. […] It's almost as if you were to try to talk about music without playing it. You have to have the notes there. […] [Y]ou can't keep a mathematical argument of any substance at all in mind without seeing it." (Artemeva & Fox, 2011, S. 367). Und außerdem: „it is hard to judge without *seeing* what was *written on the blackboard* and what *happened* in the class. . . . perhaps the lecturer *hand-waved* in order to explain [the] rule" (Artemeva & Fox, 2011).

Die Studierenden, die Ihre Notizen während der Vorlesung handschriftlich erstellten, hätten oft die ganze Vorlesung als „Erzählskript" wortwörtlich mit allen von den Lehrenden gemachten Kommentaren übernommen (Artemeva & Fox, 2011, S. 361). Bezüglich des Vergleichs der Tafelvorlesung mit einer Vorlesung mit Hilfe von PowerPoint oder vom Overheadprojektor, hätten sich alle Gefragten klar für Tafel und Kreide ausgesprochen: „Slides were used, and it was ineffective", „. . . I think when you're teaching process, that the PowerPoint or, you know, the polished slides. . our brains turn off" (Artemeva & Fox, 2011, S. 357). Allerdings sind in dieser Arbeit kaum Informationen vorhanden, wie genau (handschriftlich oder computergedruckt, statisch oder dynamisch) die erwähnten PowerPoint- bzw. OHP-Vorlesung durchgeführt wurden. Es gibt nur einige Hinweise, dass die gemeinten PowerPoint- und die OHP-Präsentationen computergedruckt erstellt und vorher vorbereitet wurden. Das würde bedeuten, dass die Inhalte nicht während der Vorlesung live geschrieben werden konnten: „Now it's very popular to have presentations a little bit like PowerPoint…or…slides. So they're all typewritten before…" (Artemeva & Fox, 2011, S. 358).

Maclaren et al. (2013) berichten von einer weiteren qualitativen Studie an der School of Engineering, AUT University, Auckland, New Zealand. Diese Studie untersuchte mathematische Lehrveranstaltungen, die ebenfalls mit Hilfe vom Digitalstift durchgeführt wurden. Maclaren (2014) sowie Maclaren et al. (2013) beschreiben die Digitalstift-Erfahrung der Dozentinnen und Dozenten und nennen dabei folgende Aspekte:

- Eine Vorlesung mit Hilfe vom Digitalstift kann als eine Variante der Tafel- oder Whiteboard-Vorlesung angesehen werden, ohne dass eine Notwendigkeit besteht, das Lehrarrangement im Vergleich zu einer Tafelvorlesung signifikant zu verändern oder anzupassen. Genau wie bei einer Tafel- oder Whiteboard-Vorlesung erfordert diese Präsentationsart bestimmte praktische Strategien.

- Das Schreiben auf einem kleinen Bildschirm unterscheidet sich vom Schreiben an einem großen Whiteboard. Einige Lehrende haben eine umfangreiche Optimierung gebraucht, um ihr seit Jahren entwickeltes Lehrarrangement anzupassen und die gewohnte Lehrqualität beizubehalten.
- Änderungen des Maßstabs des Schreibfeldes sowie der Bewegungsdynamik führen zu Veränderungen der gesamten Interaktion im Hörsaal:
  • Das Gestikulieren der vortragenden Person kann anders aussehen, da sie sich nicht vor der Tafel bewegen kann, sondern an den Schreibmonitor gebunden ist.
  • Die vortragende Person kann eventuell keinen direkten Bezug auf die Leinwand nehmen.
  • Die Teilnehmenden konzentrieren sich eher auf die Leinwand als auf die Bewegung und das Gestikulieren der vortragenden Person.
- Die Platzierung des Schreibmonitors war nicht optimal, was das Schreiben auf dem Monitor erschwerte. Eine kabellose Verbindung könnte eventuell der oder dem Vortragenden das freie Bewegen im Raum ermöglichen.
- Man kann leicht verschiedene Farben verwenden.
- Es ist möglich, verschiedene auf dem Computer installierte (auch mathematische) Anwendungen zu verwenden, um Bilder, Diagramme, Videomaterial usw. zu präsentieren (Maclaren, 2014; Maclaren et al., 2013).

2.1.2 Akzeptanz und Motivation der Teilnehmenden im Zusammenhang mit der Verwendung verschiedener Präsentationsarten

Die nachfolgend präsentierten Untersuchungen berichten über unterschiedliche Präferenzen der Teilnehmenden, ihre Akzeptanz und Motivation hinsichtlich der Verwendung verschiedener Präsentationsarten.

An der Studie von Bartsch und Cobern (2003) haben Studierende der Sozialpsychologie teilgenommen. In dieser Studie wurde die Wirkung unterschiedlicher Präsentationsarten untersucht: PowerPoint-Vorlesungen und statische, vorher vorbereitete (Bartsch & Cobern, 2003) OHP-Präsentationen (Bartsch & Cobern, 2003). Es wurde herausgefunden, dass PowerPoint-Vorlesungen grundsätzlich von Studierenden bevorzugt werden und dass der Lernerfolg und die Präferenzen der Teilnehmenden außerdem von dem Inhalt der Präsentation abhängt, und zwar davon, ob die Präsentation Text oder für den Inhalt relevante bzw. nicht relevante Bilder enthält.

Shallcross und Harrison (2007) führten eine Studie an der School of Chemistry at Bristol. Die Studierenden äußerten ihre Meinung zu den drei Arten unterschiedlicher Fachvorlesungen durch die Beantwortung einiger qualitativer Fragen. Untersucht wurden: (1) PowerPoint-Vorlesungen, (2) ohne Hilfe von digitalen Medien durchgeführte Vorlesungen (traditionelle Tafel- und OHP-Vorlesungen), (3) Vorlesungen, die als Mischung von (1) und (2) gestaltet wurden. Die Teilnehmenden haben die Kategorie (2) bevorzugt; der Unterschied ist allerdings nicht signifikant (Shallcross & Harrison, 2007). Außerdem wurden in dieser Studie alle nicht digitalen Medien als eine Kategorie zusammengeführt, und zwar OHP-Folien und traditionelle Tafelarbeit, bei der das Tafelbild dynamisch aufgebaut wird.

Susskind (2005) führte eine Untersuchung durch, an der Studierende des Fachs Psychologie teilgenommen haben, die mit Hilfe von PowerPoint und mit Hilfe vom Whiteboard unterrichtet wurden. Bezüglich der Leistung gab es keinen signifikanten Unterschied. Es wurden Unterschiede in der Motivation nachgewiesen, allerdings nur bei den Teilnehmenden, die zuerst fünf Wochen lang mit Hilfe von PowerPoint und die nächsten fünf Wochen lang mit Hilfe vom Whiteboard unterrichtet wurden. Bei diesen Teilnehmenden hat die Motivation nach dem Wechsel von PowerPoint zu Whiteboard nachgelassen. Bei den Teilnehmenden, die zuerst mit Hilfe vom Whiteboard und danach mit Hilfe von PowerPoint unterrichtet wurden, gab es keinen signifikanten Unterschied bezüglich der Motivation (Susskind, 2005).

In den folgenden vier Studien hat die Mehrheit der Teilnehmenden die Vorlesungen bevorzugt, die mit Hilfe von PowerPoint durchgeführt wurden: in der Studie von Dawane, Mrs. Pandit V. A., Dhande, Sahasrabudhe und Mrs. Karandikar Y. S (2014) waren das 82.6 % der Studierenden der Physiotherapie in Shree Swaminarayan Physiotherapy College (Surat, Gujarat, India), in der Studie von Jabeen und Ghani (2015) 90.7 % der Anatomiestudierenden in Government Medical College, Jammu, in der Studie von Ramachandrudu (2016) 85 % der Studierenden der Pharmakologie in Government Medical College, Anantapuram. Vasanth, Elavarasi und Akilandeswari (2018) führten Untersuchungen in Government Theni Medical College in Indien durch, an denen ebenfalls Pharmakologiestudierende teilgenommen haben. 60 % der Teilnehmenden haben ebenfalls für PowerPoint-Vorlesungen bevorzugt.

In der Studie von Bamne und Bamne (2016) haben 87 % der Anatomiestudierenden (Department of Physiology, Index Medical College, Indore) traditionelle Tafelvorlesungen bevorzugt.

Eine ausführliche Studie von Hamdan und Altaher (2011), an der Studierende des Maschinenbaus in Mechanical Engineering Department an der United Arab

Emirates University teilgenommen haben, zeigte unterschiedliche Meinungen hinsichtlich verschiedener Aspekte von PowerPoint- und Tafelvorlesungen. Bezüglich der mathematischen Inhalte hat sich die Mehrheit der Teilnehmenden für eine traditionelle Tafelvorlesung ausgesprochen (Hamdan & Altaher, 2011).

Ebner und Nagler (2008) führten eine qualitative Umfrage zum Vergleich der traditionellen Tafelvorlesungen und der Vorlesungen mit Hilfe vom Digitalstift durch. Vor der Umfrage wurden Vorlesungen in Mechanik (insbesondere analytische Methoden zur Berechnung statischer Konstruktionen) unter Verwendung vom Digitalstift durchgeführt. Vor der Vorlesung wurden den Teilnehmenden Vorlesungsskripte zur Verfügung gestellt. Die Vorträge wurden aufgezeichnet. Ebner und Nagler (2008) präsentieren beispielsweise eine der verwendeten Darstellungen: Die Abbildung enthält ein Aufgabenblatt, und zwar eine mit Hilfe von einer Computeranwendung erstellte mechanische Konstruktion mit der computergedruckten Aufgabenformulierung sowie mit Hilfe des Digitalstifts angefertigten Ergänzungen (eingezeichneten Kräften und kurzen Berechnungen), die über die Zeichnung eingefügt wurden. Es bleibt allerdings unbekannt, wie genau die entsprechende (gleiche) Lehrveranstaltung mit Hilfe von Tafel und Kreide durchgeführt wurde, z. B., ob die präsentierte Zeichnung alternativ an die Tafel per Hand gezeichnet oder eventuell in Papierform ausgegeben wurde. An dieser Studie haben 108 Studierende teilgenommen. Auf die Frage, ob die Teilnehmenden traditionelle Tafelvorlesung oder eine Vorlesung mit Hilfe vom Digitalstift bevorzugen, wurde der Tafelvorlesung nur eine und der Digitalstift-Vorlesung 97 Stimmen vergeben. Am häufigsten wurden bessere Sichtbarkeit und Lesbarkeit, digitale Beschriftung, spezielle digitale Arbeitsweise, Flexibilität, Größe, Zeitoptimierung und Farben als Vorteile der Digitalstift-Technologie genannt (Ebner & Nagler, 2008).

Die im Abschnitt 2.1.2 bereits erwähnte Studie von Maclaren et al. (2013) untersuchte qualitativ das Feedback der Studierenden nach den Lehrveranstaltungen, die mit Hilfe vom Digitalstift durchgeführt wurden. Das Feedback der Studierenden sei weitgehend positiv gewesen:

- Die Leinwand war von jedem Platz aus gut zu sehen (im Vergleich zu Whiteboards).
- Der Vortragende versperrte die Sicht an die Leinwand nicht (im Vergleich zu Whiteboards).
- Bessere akustische Klarheit, da sich der Vortragende immer an die Teilnehmenden (und nicht zur Tafel) wendet (im Vergleich zu Whiteboards).
- Die Inhalte mussten nicht weggewischt werden; man konnte sie scrollen und gegebenenfalls korrigieren (im Vergleich zu Whiteboards).

- Es wurden verschiedene Farben verwendet, um unterschiedliche Aspekte hervorzuheben.
- Die Schreibqualität blieb konstant, die Schrift war größer und klarer (im Vergleich zu Whiteboards).
- Die Vorlesungsinhalte wurden gespeichert und konnten später zur Verfügung gestellt werden.
- Das Verfolgen der Vorlesung wird durch die dynamische Schritt-für-Schritt-Darstellung (im Vergleich zur vorher vorbereiteten PowerPoint-Präsentation) erleichtert.
- Stärkere Verbindung zwischen dem Lehrmaterial und dem Dozenten (im Vergleich zur vorher vorbereiteten PowerPoint-Präsentation).
- Dieser aktive Lehransatz erleichtert das Mitschreiben der Lehrinhalte, da die handschriftliche Notation synchron mit dem Vortragenden erfolgt (Maclaren, 2014; Maclaren et al., 2013).

2.1.3   Lernleistung im Zusammenhang mit der Verwendung verschiedener Präsentationsarten

In den folgenden Studien wurde die Lernleistung der Teilnehmenden im Zusammenhang mit den unterschiedlichen Präsentationsarten untersucht.

Erdemir (2011) führte eine Studie an der Yüzüncü Yıl University (Van, Türkei) durch und wies nach, dass Studierende, die PowerPoint-Vorlesungen in Physik besuchten, etwas bessere Noten als die Teilnehmenden erzielt haben, die dieselben Inhalte mit Hilfe traditioneller Tafelvorlesungen präsentiert bekamen (Erdemir, 2011).

An der Studie von Pros, Tarrida, del Mar Badia Martin und del Carmen Cirera Amores (2013) haben Psychologie-Studierende der Universität Autònoma de Barcelona teilgenommen. Die Studie wies nach, dass die Teilnehmenden, die ohne Hilfe von PowerPoint-Präsentationen unterrichtet wurden, um 19 % bessere Lernergebnisse erzielten. Das Ergebnis dieser Untersuchung ist hochsignifikant. Die Teilnehmenden wurden von zwei verschiedenen Lehrenden unterrichtet, wobei jede bzw. jeder der Lehrenden eine PowerPoint-Gruppe und eine Nicht-PowerPoint-Gruppe unterrichtete. Drei Aspekte bezüglich der PowerPoint-Vorlesungen wurden von Pros et al. (2013) genannt:

- Die Funktion der Dozentin oder des Dozenten beschränke sich auf das Präsentieren (bzw. Lesen) der im Vorfeld vorbereiteten Inhalte. Somit spiele der Vortragende nicht mehr die Rolle des Vermittlers zwischen dem Lehrstoff und

den Studierenden, da die Studierenden die Präsentationsinhalte grundsätzlich selbst lesen könnten (Pros et al., 2013).
- Der Erfolg der Lehrveranstaltung hänge von den Fähigkeiten der Dozentin oder des Dozenten ab: „[…] the class of a poor teacher can be taught with or without PowerPoint (or by a PowerPoint presentation, with or without a teacher), whereas a good teacher cannot be replaced by this technological resource" (Pros et al., 2013, S. 194).
- Die vortragende Person verliere visuellen Kontakt zu den Teilnehmenden, während sie sich der PowerPoint-Präsentation wendet. Ohne Feedback der Studierenden könne der Vortrag nicht an ihre Bedürfnisse angepasst werden. Die Dozentin oder der Dozent tendiere dazu, immer monotoner vorzutragen, was den Teilnehmenden erschwere, immer aufmerksam und motiviert zu bleiben (Pros et al., 2013).

Pros et al. (2013) betonen außerdem, dass die Wahl der Präsentationsmedien vom Lehrinhalt und zwar von der Art der zu vermittelnden Information, abhängig sein muss, um es den Studierenden zu ermöglichen, bessere Leistung zu erzielen. Die Autoren bemerken, dass jede Darstellungsart ihre Vor- und Nachteile habe, und plädieren dafür, den Einsatz von PowerPoint-Vorlesungen ausführlicher zu untersuchen.

Szabo und Hastings (2000) konnten am Beispiel unterschiedlicher Fächer der Sportwissenschaft keine klaren Vorteile bezüglich der Lernleistung in den PowerPoint-Vorlesungen nachweisen. Die Ergebnisse der Umfrage der Teilnehmenden haben allerdings eindeutig gezeigt, dass die Studierenden die PowerPoint-Veranstaltungen bevorzugen.

In der Studie von SA et al. (2013) am Department of Physiology (College of Medicine, King Saud University, Riyadh) wurde nachgewiesen, dass eine Vorlesungsreihe, in der eine Mischung von PowerPoint- und von Tafelvorlesungen verwendet wird, bessere Lernergebnisse erbringt, als bei separater Anwendung der beiden Vorlesungsarten.

Bamne und Bamne (2016) zeigten in der bereit im Abschnitt 2.1.2 erwähnten Studie, dass Anatomiestudierende, die mit Hilfe einer Kreidetafel unterrichtet wurden, signifikant bessere Ergebnisse erzielten als Studierende, die PowerPoint-Vorlesungen besuchten (Bamne & Bamne, 2016).

Die im Abschnitt 2.1.2 bereits erwähnte Studie von Vasanth et al. (2018) hat ebenfalls nachgewiesen, dass die Studierenden, die Tafelvorlesungen besuchten, bessere Lernergebnisse erzielt haben.

Die Studie von Longcamp, Zerbato-Poudou und Velay (2012) untersuchte, ob die in der letzten Zeit allgegenwärtig gewordene Lehrveranstaltungen, die mit Hilfe von PowerPoint-Präsentationen durchgeführt werden, wirklich dazu beitragen, dass sich die Teilnehmenden an die präsentierten Inhalte besser erinnern können, und die Hypothese überprüft, dass diese Vorlesungsarten, die das Notieren der Lehrinhalte nicht mehr erforderlich machen, das Lernen erleichtern könnten. Die Studie wurde im Rahmen einer Veranstaltung für Erstsemester durchgeführt, in der die Benutzung des elektronischen Bibliothekszugangs und Möglichkeiten für elektronische Literaturrecherche erläutert wurde. Für diese Experimente wurden drei Arten der Präsentationen getestet:

- reguläre PowerPoint-Präsentation mit einer ausführlichen Darstellung der Lehrinhalte,
- präparierte PowerPoint-Präsentation; diese Präsentationen enthielten weniger Informationen als reguläre Präsentationen: Die Folien waren weniger ausführlich, einige bestimmte Folien haben gefehlt (an ihrer Stelle wurden leere schwarze Folien eingefügt). Somit wurden nur die ausgewählten Informationen auf den Folien platziert,
- mündlicher Vortrag ohne PowerPoint-Präsentation.

Es wurde beobachtet, dass im Falle einer regulären PowerPoint-Präsentation die Teilnehmenden dazu tendieren, sich nur an die Inhalte gut erinnern zu können, die auf den Folien platziert sind. Die Informationen, die ausschließlich mündlich übermittelt wurden, schienen nicht memoriert zu werden. Auf Basis der signifikanten Ergebnisse resultierten folgende Erkenntnisse:

- Das Memorieren mündlicher Informationen bei regulären PowerPoint-Präsentationen ist geringer als ohne PowerPoint-Präsentation.
- Bei regulären PowerPoint-Präsentationen ist das Behalten mündlicher Informationen geringer als das Behalten der auf den Folien platzierten Informationen.
- Die kognitive Belastung ist bei einer präparierten PowerPoint-Präsentation niedriger als ohne PowerPoint-Präsentation.
- Das Behalten von Gesamtinformationen ist bei einer präparierten Präsentation höher als ohne Präsentation oder bei regulären PowerPoint-Präsentationen.
- Das Behalten von mündlichen Informationen ist bei einer präparierten Präsentation oder ohne Präsentation höher als bei regulären PowerPoint-Präsentationen.
- Die kognitive Belastung (siehe auch den Abschnitt 2.3.4) ist bei einer regulären PowerPoint-Präsentation niedriger als bei einer präparierten PowerPoint-Präsentation. Die Signifikanz betrug allerdings .07. (Wecker, 2012)

2.1.4 Zusammenhang von Akzeptanz der Teilnehmenden und ihrer Lernleistung hinsichtlich der Verwendung verschiedener Präsentationsarten

Die nachfolgenden Studien haben den Zusammenhang von der Akzeptanz sowie den Präferenzen der Teilnehmenden und ihrer Lernleistung hinsichtlich der Verwendung verschiedener Präsentationsarten untersucht.

Die von Savoy, Proctor und Salvendy (2009) präsentierte Studie wurde am Beispiel des Kurses Human Factors in Engineering durchgeführt. Die Studierenden wurden abwechselnd mit Hilfe von PowerPoint und mit Hilfe von traditionellen Vorlesungen unterrichtet. Eine weitere Gruppe bildeten die Studierenden, die keine Lehrveranstaltung besucht haben. Anschließend wurde die Lernleistung der Teilnehmenden mit Hilfe von Leistungstests gemessen (Savoy et al., 2009).

Für die Auswertung wurde die übermittelte Informationsart in vier verschiedene Kategorien geteilt:

- Audio-Informationen,
- graphische Informationen,
- alphanumerische Informationen,
- visuelle Informationen
  (Savoy et al., 2009).

Die Ergebnisse der Studie zeigen, dass die Studierenden, die eine Lehrveranstaltung grundsätzlich besucht haben, bessere Ergebnisse erzielen, und zwar unabhängig davon, welche Präsentationsart in dieser Lehrveranstaltung verwendet wurde: eine digitale Darstellungsart mit Hilfe von PowerPoint-Präsentationen oder eine traditionelle Darstellungsart (Savoy et al., 2009).

Einen signifikanten Leistungsunterschied zwischen der traditionellen und der PowerPoint-Vorlesung, und zwar mit dem Vorteil für die traditionelle Vorlesung, wurde ausschließlich in der Kategorie „Audio-Informationen" gemessen (Savoy et al., 2009). Außerdem wurde negative Wirkung der PowerPoint-Vorlesungen auf das Erlernen von Beispielen und/oder Szenarien beobachtet. In den Kategorien „graphische Informationen" und „alphanumerische Informationen" haben signifikant mehr Teilnehmende PowerPoint-Vorlesungen bevorzugt (Savoy et al., 2009). Somit zeigten die Ergebnisse dieser Studie, dass persönliche Präferenzen der Präsentationsart (wobei zwischen PowerPoint-Vorlesungen und traditionellen Vorlesungen unterschieden wurde) nicht entscheidend für das optimale Behalten von präsentierten Informationen von Teilnehmenden sind. Nach der Ansicht von Savoy et al.

(2009) tendieren Menschen dazu, an die Inhalte besser erinnern zu können, die auf den Folien platziert ist, als an die Inhalte, die nur verbal vermittelt werden. (Dieses Untersuchungsergebnis wurde von Wecker (2012) bestätigt.) So wird von Savoy et al. (2009) empfohlen, die Präsentationsart nicht blind zu wählen, da keine Präsentationsart optimal für alle möglichen Inhalte und Kontexte sei. Der Lehrstoff und die Art der zu vermittelnden Informationen sollten dementsprechend entscheidend für die Gestaltung der Lehrumgebung sein, was die Leistung und die Lerneinstellung der Studierenden fördern sollte (Savoy et al., 2009).

Die Studie von Apperson, Laws und Scepansky (2006) wurde am Beispiel von vier verschiedenen Fächern Psychologie, Soziologie, Geschichte und Politikwissenschaft durchgeführt. In einem Semester wurden die Studierenden mit Hilfe von Tafel und Kreide unterrichtet, im zweiten Semester wurden PowerPoint-Vorlesungen durchgeführt. Alle anderen Lehrmaterialien, Klausuren und Lehrende sind während des Experiments gleich geblieben. Die Studierenden fanden, dass die PowerPoint-Vorlesungen besser strukturiert und unterhaltsamer als die traditionelle Tafelvorlesungen seien, und zeigten mehr Sympathie für ihre Dozentinnen und Dozenten, die PowerPoint-Vorlesungen durchgeführt haben. Außerdem waren die Teilnehmenden der Meinung, dass ihnen die PowerPoint-Präsentationen das Lernen erleichtern. Der statistische Vergleich der Abschlussnoten der genannten Lehrveranstaltungen zeigte keinen signifikanten Unterschied zwischen der Lernleistung nach den PowerPoint- und nach den Tafel-Vorlesungen. Somit gibt die Studie einen Hinweis darauf, dass die PowerPoint-Vorlesungen bei den Teilnehmenden grundsätzlich einen positiven Eindruck von der Lehrveranstaltung und den Dozierenden hinterlassen, sodass die Studierenden eine bessere Einstellung zum Studium haben. Die Lernleistung werde im Wesentlichen nicht von der Präsentationsart beeinflusst (Apperson et al., 2006). Somit deuten diese Ergebnisse (wie beispielsweise auch von Vasanth et al., 2018) auf eine Diskrepanz zwischen der Präferenz und der Lernleistung der Teilnehmenden. Diese Hinweise decken sich nicht mit den Untersuchungsergebnissen von Nielsen und Levy (1994), die zeigten, dass die subjektive Präferenz mit der objektiven Leistung korreliere. Sie sei höher bei Anfängern (0.62) und niedriger bei erfahrenen Benutzern (0.36). Bei der Untersuchung handelte sich allerdings um das Arbeiten mit Hilfe von Computeranwendungen und nicht um das Lernen während der Lehrveranstaltungen (Nielsen & Levy, 1994).

2.2 Diskussion der bisherigen Ergebnisse

Die bisherigen Forschungsberichte liefern teilweise widersprüchliche Ergebnisse bezüglich der lernfördernden Wirkung verschiedener Vorlesungsarten. In den genannten Beispielen wurden unterschiedliche Studienfächer getestet. Oft wurden Vorlesungsreihen untersucht, ohne dass man sich auf bestimmte Vorlesungsabschnitte mit klar definierten Inhalten fokussierte. Viele Vorlesungen bestanden aus formal und darstellungstechnisch unterschiedlichen Lehrinhalten wie Texten und Bildern sowie eventuell teilweise formalen Rechnungswegen, wobei die genauen Lehrinhalte nur in geringem Maße (beziehungsweise ohne einen eindeutigen Vergleich der beiden Darstellungen) in den obengenannten Studien bekannt gegeben werden.

Beispielweise wies die Studie von Erdemir (2011) nach, dass PowerPoint-Vorlesungen vorteilhafter bezüglich der Lernleistung seien. Die Teilnehmenden der Studie, die von Pros et al. (2013) durchgeführt wurde, hätten dagegen bessere Lernergebnisse ohne Hilfe von PowerPoint-Präsentationen erzielt. In der Studie von Bamne und Bamne (2016) erzielten die Teilnehmenden bessere Ergebnisse nach Tafelvorlesungen und bevorzugten ebenfalls diese Präsentationsart. Auch die Teilnehmenden der Studie von Vasanth et al. (2018) zeigten bessere Lernergebnisse nach den Tafelvorlesungen. 60 % von ihnen haben trotzdem PowerPoint-Vorlesungen bevorzugt. Auch Apperson et al. (2006) weisen auf die Diskrepanz zwischen den Präferenzen und der Lernleistung der Teilnehmenden hin und betonen, dass PowerPoint-Präsentationen trotz eines positiven Eindrucks keinen signifikanten Lerneffekt hervorrufen. So konnten auch Savoy et al. (2009) nachweisen, dass persönliche Präferenzen der Präsentationsart nicht entscheidend für das optimale Behalten von Informationen seien, und empfehlen somit nicht, die Präsentationsart inhaltsunabhängig zu wählen, sondern sich nach Inhalten zu orientieren, da keine Präsentationsart optimal für alle möglichen Inhalte und Kontexte sei. Bartsch und Cobern (2003) nehmen ebenfalls an, dass der Lernerfolg und die Präferenzen der Teilnehmenden bezüglich der Darstellungsart vom Inhalt der Präsentation abhänge.

Kontrovers zu den oben vorgestellten Forschungsberichten steht die Ansicht von Clark (1994), dass das Medium das Lernen grundsätzlich nie beeinflussen werde. Allerdings schießt Clark (1994) nicht aus, dass es eventuell eine Methode gäbe, die mit Hilfe von verschiedenen Medien angewendet werden und eine positive Wirkung auf den Lernprozess ausüben könnte. Diese Meinung von Clark (1994) ergänzt die Vielfalt unterschiedlicher Ansichten bezüglich der möglichen Wirkung verschiedener Darstellungsarten. Nach Clark (1994) sollten die angemessenen Lernmethoden und nicht das Medium selbst Einfluss auf kognitive Prozesse haben: „In brief, my claim is that media research is a triumph of enthusiasm over substantive examination of structural processes in learning and instruction" (Clark, 1994, S. 27).

Wecker (2012) und Savoy et al. (2009) konnten ermitteln, dass die Teilnehmenden dazu tendieren würden, sich nur an die Inhalte gut erinnern zu können, die auf den Folien platziert sind, und die Informationen, die ausschließlich mündlich übermittelt werden, nicht zu memorieren. Sie wiesen nach, dass das Behalten mündlicher Informationen geringer als das Behalten der auf den Folien platzierten Informationen ist. Wecker (2012) plädiert dafür, genauer zu untersuchen, welche Informationsarten auf den PowerPoint-Folien platziert werden sollten. Auch nach Ansichten von Savoy et al. (2009) soll die Wahl der Präsentationsart von den Inhalten der Lehrveranstaltung abhängen, und es muss außerdem entschieden werden, welche Präsentationsinhalte genau auf den Folien zu platzieren sind und welche nur mündlich übermittelt werden sollten (Savoy et al., 2009).

Die Studie von Hamdan und Altaher (2011) gibt einen Hinweis, dass für die mathematischen Inhalte eine traditionelle Tafelvorlesung von den Teilnehmenden bevorzugt werde. Es handelt sich dabei allerdings nur um die Präferenzen der Teilnehmenden und nicht um den Lerneffekt, die nach Apperson et al. (2006) nicht übereinstimmen würden.

Die folgenden beiden Studien von Maclaren et al. (2013) sowie von Artemeva und Fox (2011) sind für diese Arbeit besonders bedeutsam, da sie explizit auf das mathematische Lehren und Lernen bezogen sind. Diese Studien haben explizit mathematische Lehrveranstaltungen (qualitativ) untersucht. Sie unterstreichen, dass in mathematischen Lehrveranstaltungen besondere pädagogische Ansätze zur Wissensvermittlung verwendet würden, da in Mathematik symbolische Elemente, Graphen, Diagramme und weitere handschriftliche Elemente eine entscheidende Rolle spielen würden (Maclaren, 2014; Artemeva & Fox, 2011). In diesem Zusammenhang sehen Fox und Artemeva (2012) die traditionelle und international verbreitete Tafelvorlesung als „embodied practice" (Fox & Artemeva, 2012, S. 83) und deswegen als die beste Option für eine mathematische Veranstaltung. Sie nehmen an, dass außer des Live-Schreibens die „board choreography" (Artemeva & Fox, 2011, S. 359) der Dozentinnen und Dozenten eine wichtige Rolle für das Vermitteln des mathematischen Wissens spiele, nennen aber positive Argumente hauptsächlich nur aus der Sicht der Lehrenden.

Der Aspekt, der eine Tafelvorlesung grundsätzlich von vielen anderen Arten unterscheidet, ist explizit das Schreiben an die Tafel. Alle anderen Tätigkeiten, die zur „board choreography" gehören, beziehen sich mehr oder weniger bzw. nicht direkt darauf. Der Ablauf der physischen Aktivitäten könnte eine wichtige Rolle für den Lehrprozess spielen. Es ist nicht auszuschließen, dass das Gesamtkonzept der Tafelvorlesung mit allen Verkörperungsmerkmalen für das Gelingen der ganzen Lehrveranstaltung verantwortlich sein könnte. Grundsätzlich wären aber alle Aktivitäten der Lehrenden, die nicht direkt das physische Objekt „Tafel" mit einbeziehen, auch bei einer digitalgestützten Vorlesung denkbar.

Maclaren (2014) nimmt ebenfalls an, dass der multimodale Ansatz, der in den Mathematikvorlesungen verwendet wird, eine entscheidende Bedeutung für die Entwicklung des mathematischen Denkens habe (Maclaren, 2014). Eine traditionelle Mathematikvorlesung mit Hilfe von Kreide und Tafel basiere auf handschriftlichen und mündlichen Elementen, sodass mathematisches Denken dynamisch präsentiert werden könnte (Maclaren, 2014). Außerdem nimmt Maclaren (2014) an, dass gerade die handschriftliche Komponente die entscheidende Rolle bei der dynamischen Tafelvorlesung spiele. Maclaren (2014) betont die Vorteile der Digitalstift-Technologie für die Studierenden besonders dann, wenn die Vorlesung in einem großen Hörsaal stattfinden soll, weil sie das Beibehalten der handschriftlichen Darstellung ermögliche. Wenn also eine neue Umgebung (auf Basis der modernen Technologien) für mathematische Veranstaltungen geschaffen werden sollte, die alle notwendigen Elemente für die Entwicklung des mathematischen Denkens beinhaltet, empfiehlt Maclaren (2014), eine solche Umgebung technologisch so zu gestalten, dass sie das Live-Schreiben ermöglicht (Maclaren, 2014). Außerdem könne die Digitalstift-Technologie die multimodale mündliche und schriftliche Kommunikation in den Lehrräumen erleichtern und bestehende traditionelle Lehransätze sowie pädagogischen Wandel unterstützen. Durch die Verwendung neuer multimodaler Funktionen könne sie die Arbeit in zeitlich und räumlich eingeschränkten Umgebungen erleichtern und verbessern (Maclaren, 2014).

Nach Artemeva und Fox (2011) sowie Maclaren (2014) könnte also das Schreiben mit der Hand eine bedeutende Rolle für mathematische Inhalte spielen, wobei Artemeva und Fox (2011) außerdem betonen, dass sowohl die Studierenden die ihnen präsentierten Vorlesungsinhalte handschriftlich übernehmen, als auch die Lehrenden ihre handgeschriebenen Notizen während der Vorlesung verwenden würden. Diese Tatsache lässt annehmen, dass das Schreiben mit der Hand sowohl für das Vermitteln als auch für das Aneignen des mathematischen Wissens vorteilhaft sein könnte. Grundsätzlich nehmen Artemeva und Fox (2011) an, dass das Gesamtkonzept der traditionellen Tafelvorlesung als „embodied practice" (Fox & Artemeva, 2012, S. 83) die beste Alternative für mathematische Lehrveranstaltungen sein könnte, und sehen die Notwendigkeit weiterer Untersuchungen der Wirkung der traditionellen Tafelvorlesung auf „individual students' knowing, learning, and doing university mathematics" (Fox & Artemeva, 2012, S. 97). Maclaren (2014) nimmt an, dass gerade das Live-Schreiben für mathematische Veranstaltungen vorteilhaft sei, sodass das Schreiben mit einem Digitalstift eine geeignete (oder sogar eine bessere) Alternative zur Tafelvorlesung sein könnte.

Die Studien von Artemeva und Fox (2011), Maclaren (2014) und auch Ebner und Nagler (2008) (die sich ebenfalls mit mathematikähnlichen Inhalten beschäftigt) plädieren für eine der Live-Schreib-Möglichkeiten, geben aber keine Auskunft bezüglich des Lerneffekts der untersuchten Darstellungsarten. In diesen Studien fand kaum ein Vergleich verschiedener Darstellungsarten statt, sondern es wurde nur eine der Darstellungsarten qualitativ untersucht. Es gab außerdem keine Unterscheidung zwischen verschiedenen mathematischen Aufgabenbereichen sowie zwischen den durch unterschiedliche Darstellungsarten entstandenen Merkmalen der präsentierten Inhalte. Bezüglich der anderen Darstellungsarten geben die oben vorgestellten Studien von Artemeva und Fox (2011), Maclaren (2014) sowie Ebner und Nagler (2008) keine klare Auskunft, dafür aber einen Anlass zur Hypothese, dass das Schreiben mit der Hand für mathematische Inhalte eine wichtige Rolle spielen könnte. Aus diesem Grund wird das Schreiben mit der Hand nachfolgend explizit in den Fokus genommen.

Alle weiteren (und für diese Dissertation) wichtigen Erkenntnisse der vorgestellten Studien werden im Abschnitt 2.6 zusammenfassend dargestellt.

2.3 Vorlesungsdarstellungsarten, Embodied Cognition und das Schreiben mit der Hand

Von beispielsweise Artemeva und Fox (2011) sowie Maclaren (2014) wird angenommen, dass das Schreiben innerhalb einer Veranstaltung von Bedeutung sein kann. Das wird im Folgenden theoretisch aus verschiedenen theoretischen Perspektiven mit zugehörigen empirischen Ergebnissen betrachtet.

Der Inhalt einer mathematischen Lehrveranstaltung erfordert von den Teilnehmenden eine Auseinandersetzung mit mathematischen Themen und entsprechend eine kognitive Aktivität, die das Aneignen fachlicher mathematischer Inhalte zum Ziel hat. Es kann davon ausgegangen werden, dass jede Darstellungsart, die in dieser Arbeit untersucht wird, grundsätzlich in der Lage ist, alle notwendigen mathematischen Lehrinhalte zu behandeln. In Bezug auf den möglichen Einfluss des Handschreibens im Zusammenhang mit der Darstellungsart werden die Sensorik und die Motorik der Teilnehmenden genauer betrachtet, die möglicherweise eine Rolle für das Aneignen mathematischer Inhalte spielen könnten: Unterschiedliche Darstellungsarten verursachen unterschiedliche (zum großen Teil visuelle) Sinneseindrücke. Außerdem könnten die Teilnehmenden während der Vorlesung (abhängig bzw. unabhängig von der Darstellungsart) handschriftliche Vorlesungsnotizen erstellen, oder sie könnten auf das Erstellen von Notizen verzichten.

Somit können bei einer Lehrveranstaltung an einer Universität oder einer Hochschule, die mit Hilfe einer visuellen Präsentation der Lehrinhalte durchgeführt wird, (wie auch aus der Grundschuldidaktik bekannt) Kognition, Sensorik und Motorik der Teilnehmenden beansprucht werden.

Anders als die statische Gestaltpsychologie verstehen wir das Wahrnehmen als ein aktives Aufnehmen der Gegebenheiten, mit denen der Mensch über das Mittel der Sinnesempfindung in Kontakt kommt. Ein solches Wahrnehmen bezeichnen wir als Anschauen. Damit soll nicht nur das visuelle Wahrnehmen gemeint sein. Alle Sinne können dem Anschauen dienen […] (Aebli, 2011, S. 85).

Diese Ansicht stimmt mit der Meinung von Stangl (2020) überein, nämlich dass sich die Wechselwirkung von Kognition, Sensorik und Motorik in der Repräsentation von Denkprozessen widerspiegele. Diesem Gedanken liegt die Theorie der Embodied Cognition zugrunde.

2.3.1 Embodied Cognition

Die Arbeit von Kiefer und Trumpp (2012) beschäftigt sich mit der Frage, ob die Kognition essenziell von unseren Sinnen und unserer Interaktion mit der Außenwelt (bzw. mit der konkreten Umgebung) bestimmt wird, die im Kern der bisherigen und der aktuellen Debatten diskutiert werde. Nach Kiefer und Trumpp (2012) nehme die klassische Kognitionswissenschaft an, dass die Kognition neurokognitive Systeme umfasst, die sich von den Wahrnehmungssystemen sowie motorischen Gehirnsystemen unterscheiden; die klassische Sichtweise unterstütze die Annahme, dass die Wissenskodierung in einem abstrakt-symbolischen Format stattfindet, sodass modalitätsspezifische sensorisch-motorische Informationen verlorengehen. Die Theorie der Embodied Cognition stelle diese klassische Ansicht in Frage (Kiefer & Trumpp, 2012) und widerlege, dass Kognition ausschließlich durch interne Prozesse (z. B. durch Prozesse des zentralen Nervensystems) erklärt werden kann. Nach der Theorie der Embodied Cognition würden auch weitere externe Faktoren gebraucht: körperliche Bedingungen und Interaktionen mit der Umgebung. Verschiedene Ansätze führten zur Entwicklung des Konzeptes des Embodiments (Weber, 2017). Embodied Kognitionstheorie gehe davon aus, dass die Wahrnehmung im Wesentlichen im sensorischen und motorischen Gehirnsystemen stattfinde (Kiefer & Trumpp, 2012).

Der Begriff Embodied Cognition – manchmal auch Grounded Cognition oder Embodiment beschreibt eine Theorie der mentalen Repräsentation, die davon ausgeht, dass eine Wechselwirkung zwischen Kognition, Sensorik und Motorik besteht, und dass sich das in der Repräsentation von Denkprozessen widerspiegelt. Im Gegensatz zu den klassischen, mentalen Repräsentationskonzepten, die von amodalen Konzepten ausgehen und das Gehirn als die zentrale Instanz mentaler Repräsentation und Kognition ansehen, postuliert dieses Konzept, dass Denken nicht unabhängig vom Körper möglich ist und multimodal verkörperlicht ist (Stangl, 2020).

Wie Wilson und Foglia (2017) schreiben, werde manchmal eine unerwartete Art der Kognitionsverkörperung entdeckt, die dann neue Wege eröffne, Mechanismen der kognitiven Verarbeitung zu konzipieren und zu erforschen (Wilson & Foglia, 2017).

Die Entwicklung von Verhaltens- und Neurowissenschaften ermögliche es außerdem, empirische Unterstützung für die Embodied-Theorien zu gewinnen, da mehrere wissenschaftliche Studien die Verbindungen zwischen den sensorischen und motorischen Gehirnsystemen von der einen Seite und der Kognition von der anderen Seite nachweisen (Kiefer & Trumpp, 2012). In den letzten zehn Jahren entwickelte sich die Forschung der Embodied Cognition rasant, sodass zahlreiche wissenschaftliche Arbeiten eine seriöse Alternative zur Untersuchung kognitiver Phänomene aus der Perspektive der Embodied Cognition darstellen (Wilson & Foglia, 2017).

2.3.2 Das Schreiben während der Lehrveranstaltungen

Die explizit in Bezug auf mathematische Lehrveranstaltungen durchgeführten Studien (Artemeva & Fox, 2011; Maclaren, 2014) unterstreichen unter anderem die Bedeutung der handschriftlichen Verfahren (speziell die Möglichkeit des Live-Schreibens) bei der Darstellung mathematischer Lehrinhalte. Es gibt mehrere Hinweise auf bestimmte Gehirnprozesse, die bereits während des Schreibens erfolgen und damit für eine kognitive Verarbeitung der Lerninhalte sorgen. Das sollte bessere Leistungen beim Verstehen und Behalten des Lernstoffes (Biederstädt, 2018) beeinflussen.

Mueller und Oppenheimer (2014) haben in ihrer Studie Studienleistungen der Studierenden untersucht, die ihre Vorlesungsnotizen handschriftlich bzw. mit Hilfe eines Laptops erledigt haben. Die Gruppe der Teilnehmenden, die ihre Notizen am Laptop gemacht hat, versuchte anscheinend den Inhalt der Lehrveranstaltung (als Lehrveranstaltungen haben bei diesen Experimenten TED Talks gedient) möglichst wortwörtlich zu übernehmen und schrieb durchschnittlich signifikant mehr Wörter als die handschriftliche Gruppe: $M = 309.6$ gegen $M = 173.4$ mit $p < .001$ (Mueller & Oppenheimer, 2014). Mehrere Untersuchungen haben einen signifikanten Vorteil der handschriftlichen Notation der Inhalte durch die Teilnehmenden besonders bei der Bearbeitung von Konzeptaufgaben gezeigt.

Obwohl es grundsätzlich wünschenswert erscheint, möglichst mehr Inhalte einer Lehrveranstaltung zu notieren, um mehr Informationen zu behalten, „mindless transcription seems to offset the benefit of the increased content" (Mueller & Oppenheimer, 2014, S. 4). Diese Arbeit beschäftigt sich damit, dass das Schreiben mit der Hand die Teilnehmenden dazu bringt, die Lehrinhalte bereits während der Vorlesung zusammenzufassen und im Gehirn zu verarbeiten, was sich wiederum positiv auf den Lernprozess auswirken sollte. Auch Kiefer et al. (2020) betonen in diesem Zusammenhang, dass die aktive Beschäftigung mit dem Inhalt der Veranstaltung offensichtlich während des Schreibens mit der Hand zu einem tieferen Verständnis der Lehrinhalte führte. Allerdings handelt es sich in der Untersuchung von Mueller und Oppenheimer (2014) nicht um eine klassische Mathematikvorlesung. Außerdem deutet sie darauf hin, dass gerade die Zusammenfassung der Inhalte während der Veranstaltung dafür verantwortlich gewesen sei, dass die Teilnehmenden der handschriftlichen Gruppe bessere Testergebnisse erzielten.

Speziell bezüglich der mathematischen Inhalte gibt es den folgenden weiteren Grund, der gegen das Erstellen der Notizen auf dem Laptop spricht: Im Unterschied zu den in einer Sprache verfassten Texten sind Computertastaturen nicht dafür ausgelegt, um symbolbehaftete mathematische Inhalte schnell und flüssig tippen zu können, da für die meisten mathematischen Symbole keine einzelnen Tasten existieren. Für Eingabe mathematischer Texte sind deswegen mehrere Tastenkombinationen sowie teilweise weitere Eingabeschritte, die die Benutzung der Maus voraussetzen, erforderlich. Quinby et al. (2020) haben nachgewiesen, dass das Tippen von mathematischen Ausdrücken auf einer Computertastatur eine deutlich höhere kognitive Belastung (siehe auch Abschnitt 2.3.4) verursacht als die handschriftliche Notation symbolischer mathematischer Inhalte. An der Studie haben Studienanfängerinnen und Studienanfänger teilgenommen. Neben dem Schreiben mit der Hand wurden zwei verschiedene mathematische Applikationen getestet, die die digitale Eingabe mathematischer Ausdrücke ermöglichen (Quinby et al., 2020).

Eine weitere Studie von Anthony, Yang und Koedinger (2008) hat gezeigt, dass algebraische Gleichungen handschriftlich doppelt so schnell gelöst werden konnten, als wenn die Lösung mit Hilfe der Computertastatur getippt wurde. Das handschriftliche Arbeiten wurde von den Teilnehmenden als leicht und natürlich empfunden. Auch die Analyse der Fehleranzahl während des Trainings lässt nach Anthony, Yang und Koedinger (2008) die Hypothese zu, dass das Tippen mit der Tastatur eine höhere kognitive Belastung als das handschriftliche Lösen algebraischer Gleichungen verursachen würde (Anthony et al., 2008). Ähnliche Hinweise sind auch bei Romney (2010) und Maclaren (2014) zu finden.

Mathematische Lehrinhalte erfordern zwar viele kognitive Ressourcen (Gueudet, 2008), aber werden fachspezifisch grundsätzlich so komprimiert dargestellt, dass alle Vorlesungsinhalte vollständig (sogar mit allen möglichen Kommentaren) von den Teilnehmenden während der Lehrveranstaltung handschriftlich übernommen werden können (Artemeva & Fox, 2011, S. 361), denn „[d]ie mathematische Fachsprache erzeugt [...] eine *hohe Informationsdichte auf kleinem Raum*" (Hefendehl-Hebeker, 2016, S. 19).

Sogar die Mathematik-Lehrenden tendierten, ihre Vorbereitungsnotizen in handschriftlicher Form zur Vorlesung mitzunehmen (Artemeva & Fox, 2011).

Die vorangegangene Diskussion lässt die Hypothese zu, dass das handschriftliche Arbeiten der Dozentinnen und Dozenten sowie der Teilnehmenden sensorische und motorische Aktivitäten und Repräsentationen während einer mathematischen Lehrveranstaltung beeinflussen könnte.

2.3.3 Prozesse der Verarbeitung symbolischer Inhalte

Nach Gueudet (2008) bzw. Berger (2004) werde das Erlernen neuer mathematischen Symbole als Erlernen neuer Wörter einer Fremdsprache betrachtet. „If mathematics at university has to be learned like a language, it is a natural process that the students first try to mimic what they read and hear, and consequently formulate absurd sentences" (Gueudet, 2008, S. 244). „Am deutlichsten ist das Wahrnehmungslernen beim Lesen: Wo der Anfänger nur Buchstaben sieht, da sieht der erfahrene Leser charakteristische Buchstabengruppen und Einheiten der Bedeutung" (Aebli, 2011, S. 82). In diesem Zusammenhang ist außerdem zu betonen, dass in dieser Arbeit Parallelen zwischen dem Erlernen neuer Inhalte in der Grundschule und in der Studieneingangsphase gezogen werden.

Die Untersuchungen von Wecker (2012) und Savoy et al. (2009) weisen darauf hin, dass die Art der Lehrinhalte eine wichtige Rolle bei ihrem Aneignen spiele. Selbst mathematische Lehrinhalte, die visuell präsentiert werden, unterscheiden sich nach ihrer Art. Wie im Abschnitt 1.2 erwähnt, können diese mathematischen Darstellungen verschiedene Informationsarten beinhalten: sowohl abstrakt-symbolische als auch visuell-räumliche Informationen. Mit den Prozessen, die bei der Verarbeitung unterschiedlicher mathematischer Inhalte stattfinden, haben sich verschiedene Studien beschäftigt. Für diese Untersuchungen wurden teilweise Neuroimaging-Methoden verwendet. Die Studie von Lee et al. (2010), die mit Hilfe funktioneller Magnetresonanztomographie (fMRT) (erläutert im Abschnitt 2.4.2) durchgeführt wurde, fokussierte sich auf die Gehirnaktivierung, während die Probandinnen und Probanden mathematische Aufgaben entweder graphisch-schematisch oder abstrakt-symbolisch, und zwar mit Hilfe von algebraischen Gleichungen (Lee et al., 2010, S. 601), gelöst haben. Die Ergebnisse zeigten, dass das Generieren und das Erstellen von Lösungen aus symbolischen Darstellungen größere allgemeine kognitive und numerische Verarbeitungsressourcen erforderte als die entsprechenden Prozesse bei der Lösung der Aufgaben, die graphisch-schematisch dargestellt wurden. Die Unterschiede zwischen den beiden Methoden schienen sowohl quantitativ als auch qualitativ bedeutsam zu sein. Die symbolische Methode erforderte mehr Aufmerksamkeits- oder Arbeitsgedächtnisressourcen und mehr numerische Verarbeitungsressourcen, was die vorherigen Ergebnisse von Lee et al. (2007) bestätigte. Lee et al. (2007) haben herausgefunden, dass die symbolische Darstellung zusätzliche Hirnareale aktivierte. Außerdem hat die Studie von Lee et al. (2010) gezeigt, dass der symbolische Ansatz selbst für kompetente Erwachsene mit akademischen Kenntnissen mühsamer sei als eine Methode mit Hilfe von graphischen Visualisierungen. Die Untersuchungsergebnisse von Sohn et al. (2004) zeigten, dass das abstrakt-symbolische Format in Form einer algebraischen Gleichung und das verbale Format unterschiedliche Gehirnareale aktivieren würden, auch wenn sie denselben Sachverhalt darstellen.

Diese Ergebnisse decken sich mit den Ansichten von Dehaene et al. (1999), die zwischen einem sprachspezifischen Format für die exakte Arithmetik und einem Format für visuell-räumliche Informationen, wie beispielsweise einen mentalen „Zahlenstrahl" (Dehaene et al., 1999; Dehaene, Piazza, Pinel & Cohen, 2003), unterscheiden. Mathematisches Denken scheint nach Dehaene et al. (1999) aus der Interaktion des sprachspezifischen und des visuell-räumlichen Gehirnsystems zu entstehen.

2.3.3.1 Exkurs: das Schreiben mathematischer Texte

Nach Arndt (2018a) sind für das Schreiben (allgemein) drei folgende Komponenten grundsätzlich wichtig:
1. die Übertragung von gesprochener in geschriebene Sprache (Transkription der Inhalte),
2. die Handlungssteuerung; sie bedarf der feinmotorischen und visuo-motorischen Fertigkeiten,
3. die Textproduktion selbst (Arndt, 2018a).
Das Schreiben mathematischer Texte bzw. Erstellung von Beweisen, Herleitungen und Lösungen mathematischer Aufgaben erfordert grundsätzlich dieselben Schritte:
1. Beispielsweise kann der folgende gesprochene Satz „Der Betrag einer reellen Zahl ist stets eine nichtnegative Zahl." so in geschriebene fachmathematische Sprache übertragen werden: „$\forall x \in \mathbb{R}$ gilt: $|x| \geq 0$".
2. Es werden dabei ebenfalls feinmotorische und visuo-motorische Fertigkeiten gefragt. Um so mehr handelt es sich dabei um spezielle fachliche (und für Studienanfängerinnen und -anfänger neue) Symbole und ihre Kombinationen, mathematische Schreibweisen sowie Argumentations-

und Rechenwege, die in kaum einem anderen Kontext von den Lernenden verwendet werden.

3. Anschließend wird die Produktion eines Beweises, einer Herleitung, einer (Problem)lösung usw. mit einer fachmathematischen (semantischen) Bedeutung ebenfalls gefragt.

Das Erstellen mathematischer Texte, zu denen Lösungen mathematischer Probleme und Rechenwege gehören, scheint also viele Gemeinsamkeiten mit sprachlichen Prozessen im allgemeinen Kontext zu haben.

2.3.4 Kann das Mitschreiben während der Lehrveranstaltungen eine zusätzliche kognitive Belastung der Teilnehmenden verursachen?

Da das Tippen der Notizen mit Hilfe einer Computertastatur während einer Mathematikvorlesung als keine vorteilhafte Option betrachtet (und in dieser Dissertation nicht näher untersucht) wird (siehe Abschnitt 2.3.2), werden bezüglich des Erstellens der Notizen während einer Mathematikvorlesung zwei folgende Alternative in Betracht gezogen:

- das Erstellen einer Vorlesungsmitschrift während der Mathematikvorlesung in Form von handschriftlichen Notizen,
- das Verzichten auf Vorlesungsmitschrift während der Mathematikvorlesung.

Die Theorie der kognitiven Belastung (Cognitive Load Theorie) betrachtet menschliche kognitive Architektur auf Basis der Evolutionstheorie, um neuartige Instruktionsverfahren zu entwickeln. Die Cognitive Load Theorie setzt voraus, dass nur eine sehr begrenzte Menge neuer Informationen gleichzeitig verarbeitet werden kann (Sweller, 2011) und legt nahe, dass die Präsentationstechniken so angepasst werden sollten, dass die Auslastung des Arbeitsgedächtnisses möglichst gering gehalten wird (Tindall-Ford, Chandler & Sweller, 1997). Aus dem Grund, dass der Umfang des Arbeitsgedächtnisses begrenzt ist und das Handschreiben vom Arbeitsgedächtnis mitgesteuert wird, könnte erwartet werden, dass das Schreiben mit der Hand eine höhere kognitive Belastung verursachen würde, was Einzelprozesse beeinträchtigt könnte (Arndt, 2018a).

Diese Erkenntnisse könnten zu einer Ansicht führen, dass das Arbeitsgedächtnis beim Erstellen von handschriftlichen Notizen überlastet werden könnte, da der zu vermittelnde anspruchsvolle mathematische Lehrstoff die Teilnehmenden kognitiv herausfordert. Argumente gegen eine Beeinträchtigung der Lernleistung durch das Schreiben im Sinne der Cognitive Load Theorie findet man in der Theorie der multiplen Ressourcen.

2.3.4.1 Theorie der multiplen Ressourcen

Nach Wickens (2002) beschäftigt sich die Theorie der multiplen Ressourcen mit dem theoretischen Hintergrund der gleichzeitigen Ausführung mehrerer unterschiedlicher Aufgaben.

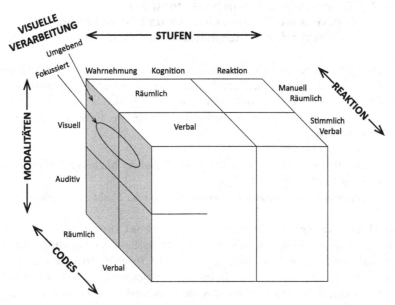

Abbildung 2.1 Modell der multiplen Ressourcen nach Wickens (Wickens, 2002, S. 163)

Das Modell der multiplen Ressourcen (visualisiert in der Abbildung 2.1) setzt vier wichtige zweigeteilte Dimensionen – Stufen, Wahrnehmungsmodalitäten, visuelle Kanäle und Verarbeitungscodes – voraus. Jede Dimension wird in zwei diskrete Ebenen geteilt. Wenn zwei Aufgaben, die zu derselben Ebene einer Dimension gehören, parallel ausgeführt werden müssen, würden sie mehr einander stören, als wenn sie zu verschiedenen Ebenen gehören würden (Wickens, 2002). Z. B. ist es schwer, gleichzeitig zu telefonieren (auditive Wahrnehmung) und Wetteraussichten im Radio anzuhören (ebenfalls auditive Wahrnehmung). Es ist aber viel einfacher, während eines Telefongesprächs (auditive Wahrnehmung) Wetteraussichten in einer Smartphone-App anzuschauen (visuelle Wahrnehmung).

Nach dem Modell der multiplen Ressourcen von Wickens (Wickens, 2002) würden dieselben Ressourcen für die Wahrnehmung und für kognitive Aufgaben verwendet. Diese Ressourcen seien getrennt von denen, die für Ausführung einer Reaktionsaktivität gebraucht werden. Sogar kognitive Wahrnehmungsschwierigkeiten hätten keinen großen Einfluss auf eine Konkurrenzaufgabe, deren Anforderungen sich hauptsächlich auf Ausführung einer Reaktionstätigkeit beziehen würden (Wickens, 2002). So könnte man sich z. B. während einer Autofahrt den bevorstehenden Fahrweg vorstellen (Kognitionsaufgabe) und gleichzeitig das Auto führen (Reaktionsaufgabe).

Beim Ausführen mehrerer Tätigkeiten kumuliere die komplette Arbeitsbelastung aus den Anforderungs- und der Konflikt-Komponenten (Wickens, 2002). Die Anforderungs-Komponente hänge davon ab, wie anspruchsvoll einzelne Aktivitäten sind, die gleichzeitig erfolgen müssen (Wickens, 2002).

Die Konflikt-Komponenten würden entstehen, falls mehrere Tätigkeiten aus derselben Ebene gleichzeitig ausgeführt werden müssen, da diese Tätigkeiten einander stören würden (Wickens, 2002).

2.3.4.2 Theorie der multiplen Ressourcen in Bezug auf das Mitschreiben während der Lehrveranstaltung

Es ist davon auszugehen, dass die Teilnehmenden während einer Mathematikvorlesung anspruchsvolle wahrnehmungsbezogene und kognitive Tätigkeiten ausführen müssen, die viele Ressourcen aus der Stufe für Wahrnehmung und Kognition beanspruchen, damit sie der Vorlesung folgen können. Das Erstellen von handschriftlichen Notizen ist allerdings eine Reaktionstätigkeit und gehört zu der Reaktions-Stufe. So dürfen die beiden Tätigkeiten – der Vorlesung folgen (Stufe „Wahrnehmung + Kognition") und handschriftliche Notizen erstellen (Stufe „Reaktion") – einander kaum beeinträchtigen. Das bedeutet, dass keine Konflikt-Komponente während des Handschreibens entstehen sollte. Die gesamte Arbeitsbelastung würde sich nur dadurch erhöhen, dass das Schreiben selbst als eine zusätzliche Aktivität die Anforderungs-Komponente beeinträchtigt. So kann angenommen werden, dass die hauptsächliche kognitive Belastung, die während einer Mathematikvorlesung durch eine Auseinandersetzung mit anspruchsvollen mathematischen Inhalten entsteht, sich durch das Mitschreiben nicht wesentlich steigern sollte.

Der praktische Vorteil des Mitschreibens, dass möglichst viele Informationen und Lehrinhalte der Lehrveranstaltung mitgenommen werden, könnte sicherlich auch anderweitig realisiert werden: Es wäre zum Beispiel möglich, den Teilnehmenden die Lehrmaterialien in Form eines Vorlesungsskripts usw. zur Verfügung zu stellen. Das könnte allerdings auch unabhängig davon erfolgen, ob die Studierenden handschriftliche Notizen während der Vorlesung anfertigen würden.

Nachfolgend wird betrachtet, welche Bedeutung das Erstellen von explizit handschriftlichen Notizen aus der Perspektive der Theorie der Embodied Cognition, und zwar aus der sensorischen und motorischen Sicht, für die Studierenden haben könnte.

2.4   Beeinflusst das Schreiben die Lesefunktion?

Kiefer und Trumpp (2012) definieren das Handschreiben als eine manuelle sensomotorische Leistung, die den Erwerb und die Sicherung komplexer motorischer Abläufe voraussetzt. Mehrere Verhaltensexperimente (vorgestellt im Abschnitt 2.4.1), geben Auskunft, wie der Prozess des Handschreibens das Erkennen von Symbolen und die Lesefunktion beeinflusst. Sie liefern Informationen, ob eine Aktivierung in sensorischen oder motorischen Arealen überhaupt dafür notwendig ist, um diese Aufgabe, also das Erkennen von Symbolen und das Lesen, auszuführen. Diese Experimente fanden mit Hilfe von gesunden Teilnehmenden sowie den Teilnehmenden mit Schädigungen in bestimmten Gehirnarealen, die zur Alexie[1] geführt haben, statt.

2.4.1   Einige Verhaltensexperimente

Matsuo et al. (2001) berichten von ihren Erfahrungen mit den Patienten mit reiner Alexie. Obwohl diese Patienten nicht im gewöhnlichen Sinne wie gesunde Menschen lesen können, sind sie in der Lage, Buchstaben oder Wörter durch kinästhetische Förderung zu erkennen. Diese Patienten bewegen ihren Finger, während

---

[1] Nach dem Lexikon der Neurowissenschaft (2000a) wird Alexie als Unfähigkeit zu lesen definiert. Alexie hat unterschiedliche Formen und je nach Form verschiedene Ursachen, die auf Schädigungen der auf Schrift und Sprache spezialisierten Gebiete oder Schädigungen der Verbindungen zwischen den Arealen, in denen visuelle Informationen, und den Arealen, in denen den auf Schrift und Sprache verarbeitet werden, zurückzuführen sind. Wenn die Verbindungen zwischen dem Sehzentrum und den auf Schrift und Sprache spezialisierten Arealen geschädigt sind, dann ist nur die Lesefunktion beeinträchtigt. Diese Alexie-Form nennt man „reine Alexie" (Arndt, 2018a).

sie die Wörter buchstabieren (Matsuo et al., 2001). Zu bemerken ist, dass Japanerinnen und Japaner ihre Zeigefinger bewegen würden, wenn sie Kanji (japanische Schriftzeichen) oder Fremdwörter aus dem Gedächtnis abrufen möchten. Japanerinnen und Japaner mit reiner Alexie auf der Seite würden beim „Lesen" ihre Hände nicht so bewegen, als ob sie mit einem Stift schreiben würden, sondern sie bewegen den „Punkt" mit ihrem Zeigefinger (als ob der Zeigefinger die Rolle des Stiftes spielen würde, was nach der Annahme von (Matsuo et al., 2001) neben der „normalen" Schreibbewegung (der Bewegung, die man mit einem Stift in der Hand beim Schreiben ausführen würde) die motorische Assoziation der Buchstaben induzieren könnte.

Bartolomeo, Bachoud-Lévi, Chokron und Degos (2002) beschreiben einen Patienten, der wegen Schädigungen in den bestimmten Gehirnarealen nicht in der Lage war zu lesen, und zwar deswegen, weil er Buchstaben und Wörter nicht mental visualisieren konnte. Seine Fähigkeit zu schreiben blieb dagegen weitgehend erhalten. Es wurde eine Testreihe durchgeführt, bei der die Verwendung visueller mentaler Darstellungen des orthographischen Materials vorausgesetzt wurde. Das bei den Tests überprüfte Gedächtnis des Patienten bezüglich beispielsweise der Farbe oder der Form der gezeigten Buchstaben war sehr stark beeinträchtigt. Nachdem der Patient eine Möglichkeit bekam, jedes Objekt mit seinem Finger nachzuverfolgen, hat sich seine Leistung bei denselben Tests enorm verbessert. Das beobachtete Dissoziationsmuster zwischen der visuellen mentalen Darstellungen und dem motorischen Wissen stützt die Ansicht, dass unser Wissen über die visuellen Formen von Buchstaben und Wörter zwei verschiedene Codes beinhalten würde: Der eine Code basiert auf visuellen Erscheinungsbildern, der andere Code basiert auf motorischen Engrammen. Um auf unser Wissen über die visuellen Formen von Buchstaben und Wörter zuzugreifen, müssten wir dementsprechend diese beiden Codes verwenden Bartolomeo et al. (2002).

Seki, Yajima und Sugishita (1995) berichten von zwei Alexie-Patienten (Fußnote 1, S. 32), die folgendermaßen behandelt wurden: Die Patienten haben die Buchstabenkonturen mit dem rechten Zeigefinger nachverfolgt und den Buchstaben vorgelesen. Außerdem konnten sie die Buchstaben auf dem Tisch oder in der Luft „nachzeichnen" und dabei ihre Arme frei bewegen, sodass sie die Buchstaben in ihrer eigenen Handschrift frei nachverfolgen. Im nächsten Schritt wurden die Buchstaben mehrmals mit einem Bleistift abgeschrieben und laut vorgelesen bzw. nach einer mündlichen Instruktion kopiert. Der Vor- und Nachvergleich zeigte einen deutlichen positiven Effekt der Behandlung. Beide Patienten haben ihre Leseleistung der geübten Buchstaben signifikant verbessert. Bezüglich der ungeübten Buchstaben verbesserte sich ihre Leseleistung nicht (Seki et al., 1995). Somit zeigen die Ergebnisse dieser Studie ebenfalls, dass die motorische Aktivität, in der das Erstellen der spezifischen Buchstabenform geübt wurde, geholfen hat, diese Buchstaben zu merken.

Die Studie von Longcamp et al. (2005) untersuchte, ob das Schreiben mit der Hand zur visuellen Erkennung von Buchstaben beitragen könnte. An dieser Studie haben zwei Gruppen von jeweils 38 Kindern im Alter von drei bis fünf Jahren teilgenommen. Um das Entwicklungsniveau der Kinder vorzubestimmen, wurde eine Reihe von Vortests durchgeführt. Dabei wurde unter anderem ausgewertet, ob sie die linke oder die rechte Hand bevorzugten und ob sie die später in den Tests zum Lernen verwendete Buchstaben (B, C, D, E, F, G, J, L, N, P, R, Z) bereits kannten. Für jeden diesen Buchstaben wurden drei weitere Mustersymbole entwickelt: das Spiegelbild dieses Buchstabens, eine Transformation, in der einer der notwendigen Striche fehlte bzw. ein zusätzlicher Strich hinzugefügt wurde, und das Spiegelbild dieser Transformation. Die Kinder sollten entscheiden, welches Symbol einen richtigen Buchstaben darstellt, und mit dem Finger darauf zeigen. Anschließend wurden die Kinder gleichmäßig bezüglich ihrer Entwicklung, ihres Geschlechts, ihrer Geschicklichkeit und ihres genaueren Alters in zwei Gruppen (und darunter jeweils drei Alters-Untergruppen) geteilt. Das Lerntraining bezog sich auf das Erlernen der zwölf oben genannten Buchstaben, aus denen einige Wörter erstellt wurden, die wiederum in eine Kindergeschichte eingebettet wurden. Das Training wurde im Laufe von drei Wochen, jeweils eine halbe Stunde pro Woche, durchgeführt (Longcamp et al., 2005).

Eine der Treatmentgruppen dieser Studie hat ein Tipptraining absolviert, in dem die Kinder die Buchstaben, die im dargestellten Wort vorkamen, auf einer Tastatur finden und tippen mussten. Die zweite Treatmentgruppe wurde gebeten, die Buchstaben mit einem Filzstift abzuschreiben, wobei die Reihenfolge und die Platzierung der Buchstaben auf dem Papierblatt unwichtig war. Der erste Test zur Buchstabenerkennung wurde im Anschluss des letzten Trainings, der zweite eine Woche später durchgeführt. Die Ergebnisse zeigten, dass (allerdings nur) die älteren (≥ 50 Monate) Kinder nach dem Schreibtraining (erster Test) signifikant mehr Buchstaben gelernt haben als die Kinder, die das Tipptraining absolvierten. Dieses hohe Ergebnis erreichte die Schreibgruppe auch im zweiten Test (eine Woche später). Das Ergebnis der Tippgruppe hat sich im zweiten Test im Vergleich zum ersten Test noch etwas verschlechtert (Longcamp et al., 2005).

An einer weiteren Studie von Longcamp, Boucard, Gilhodes und Velay (2006) haben zwölf junge Erwachsene teilgenommen, die verschiedene unbekannte aus den Bengali- und Gujarati-Alphabete modifizierte Symbole entweder durch das Tippen auf einer Tastatur oder durch das Handschreiben erlernen sollten. Nach dreiwöchigem Training wurde eine Reihe von Tests durchgeführt, die das Erkennen von den Symbolen und die Unterscheidung der Symbole von ihren Spiegelbildern überprüft haben. Die Symbole, die mit Hilfe vom handschriftlichen Training gelernt wurden, wurden von den Teilnehmenden seltener mit ihren Spiegelbildern verwechselt. Dieser Vorteil wurde nicht sofort, sondern meistens erst drei Wochen nach dem Training beobachtet. Die Ergebnisse konnten zeigen, dass die Beständigkeit des Behaltens der Symboldarstellung im Gedächtnis von der Art der motorischen Aktivität während des Lernprozesses abhänge. Die beim Lernen ausgeführten Schreibbewegungen hätten dazu beigetragen, die Zeichen von ihren Spiegelbildern unterscheiden zu können (Longcamp et al., 2006).

Eine Studie von Kiefer et al. (2015) untersuchte ebenfalls unter anderem die Schreibleistung der Vorschulkinder (zwischen vier Jahren und zehn Monaten und sechs Jahren und drei Monaten alt), die verschiedene Buchstaben durch das Handschreiben auf einem Papierblatt bzw. durch das Tippen auf einer Computertastatur gelernt haben. Gerade beim freien Schreiben von bekannten Buchstaben aus dem Gedächtnis und beim Schreiben von kompletten Wörtern, die aus den gelernten Buchstaben bestanden, habe die handschriftliche Gruppe einen signifikanten Vorsprung gezeigt (Kiefer et al., 2015).

Die Studie von Vinci-Booher, Sehgal und James (2018), an der 204 Erwachsene teilgenommen haben, untersuchte ebenfalls die günstigsten Bedingungen für das Erlernen neuer unbekannter Symbole. Die besten Ergebnisse erzielten die Teilnehmenden, nachdem sie die Symbole selbst geschrieben hatten. Wenn die Teilnehmenden nur beobachtet haben, wie die Symbole visuell dargestellt wurden, war es vorteilhafter, wenn die Darstellung dynamisch war (das heißt, wenn sich die Symbole Strich für Strich schrittweise entfaltet haben) als wenn sie statisch präsentiert wurden. Die Wirkung dynamischer Darstellungen auf die Symbolerkennung hänge somit davon ab, ob man die visuelle Erfahrung besitze, das Symbol bei seiner Entfaltung zu sehen. Diese Untersuchung bezog sich auf das Erkennen von gelernten und auch von ungelernten Symbolen (Vinci-Booher et al., 2018).

Diese und viele andere Verhaltensexperimente weisen die Kausalität zwischen dem Lesen bzw. dem Erkennen von Symbolen und dem Schreiben, als motorischer Aktivität, nach. Die Ergebnisse deuten darauf hin, dass das Handschreiben bzw. das Nachverfolgen der Konturen von Symbolen mit der Hand die Leseleistung signifikant verbessert. Die nachfolgend (im Abschnitt 2.4.2) vorgestellten Studien können eine empirische Erklärung der oben geschilderten Phänomene liefern.

Auf dieser Grundlage können Korrelationsinformationen, die verschiedene elektrophysiologische und Neuroimaging-Studien (vorgestellt im Abschnitt 2.4.2) liefern, betrachtet werden.

2.4.2 Elektrophysiologische und Neuroimaging-Studien

Nachfolgend werden Untersuchungsergebnisse der elektrophysiologischen und
Neuroimaging-Studien vorgestellt. Auf Basis von Erkenntnissen, wie Informationen im Gehirn verarbeitet werden, können diese Studien die Ergebnisse der Verhaltensexperimente ergänzen, indem sie Korrelationen zwischen der Aktivierung
bestimmter Hirnareale im Zusammenhang mit Lesen und Schreiben aufzeigen.

Nach der Theorie der Embodied Cognition basieren Kognition und Denken auf
Interaktion von externen und internen Zuständen sowie körperlichen Aktionen, die
vorherige sensorisch-motorische Erfahrungen (oft unbewusst) simulieren. Diese
Simulationen können mittlerweile mit Hilfe von verschiedenen Techniken gemessen
werden. Es handelt sich dabei um neurowissenschaftliche technische experimen-
telle Möglichkeiten wie fMRT, Elektroenzephalographie (EEG), Magnetoenzepha-
lographie (MEG) bzw. Positronen-Emissions-Tomographie (PET). Solche Neuro-
imaging- und elektrophysiologische Studien weisen direkt nach, dass sensorische
und motorische Systeme in die Ausführung kognitiver Aufgaben involviert sind,
und liefern für die Theorie der Embodied Cognition eine entscheidende Grundlage,
indem sie Korrelationen zwischen verschiedenen Merkmalen (z. B. der Kognitions-
leistung und der Aktivität in einem bestimmten Gehirnareal) aufzeichnen (Kiefer
& Trumpp, 2012).

Nach Kullmann und Seidel (2005) werden in die Verarbeitung der Informationen
viele Gehirnbereiche involviert. Verschiedene Signale werden über die Sinnesorgane
aus der Umgebung wahrgenommen. Die sich im Gehirn befindenden Nervenzellen
(Neuronen) bilden Verknüpfungen aus und verbinden sie sich so zu einem sehr
großen neuronalen Netzwerk (Kullmann & Seidel, 2005).

Wie Arndt (2018a) schreibt, werde das Wissen, das im Gehirn gespeichert wird,
nicht in den Nervenzellen, sondern in den Verbindungen zwischen den Nervenzellen
gesichert. Beim Lernen von Lesen und Schreiben werden die Verbindungen genutzt,
die bereits früher entstanden sind. Diese Verbindungen werden ausgebaut und gefes-
tigt. Es müsse gelernt werden, Buchstaben und andere Symbole zu erkennen und
auseinanderzuhalten, Laute zu unterscheiden und die Buchstaben mit der Hand
aufzuschreiben. Somit müsse eine starke Verknüpfung zwischen den Neuronen im
Sehzentrum, im Hörzentrum und in den motorischen Zentren entstehen (Arndt,
2018a, S. 56–57).

Nach Kullmann und Seidel (2005) können neuronale Verknüpfungen bis zum
fortgeschrittenen Alter umgestaltet werden. Diese Tatsache sei eine prinzipielle Voraussetzung dafür, dass Wissen aufgenommen und gespeichert werden könne. Das
lässt Forscher annehmen, das sich hier der Schlüssel zum Lernen befinde (Kullmann
& Seidel, 2005).

Nach Arndt und Sambanis (2017) müssen die richtigen Verbindungen zwischen den Nervenzellen gut und stark ausgeprägt sein, damit das Gehirn am besten funktioniere. Verbindungen, die oft genutzt werden, würden bestehen bleiben. Verbindungen, die gleichzeitig aktiv sind, und Synapsen[2], über die viele Informationen fließen, würden umso größer und stärker. Synapsen, die nicht genutzt werden, würden absterben. Dieser Effekt, der von Hirnforschern „Plastizität" genannt wird, solle hohe Lernleistungen ermöglichen (Arndt & Sambanis, 2017). Diese Erkenntnisse deuten darauf hin, dass die Nervenverbindungen, in denen das Wissen gespeichert wird, durch ihre Aktivierung gestärkt werden.

Mehrere EEG- und fMRT-Studien liefern Informationen über die Aktivierung verschiedener Gehirnareale, die im Zusammenhang mit Lesen und Schreiben erfolgt.

In einer EEG-Studie[3] konnten van der Meer & van der Weel (2017) nachweisen, dass das Zeichnen mit der Hand im Unterschied zum Tippen auf einer Tastatur größere Netzwerke im Gehirn aktiviere. Das Zeichnen erfolgte in dieser Studie auf einem Tablet mit Hilfe eines Digitalstifts. Junge Erwachsene, die an der Studie teilgenommen haben, mussten bestimmte Begriffe entweder wörtlich durch das Tippen auf einer Tastatur beschreiben oder Zeichnungen, die diese Begriffe visualisieren, mit Hilfe des Digitalstifts anfertigen. Währenddessen wurde die Aktivität des Gehirns der Teilnehmenden mit Hilfe des EEG gemessen. Mit Hilfe dieser Untersuchung haben van der Meer & van der Weel (2017) elektrophysiologische Hinweise dafür gefunden, dass das Zeichnen mit der Hand größere Netzwerke im Gehirn als das Tippen auf einer Tastatur aktiviere, und sprachen nach ihren Ergebnissen die Empfehlung aus, traditionelle handschriftliche Notizen mit handschriftlichen Visualisierungen (z. B. Zeichnungen verschiedener Formen, Objekten und Symbole) zu kombinieren. Sensorische und motorische Informationen würden bei der Steuerung der Stiftbewegung über verschiedene Kanäle aufgenommen und damit die Entstehung von Nervenbahnen, die alle höhere Ebenen der kognitiven Verarbei-

---

[2] Hier: spezialisierte Kontaktstellen zwischen Nervenzellen (Lexikon der Neurowissenschaft, 2000c)

[3] EEG wird seit mehr als 50 Jahren verwendet und ist eine diagnostische Methode, die die vom Gehirn ausgehende elektrische Aktivität an der Kopfoberfläche misst. Elektroenzephalogramm wird deswegen als Hirnstromkurve bezeichnet. Diese Ströme werden von der Signalübertragung der Neuronen im Gehirn verursacht. Die bei der Signalübertragung entstandene elektrische Aktivität wird mit Hilfe von EEG erfasst (Paulus et al., 2000). Die EEG kann kurzfristige Effekte aufspüren. Je länger die Untersuchung dauern kann, desto sicherer werden sie erfasst. Bildgebende Verfahren können heutzutage mehrere weitere Informationen liefern (Paulus et al., 2000).

tung aktivieren und das Lernen anregen, veranlassen (van der Meer & van der Weel, 2017).

   Die von Ose Askvik, van der Weel und van der Meer (2020) nachfolgend präsentierte EEG-Studie ergänzte die Untersuchungen von van der Meer und van der-
Weel (2017). Zusätzlich zur Gehirnaktivität bei der Erstellung der Handzeichnungen und beim Tippen von Notizen wurde die Gehirnaktivität bei der Erstellung
der handschriftlichen Notizen gemessen. Junge Erwachsene, die an der Studie teilgenommen haben, hätten beim Schreiben mit der Hand (mit Hilfe vom Digitalstift) eine solche neuronale Aktivität in bestimmten Gehirnregionen gezeigt, die
für das Gedächtnis und die Enkodierung von Informationen verantwortlich sind.
Ähnliche Aktivierungsmuster seien auch beim Zeichnen mit der Hand entdeckt
worden. Die Gehirnaktivität, die beim Tippen auf einer Tastatur entstand, unterschied sich dagegen sehr von der Aktivität, die beim Zeichen und Schreiben mit
der Hand beobachtet wurde. So ergänzte diese Untersuchung die Studie von van
der Meer und van derWeel (2017) und zeigte, dass das Handschreiben, das Handzeichnen und das Tippen unterschiedliche Prozesse zu sein scheinen, wobei sich das
Handschreiben und das Handzeichnen einander mehr ähneln als das Tippen mit der
Tastatur. Die beim Handschreiben und beim Handzeichnen erzeugten Bewegungen
hätten mehr Gemeinsamkeiten gezeigt und neuronale Netzwerke auf eine andere Art
und Weise als die Bewegung beim Tippen aktiviert. Die Untersuchungsergebnisse
deuten darauf hin, dass die präzisen und kontrollierten Bewegungen beim Schreiben und beim Zeichnen für dieses bestimmte Aktivierungsmuster verantwortlich
seien (Ose Askvik et al., 2020).

   Longcamp, Anton, Roth und Velay (2003) haben mit Hilfe von fMRT[4] untersucht, ob motorische Wahrnehmung auch beim Lesen stattfinden könnte. Obwohl

---

[4] fMRT liefert eine Möglichkeit, arbeitende Gehirnbereiche sichtbar zu machen. Diese Bereiche werden in Abhängigkeit von ausgeübter Tätigkeit aktiv. In den aktiven Gehirnarealen wird
Energie umgewandelt, die mit Hilfe von Sauerstoff und Zucker über die Blutgefäße zu den
Nervenzellen transportiert wird. Der BOLD-Effekt - Blood Oxygen Level Dependent (BOLD)
– erlaubt den unterschiedlichen Sauerstoffgehalt der roten Blutkörperchen sichtbar zu machen.
So kann Aktivierung der Gehirnzellen in arbeitenden Gehirnarealen nachgewiesen werden.
Das Aktivierungsniveau kann durch eine Farbskala angezeigt werden. Das anatomische MRT-
Bild im Hintergrund – Magnetresonanztomographie (MRT) – macht möglich, die Tätigkeit
der Nervenzellen einer bestimmten anatomischen Region zuzuordnen. So kann die fMRT
die kleinsten Schwankungen der Gehirndurchblutung und des Gehalts des Sauerstoffs in den
kleinsten Gehirn-Blutgefäßen aufzeichnen. fMRT misst also nicht die elektrische Aktivität,
sondern den Energiebedarf in den verschiedenen Hirnregionen. Damit kann die Aktivität der
Gehirnareale in Reaktion auf spezifische Reize veranschaulicht werden (Max-Planck-Institut
für biologische Kybernetik, 2018; Max-Planck-Institut für Psychiatrie, 2020; Kullmann &
Seidel, 2005).

das Lesen (also das Erkennen von gesehenen Buchstaben) als visueller Prozess betrachtet wird, wurde nachgewiesen, dass Menschen auch sensomotorische Repräsentationen von Buchstaben besitzen würden. An dieser Studie nahmen elf erwachsene Rechtshänderinnen und Rechtshänder mit Französisch als Muttersprache teil. Die Studie bestand aus zwei Teilen, die nacheinander an demselben Tag stattgefunden haben. Den Teilnehmenden wurden jeweils drei Reihen von Symbolen gezeigt: die erste Reihe mit Buchstaben, die zweite Reihe mit Pseudobuchstaben (buchstabenähnlichen Symbolen, die in Wirklichkeit nicht existierten und für Probandinnen und Probanden nicht bekannt waren) und die dritte Reihe mit Kontrollsymbolen. Im ersten Teil („Lesen") mussten die Teilnehmenden die gezeigten Symbole aufmerksam betrachten. Im zweiten Teil („Schreiben") wurden sie gebeten, die gezeigten Symbole abzuschreiben. Während des ersten Teils wussten die Teilnehmenden noch nicht, dass sie später aufgefordert werden, diese Symbole abzuschreiben. Während der Experimente wurde die Aktivierung der Gehirnbereiche der Teilnehmenden untersucht (Longcamp et al., 2003). Es wurden die Bereiche im Gehirn aktiviert, für die bekannt ist, dass sie an der Wahrnehmung der Schriftsprache beteiligt sind. Das Lesen von Buchstaben (des französischen Alphabets) und Pseudobuchstaben aktivierte mehrere visuelle Hirnareale. Das Hauptergebnis dieser Studie war allerdings die Entdeckung der Aktivierung in motorischen Arealen, die während des passiven Betrachtens der Buchstaben erfasst wurde. Dieser sensomotorische Gehirnbereich, der an Schreibbewegungen beteiligt ist, wurde aktiviert, während die Studienteilnehmerinnen und -teilnehmer die Buchstaben betrachtet haben. Dieser Bereich reagierte aber nicht auf die visuelle Darstellung der Pseudobuchstaben, denen kein vorher bestimmtes motorisches Programm zugeordnet werden konnte (Longcamp et al., 2005). Außerdem konnte in einer weiteren Studie bestätigt werden, dass die Aktivierung der entsprechenden visuellen Bereiche auch von der (linken bzw. rechten) Schreibhand der Probandinnen und Probanden abhänge (Longcamp et al., 2005; Longcamp et al., 2005).

Auch die fMRT-Studie von James und Engelhardt (2012), in der das Handschreiben von Buchstaben mit dem Nachzeichnen von Buchstaben und geometrischen Objekten verglichen wurde, kam zum Ergebnis, dass sich vorherige Schreiberfahrung auf die Wahrnehmung von Buchstaben positiv auswirke. Es wird davon ausgegangen, dass die Erfahrung des Schreibens, bei der die handschriftlichen Buchstaben nicht absolut identisch mit den Originalen sind, entscheidende Bedeutung bei der Erkennung und dem Verständnis neuer Buchstaben hätten. Die Gehirnareale, die am Wahrnehmen von Buchstaben und am Lesen beteiligt sind, würden nach dem Handschreiben mehr stimuliert als nach dem Tippen mit einer Tastatur (James & Engelhardt, 2012; Wollscheid, Sjaastad & Tømte, Wollscheid et al., 2016).

Mit Hilfe von fMRT haben Longcamp, Hlushchuk und Hari (2011) ebenfalls unterschiedliche Gehirnreaktionen (des linken primären motorischen Cortex) bei der Erkennung von handgeschriebenen und gedruckten Buchstaben nachgewiesen und erklären diesen Effekt mit einer dynamischen Rekonstruktion der Schreibaktion auf Basis des statischen Inputs. So stützen diese Ergebnisse die Ansicht, dass die visuelle Wahrnehmung ein verkörperter Prozess (embodied process) sei, der mit den motorischen Kompetenzen zusammenhänge (Longcamp et al., 2011).

Die folgende fMRT-Studie von Kersey und James (2013) untersuchte die Gehirn-aktivität von 17 siebenjährigen Kindern beim Lernen von Buchstaben. Es wurde unterschieden zwischen Selbstschreiben und dem Beobachten, wie die Buchstaben von einer anderen Person geschrieben werden. Anschließend wurde die Gehirnak-tivierung beim passiven Betrachten dieser und auch ungeübter Buchstaben ausge-wertet. Beide Trainingsmethoden haben zu einem Lerneffekt geführt. Auch Arndt (2018a) schreibt in diesem Zusammenhang, dass im Gehirnareal, das für Buchsta-benerkennung verantwortlich ist, nur dann eine höhere Aktivierung aufgezeichnet wurde, wenn die Kinder die bekannten Buchstaben betrachtet haben: die, die sie selbst zu schreiben übten bzw. die, deren Schreibprozess sie beobachteten. Außer-dem hat das passive Betrachten der Buchstaben auch motorische Areale aktiviert, allerdings nur bei den Kindern, die die gezeigten Buchstaben selbst geschrieben haben. Bei denjenigen Kindern, die nur beobachtet haben, war die Aktivierung in den motorischen Arealen genauso niedrig wie beim Betrachten von unbekannten Buchstaben (Arndt, 2018a).

James und Engelhardt James & Engelhardt (2012) argumentieren mit Hilfe von mehreren Experimenten, dass die Entstehung von Buchstaben Strich für Strich den Kindern helfe, den Aufbau der Buchstaben zu verstehen. Das Erzeugen von freien Formen führe zu speziellen Buchstabenformen. Diese variable Ausgabe habe eine entscheidende Bedeutung für das Erkennen und das Kategorisieren von verschiede-nen Buchstaben. Das erkläre eine höhere Aktivierung der bestimmten Hirnareale, die normalerweise am Erkennen von Buchstaben beteiligt sind. Dieses Untersuchungs-ergebnis deutet darauf hin, dass handschriftliche Erfahrung eine große Rolle bei der Verarbeitung der Buchstaben im Gehirn spiele (James & Engelhardt, 2012). Die Erfahrung, Buchstaben zu erzeugen, aktiviere motorische Gehirnareale. Das passiert aber nur dann, wenn eine Interaktion mit diesem Element vorher stattfand, was auf die motorische Erfahrung beim Handschreiben zurückzuführen sei. Diese motori-schen Abläufe würden während der visuellen Wahrnehmung reaktiviert. Das würde bedeuten, dass visuelle und sensomotorische Darstellungen nicht nur während des Lernens von Buchstaben ihnen zugeordnet werden, sondern auch bei anschließen-den Buchstabenverarbeitung als ein großes funktionierendes Netzwerk. Auf Basis dieser Arbeit wird angenommen, dass dieses Netzwerk erfahrungsspezifische Komponenten beinhalte, sodass die motorischen Areale bei der Betrachtung von Buchstaben aktiviert würden, aber erst dann, wenn vorher die entsprechende motorische Aktivität stattfand (James & Engelhardt, 2012).

In der Studie von Vinci-Booher, James und James (2016) wurde die Gehirnaktivität der vier- bis sechsjährigen Kinder untersucht, die verschiedene Symbole durch das Handschreiben von Buchstaben, Nachzeichnen von einfachen geometrischen Objekten bzw. Tippen mit der Computertastatur gelernt haben. Nach allen Trainingsvarianten haben sich unterschiedliche Gehirnareale aktiviert. Bestimmte Bereiche aktivierten sich allerdings mehr beim Handschreiben als beim Zeichnen von geometrischen Objekten, und motorische Areale wurden nach dem Schreibtraining mehr aktiviert als nach dem Tipptraining. So konnte in dieser Studie gezeigt werden, dass eine Verbindung zwischen der visuellen Buchstabenerkennungsregion und den motorischen Bereichen durch das Schreiben mit der Hand aufgebaut würde. Ausschließlich beim Abschreiben von Buchstaben würden die Kinder eine neuronale Verknüpfung der visuellen und motorischen Repräsentation entwickeln (Arndt, 2018a). Die Ergebnisse dieser Studie weisen darauf hin, dass erfahrungsbasierte neuronale Reaktionen auf Buchstaben von einem funktional verbundenen visuell-motorischen Netzwerk unterstützt werden. Dieses Buchstabenerkennungsnetzwerk werde nach einer relativ kurzen Schreiberfahrung gestärkt. Es bleibt nach dieser Studie allerdings noch offen, wie sich das Gehirn und das Buchstabenerkennungsnetzwerk langfristig unter dem Einfluss des Schreibens mit der Hand entwickeln (Vinci-Booher et al., 2016).

Sawada, Doi und Masataka (2016) untersuchten Unterschiede in der Wahrnehmung von selbstgeschriebenen Symbolen und den Symbolen, die mit einer „fremden" Hand erzeugt wurden. Die Wahrnehmung der selbstgeschriebenen Zeichen verursache eine geringere kognitive Belastung (siehe auch den Abschnitt 2.3.4) als der Zeichnen, die nicht selbst geschrieben wurden (Sawada et al., 2016). Es wurden Unterschiede bei der neuronalen Verarbeitung der selbst und nicht selbst handgeschriebenen Symbole beobachtet, und es wird angenommen, dass dieser Effekt von der längeren Erfahrung der Erwachsenen mit der eigenen Handschrift verursacht werde (Vinci-Booher & James, 2020).

Einen weiteren vertiefenden Nachweis liefern mehrere Experimente, von denen Knoblich und Prinz (2001) berichten. Sie zeigen ebenfalls, dass die motorische Erfahrung für die Entscheidung ausreicht, ob das Symbol mit der eigenen oder nicht mit der eigenen Hand erzeugt wurde. Diese Experimente wurden so durchgeführt, dass beim Zeichnen die Zeichenfläche verdeckt war, sodass die Teilnehmenden ihre zeichnende Hand nicht sehen und nur anhand ihrer motorischen Erfahrung urteilen konnten. Dabei wurden unterschiedliche Kriterien wie die Größe, die Dauer des Zeichnens und die wechselnde Geschwindigkeit, mit der jedes Symbol erzeugt wird, in den Fokus genommen. Es wurde nachgewiesen, dass kinematische Eigenschaften der Schreibbewegung, und zwar der für jede Person eigene charakteristische Geschwindigkeitswechsel der Handbewegung entlang des Zeichenpfads, entscheidend für das spätere Erkennen eigener Zeichenpfade sei (Knoblich & Prinz, 2001; Vinci-Booher & James, 2020).

Zu einem ähnlichen Ergebnis kamen Susser, Panitz, Buchin und Mulligan (2017), die nachgewiesen haben, dass die Vorhersage über die eigene Gedächtnisleistung bezüglich der gelernten Wörter davon abhänge, ob sie per Hand geschrieben wurden. Dabei sei gerade nicht das visuelle Feedback, sondern die motorische Erfahrung für die Vorhersage entscheidend gewesen. Die teilnehmenden Studierenden schrieben auf dem Kohlepapier (Durchschriftpapier), sodass sie ihre eigene Handschrift nicht sehen konnten. Die Ergebnisse zeigen, dass das visuelle Feedback nicht notwendig für die richtige Vorhersage sei und dass die motorische Erfahrung allein vollkommen ausreichend sei.

Nachfolgend untersuchten Vinci-Booher und James (2020) stufenweise mit Hilfe von fMRT neuronale Gehirnreaktionen auf verschiedene visuelle Wahrnehmungen der handgeschriebenen Buchstaben. An der Studie haben Kinder und Erwachsene im Alter von 4,5 bis 22 Jahren teilgenommen, denen dynamische und statische Darstellungen getippter und (selbst bzw. nicht selbst) handgeschriebenen Buchstaben präsentiert wurden. Die Teilnehmenden wurden in drei Gruppen – jüngere Kinder, ältere Kinder und Erwachsene – eingeteilt.

Es wurde keine signifikante Gehirnaktivierung beim passiven Betrachten der getippten Buchstaben bei den jüngeren Kindern festgestellt. Im Unterschied dazu zeigten ältere Kinder und Erwachsene (die beiden Gruppen, die bereits eine Schreiberfahrung hatten) eine signifikante Gehirnaktivierung (Vinci-Booher & James, 2020). Da aber nur Erwachsene die sehr umfassenden Gehirnareale beim Betrachten der getippten Buchstaben aktivierten, wird angenommen, dass eine umfangreiche Schreiberfahrung für diese Reaktion verantwortlich sei (Vinci-Booher & James, 2020).

Außerdem haben alle Gruppen eine größere Aktivierung beim Betrachten der dynamischen Entstehung der handgeschriebenen Buchstaben als beim Betrachten der statischen Präsentation der handgeschriebenen Buchstaben gezeigt (Vinci-Booher & James, 2020).

Nach Meinung von Vinci-Booher & James (2020) sind junge Menschen noch dabei zu lernen, wie handgeschriebene Buchstaben zu produzieren und zu lesen sind. Es wird angenommen, dass gerade die Variabilität der handgeschriebenen Formen ein wichtiger Aspekt für sie bei der Erkennung handschriftlicher Buchstaben sei. Die Wahrnehmung von handgeschriebenen Buchstaben habe eine höhere Aktivierung in der Buchstabenerkennungsregion induziert als gedruckte Buchstaben in den frühen Stadien des Buchstabenlernens. Im direkten Vergleich zu den älteren Kindern und den Erwachsenen zeigten die jüngeren Kinder beim Betrachten von handgeschriebenen Buchstaben (unabhängig davon, ob die Buchstaben selbst geschrieben wurden) eine signifikant stärkere Hirnaktivierung (Vinci-Booher & James, 2020).

Der Vergleich der Reaktionen auf eigene versus nicht eigene Handschrift hat darauf hingewiesen, dass nur die Erwachsenen eine Hirnaktivierung auf ihre eigene Handschrift zeigten. Weder jüngere noch ältere Kinder zeigten eine neuronale Reaktion, die sich auf selbstgeschriebene Zeichen bezog (Vinci-Booher & James, 2020). Die Ergebnisse dieser Studie lassen die Hypothese zu, dass der „Eigentumseffekt" (der als Gehirnreaktion nachzuweisen war) durch handschriftliche Erfahrungen verursacht würde. Handgeschriebene Buchstaben beinhalten eigene, typische und einzigartige stereotype Bewegungen, visuelle Echtzeit-Einsätze und somatomotorische Pläne für jeden Buchstaben. Vinci-Booher & James (2020) verweisen auf weitere Studien, die belegen, dass diese stereotype motorische Musterbewegung für jeden Buchstaben nach einer umfangreichen Schreiberfahrung gesichert werde (Vinci-Booher & James, 2020).

Die oben dargestellten wissenschaftlichen Studien deuten auf folgende Erkenntnisse hin: Das Wissen wird in den Nervenverbindungen gespeichert, die durch ihre Aktivierung gestärkt werden (Arndt, 2018a; Kullmann & Seidel, 2005; Arndt & Sambanis, 2017). Motorische Gehirnareale, die beim Handschreiben aktiviert und beansprucht werden, werden selbst auch beim passiven Betrachten von Buchstaben aktiviert. Die Vorerfahrung der Lernenden spielt dabei eine bedeutende Rolle, denn diese motorische Aktivierung erfolgt nur dann, wenn man die Symbole früher selbst geschrieben hat und denen ein motorisches Programm zugeordnet werden konnte (Kersey & James, 2013; Longcamp et al., 2005).

Zusammen mit den im Abschnitt 2.4.1 vorgestellten Ergebnissen der Verhaltensexperimente deuten die Ergebnisse der Neuroimaging-Studien auf einen Zusammenhang zwischen der kognitiven Leistung und der motorischen Aktivität. Falls sensorische oder motorische Stimulation die Leistung beeinflusst, könnte nach Kiefer und Trumpp (2012) daraus geschlossen werden, ob es eine kausale Verbindung zwischen der Kognition und sensorischen bzw. motorischen Repräsentationen gibt.

2.5 Der Prozess der Imitation

Die in den Abschnitten 2.4.1 und 2.4.2 vorgestellten Studien liefern Nachweise dafür, dass selbst das passive Beobachten des Schreibprozesses entsprechende motorische Hirnareale bei den beobachtenden Personen aktiviert. In diesem Zusammenhang könnte der Prozess der Imitation grundsätzlich eine verallgemeinerte

Bedeutung spielen und weitere für die Gestaltung der Lehrveranstaltungen relevante Aspekte liefern. Dieser Aspekt kann allerdings unterschiedliche Perspektiven
einnehmen: Der Prozess der Imitation kann sowohl im breiteren Sinne als Nachmachen als auch als ein Prozess verstanden werden, der durch die Beobachtung
motorischer Bewegungen bestimmte Hirnareale aktivieren und dadurch den Lerneffekt verstärken kann. Während die Perspektive des Nachmachens eine allgemeine
Eigenschaft der Imitation darstellt, liefert die Perspektive der gezielten Hirnaktivierung durch die Beobachtung motorischer Abläufe einen weiteren Beitrag, der eine
lernfördernde Wirkung des Beobachtens von Schreibbewegungen erklärt.

2.5.1   Exkurs: Imitation als „Vorzeigen und Nachmachen"

Das Lernen von beispielsweise Sprechen, Reiten, Musikspielen sowie die
gesamte historische Entwicklung verschiedener menschlicher Fähigkeiten,
bei der das Wissen und Können von einer Generation in die nächste wei-
tergegeben wird, zeige, dass beim Lernen eine wichtige Rolle Vorzeigen,
Beobachten und Nachmachen spielen (Aebli, 2011). „Das eigene Tun des
Lernenden ist fundamental. [...] Ebenso grundlegend aber ist seine Anleitung durch einen kompetenten Lehrer. Die einfachste und direkteste Form
der Anleitung geschieht durch *Vorzeigen und Nachmachen*" (Aebli, 2011,
S. 65).

Nach Aebli (2011) führt man beim Beobachten einer Tätigkeit diese Tätigkeit selbst innerlich aus. So hilft diese Erfahrung dann, wenn man die beobachtete Handlung zum erstem Mal selbst ausführt. „Wahrend wir also die
Beobachtung der Demonstration eine synchrone innere Nachahmung des Ver-
haltensmodells nennen, wäre die spätere Übung als eine hinausgeschobene
und effektive Nachahmung zu bezeichnen" (Aebli, 2011, S. 69). Den zweiten Auffassungsvorgang bei der Demonstration einer praktischen Tätigkeit
sieht Aebli (2011) darin, dass die Lernenden das Resultat der beobachteten
Handlung sehen können: „der geschriebene Buchstabe, die vorgezeichnete
Einzelheit, die Veränderung am Werkstück usw." (Aebli, 2011, S. 70). Eine
genaue Vorstellung, wie das Ergebnis einer Handlung aussehen soll, sollte
nach Aebli (2011) dabei helfen, die Bewegungen so zu imitieren, dass das-
selbe Ergebnis erreicht werden kann. „Die Kontrolle des Ergebnisses steuert
den Vollzug der Tätigkeit [...]" (Aebli, 2011, S. 71).

2.5.2 Bekannte wissenschaftliche Nachweise bezüglich des Lerneffekts der Beobachtung motorischer Abläufe

Nach Brass & Heyes (2005) basiert der Prozess der Imitation auf der automatischen Aktivierung der motorischen Darstellungen, während die entsprechende Bewegung beobachtet wird. So werden die extern ausgelösten Darstellungen dafür verwendet, das beobachtete Verhalten zu reproduzieren. Die Ansicht, dass diese Eigenschaft der Imitation in erster Linie von direkten Verknüpfungen zwischen den sensorischen und motorischen Darstellungen abhängt, werde durch theoretische Erkenntnisse gestützt (Heyes, 2001). Es gibt funktionelle und neurologische Mechanismen, die zur Kontrolle der Imitation dienen. Verschiedene Neuroimaging-Studien konnten sicher nachweisen, dass eine passive Beobachtung einer Tätigkeit ausreiche, um eine entsprechende motorische Aktivierung zu erzeugen, und zwar eine Aktivierung genau der Hirnareale, von denen bekannt ist, dass sie für die Ausführung der beobachteten Bewegung verantwortlich sind (Brass & Heyes, 2005).

Die Studie von Buccino et al. (2004) weist außerdem nach, dass eine Interaktion zwischen einem Objekt und einem grundsätzlich biologischen Effektor eine ausreichende Bedingung dafür sei, um den entsprechenden Bereich zu aktivieren. Unabhängig davon, ob ein Mann, ein Affe oder ein Hund die beobachtete Aktion ausführte, würde durch diese Handlung eine gleich hohe Gehirnaktivierung induziert. Allerdings für die Aktionen, die für das menschliche Benehmen untypisch sind, sei keine entsprechende Gehirnaktivierung beobachtet worden (Buccino et al., 2004).

Die Studie von Press, Bird, Flach und Heyes (2005) hat die Reaktion auf menschliche Handbewegung mit der Reaktion auf die Bewegung einer Roboterhand mit Hilfe von Elektromyographie (EMG)[5] verglichen. Die beiden Bewegungsreize lösten eine automatische Imitation aus, aber die menschliche Hand habe einen stärkeren Einfluss auf die Leistung der Probandinnen und Probanden gehabt. Die Ergebnisse haben bestätigt, dass menschliche Bewegung wirksamer als die Bewegung eines Roboters die entsprechende Reaktion bei den Probandinnen und Probanden stimuliere.

Die MRT-Studie von Tai, Scherer, Brooks, Sawamoto und Castiello (2004) zeigte, dass die Beobachtung menschlicher Greifbewegung eine signifikante neuronale Reaktion in motorischen Arealen ausgelöst habe. Diese Aktivierung wurde bei der Beobachtung der Greifbewegung eines Roboters nicht nachgewiesen. Dieses

---

[5] EMG bietet eine Möglichkeit, die elektrische Aktivität der Skelettmuskulatur zu untersuchen. Mit Hilfe von Nadelelektroden werden Potentialschwankungen, die durch die Aktivierung motorischer Einheiten verursacht werden, registriert. Die verstärkten Potentiale werden und auf einem Monitor angezeigt (Lexikon der Neurowissenschaft, 2000b).

Ergebnis zeigte, dass das menschliche Spiegelsystem (Imitationssystem) biologisch abgestimmt sei und scheint biologische Aktionen bei ihrer Codierung zu bevorzugen.

Die Untersuchungsergebnisse von Kilner et al. (2003) zeigen, dass die Beobachtung einer menschlichen inkongruenten Bewegung einen signifikanten Interferenzeffekt auf eigene Bewegungen habe. Dieser Effekt trat allerdings nicht auf, wenn Probandinnen und Probanden beobachteten, wie ein Roboterarm inkongruente Bewegungen ausführte.

Mehrere Studien, die mit Hilfe von fMRT durchgeführt wurden, konnten nachweisen, dass die Erfahrung der beobachtenden Personen bezüglich der beobachteten Tätigkeit, insbesondere ihre sensomotorische Erfahrung, eine entscheidende Rolle für die Entwicklung der Imitation spiele (Catmur, Walsh & Heyes, 2009).

Die funktionellen Eigenschaften des Spiegelmechanismus zeigen, dass die motorischen Prozesse und die Repräsentationen, die an der Ausführung und Steuerung einer Aktion beteiligt sind, aufgerufen werden könnten, indem man eine Person beobachtet, die diese Handlungen ausführt. So könnte jeder seine eigenen Prozesse und Repräsentationen sinnvoll nutzen und Aktionen anderer Personen verwenden (Rizzolatti & Sinigaglia, 2016). Der Spiegelmechanismus ist eine grundlegende Gehirnfunktion, der sensorische Darstellungen, die bei der Beobachtung einer Handlung entstehen, in eigene motorische Darstellungen derselben Handlung bei der beobachtenden Person umwandelt (Rizzolatti & Sinigaglia, 2016). Das Geschehen werde im Gehirn des Beobachters so widergespiegelt, als ob der Beobachter diese Handlung selbst ausgeführt hätte (Gehlert, 2015). Es wurde zunächst gedacht, dass sich die Spiegelfunktion nur auf das Sehen und Hören bezieht. Später wurde nachgewiesen, dass nicht nur die reine Wahrnehmung, sondern auch die hinter dieser Wahrnehmung liegende Aktivität im Gehirn abgebildet werden könnte (Gehlert, 2015). Z. B. wenn das Schreiben mit der Hand beobachtet wird, wird die Spiegelfunktion in der Buchstabenerkennungsregion aktiviert (Arndt, 2018b).

Rizzolatti und Sinigaglia (2016) bezeichnen es als Grundprinzip der Gehirnfunktion, dass mehrere motorische Bereiche unabhängig davon, ob die Aktionen durchgeführt oder nur beobachtet werden, aktiviert werden können. Diese Aussage scheint weniger überraschend zu sein, wenn beachtet wird, dass das Gehirn in erster Linie als Kontrollsystem für die Organismen dient, deren Aufgabe es ist, die Umwelt zu erkunden, sich ihrer Herausforderungen zu stellen, den Gefahren zu entgehen und positive Möglichkeiten zu nutzen (Rizzolatti & Sinigaglia, 2016).

Dass die Spiegelfunktion beteiligt am Aufbau von motorischen Erinnerungen sein sollte, zeigten Studien von Stefan et al. (2005). Bei diesen Studien wurde die transkranielle Magnetstimulation (TMS) verwendet (Rizzolatti, Fabbri-Destro & Cattaneo, 2009). Die Studie wies nach, dass eine Beobachtung von Bewegungen zu einer dauerhaften spezifischen Gedächtnisspur führte. Diese Gedächtnisspur enthielt die Bewegungsrepräsentationen, die durch das körperliche Training hervorgerufen worden seien (Stefan et al., 2005). Bei gleichzeitiger Durchführung und Beobachtung kongruenter Bewegungen werde der Lerneffekt im Vergleich zu Bewegung ohne Beobachtung verstärkt. Das deutet darauf hin, dass die Kopplung der Beobachtung der motorischen Bewegungen und ihrer Ausführung die Bildung der motorischen Erinnerungen erleichtere (Rizzolatti et al., 2009).

2.6 Zusammenfassung der Ergebnisse der bisher durchgeführten Studien

Mehrere Vergleiche verschiedener Darstellungsarten, deren Ergebnisse im Abschnitt 2.2 zusammengefasst wurden, geben keine eindeutige Auskunft über die Möglichkeit einer lernfördernden Wirkung unterschiedlicher Präsentationsarten in Vorlesungen. In der vorliegenden Literatur sind mehrere widersprüchliche Hinweise zu finden. Es gibt einige Hypothesen, dass traditionelle Tafelvorlesungen bzw. digitale handschriftliche Alternativen für mathematische Veranstaltungen wirksamer sind (Artemeva & Fox, 2011; Maclaren, 2014; Ebner & Nagler, 2008). Die Autoren meinen, dass das Schreiben mit der Hand einen positiven Einfluss auf das Erlernen mathematischer Inhalte haben könnte. Außerdem nehmen beispielsweise Wecker (2012) und Savoy et al. (2009) an, dass die Wahl der Darstellungsart von den präsentierten Lehrinhalten abhängen sollte.

Die zahlreichen Untersuchungsergebnisse, die teilweise mit Hilfe von Neuroimaging-Methoden erzielt wurden, deuten zudem darauf hin, dass sich gerade das Schreiben mit der Hand auf das Erlernen symbolischer Inhalte positiv auswirken sollte. Diese Erkenntnisse sprechen dafür, dass das Schreiben mit der Hand auch für symbolische mathematische Inhalte eine Rolle spielen könnte.

Diese Verbindung zwischen der motorischen Aktivität und dem Lerneffekt kann mit Hilfe der Theorie der Embodied Kognition erklärt werden. Die Theorie der Embodied Kognition geht davon aus, dass Repräsentationen verschiedener Denkprozesse auf Kognition, Sensorik und Motorik basieren (Stangl, 2020). Nach Kiefer und Trumpp (2012) deuten bisherige Untersuchungen darauf hin, dass selbst die komplexesten Gedanken sinnesbasiert und nicht abstrakt-symbolisch seien. Mehrere Beispiele, die sich auf verschiedene kognitive Bereiche beziehen, zeigen, dass für hohe kognitive Prozesse bestimmte sensomotorische Interaktionen erforderlich seien (Kiefer & Trumpp, 2012).

Nach Longcamp et al. (2005) erfordert die handschriftliche Methode die Ausführung einer vollständig definierten Bewegung, um die genaue Form eines bestimmten Zeichens zu erstellen. Somit entstehe eine Verknüpfung zwischen der Form des Buchstabens und der Handbewegung, die für das Aufschreiben dieses Buchstaben notwendig ist. Diese Handbewegung hängt beim Schreiben direkt von der Form des jeweiligen Zeichens ab. Das Handschreiben rufe unterschiedliche gekoppelte Signale hervor, die mit Hilfe verschiedener zeitlicher und räumlicher Kanäle verarbeitet werden (Longcamp et al., 2005).

Obwohl die Bedeutung der sensomotorischen Prozesse für das Lesen weniger offensichtlich ist und Lesen üblicherweise als Wahrnehmung angesehen wird, wird das Lesen jedoch durch Schreibabläufe beeinflusst, weil die für das Schreiben notwendige sensorische und motorische Erfahrungen beim Lesen wieder aktiviert werden, sodass sich die gewohnten Schreibtechniken auf die Leseleistung auswirken (Kiefer & Trumpp, 2012).

Mehrere Studien weisen darauf hin, dass sich das Schreiben mit der Hand – als eine manuelle sensomotorische Leistung (Kiefer & Trumpp, 2012) – auch auf das Behalten (Merken) der auf dieser Weise erfassten Inhalte positiv auswirkt. Elektrophysiologische und Neuroimaging-Untersuchungen zeigten Aktivierungen in den motorischen Gehirnarealen, die für das Handschreiben zuständig sind, während die Probandinnen und Probanden passiv die bereits bekannten Symbole betrachteten. Dass diese Hirnaktivierung für das Erkennen von Symbolen notwendig ist, haben mehrere Verhaltensexperimente nachgewiesen. Somit liefern diese Experimente den kausalen Grund für die Korrelation zwischen der motorischen Gehirnaktivierung und der Erkennung der gezeigten Symbole. Wie gut die Symbole erkannt werden, hängt davon ab, ob sie für die Teilnehmenden bekannt oder unbekannt waren, selbst geschrieben oder nur beobachtet, handschriftlich oder computergedruckt gezeigt bzw. von den Teilnehmenden übernommen wurden.

Sensorische und motorische Informationen werden bei der Steuerung der Stiftbewegung über verschiedene Kanäle aufgenommen und veranlassen damit die Entstehung von Nervenbahnen, die alle höhere Ebenen der kognitiven Verarbeitung aktivieren und das Lernen anregen würden (van der Meer & van der Weel, 2017).

Als Verallgemeinerung der Aktivierung der motorischen Gehirnareale könnte der Prozess der Imitation betrachtet werden. Studien zeigen, dass eine passive Beobachtung einer Tätigkeit ausreiche, um eine entsprechende motorische Gehirnaktivierung zu induzieren. Diese Aktivierung erfolge genau in den Hirnarealen, die bekannterweise für die Ausführung der beobachteten Bewegung zuständig seien (Brass & Heyes, 2005). Mehrere Studien zeigten außerdem, dass menschliche biologische Bewegung die höchste neuronale Reaktion beim Beobachten auslöse.

Nachfolgend sind die für die Planung der in dieser Arbeit präsentierten Studien relevanten Erkenntnisse im Überblick:

1. **Zusammenfassung der aus der Forschung bekannten Vergleiche verschiedener Darstellungsarten, die in den Abschnitten 2.1 und 2.2 vorgestellt wurden:**

   (a) Es gibt teilweise widersprüchliche und unzureichende Ergebnisse bezüglich des Lerneffekts und der Präferenzen der Teilnehmenden hinsichtlich verschiedener Darstellungsarten (z. B. Erdemir, 2011; Pros et al., 2013).

   (b) Keine der Darstellungsarten kann als lernförderliche Art für mathematische Veranstaltungen ausgeschlossen werden.

   (c) Informationen, die auf den PowerPoint-Folien platziert werden, werden von den Teilnehmenden besser wahrgenommen und auch besser behalten (Wecker, 2012; Savoy et al., 2009).

   (d) Möglicherweise ist nicht die Wahl des Mediums, sondern eventuell die Wahl der Lehrmethode entscheidend (Clark, 1994).

   (e) Für die Wahl der Darstellungsart kann der Inhalt der Lehrveranstaltung relevant sein (Savoy et al., 2009; Wecker, 2012; Bartsch & Cobern, 2003).

   (f) Es wird angenommen, dass Präferenzen der Teilnehmenden bezüglich der Darstellungsarten und ihre Lernleistung nicht übereinstimmen müssen (Apperson et al., 2006).

   (g) Es gibt die Ansicht, dass nur die traditionelle Tafelvorlesung als „embodied practice" (Fox & Artemeva, 2012, S. 83) die beste Alternative für mathematische Lehrinhalte ist (Artemeva & Fox, 2011).

   (h) Das handschriftliche Arbeiten kann eine bedeutende Rolle sowohl für das Vermitteln als auch für das Aneignen des mathematischen Wissens spielen. Diese Ansicht basiert allerdings nur auf qualitativen Untersuchungen (z. B. Artemeva & Fox, 2011; Maclaren, 2014).

   (i) Einige Studien zeigen, dass die gängigen Live-Schreib-Möglichkeiten für mathematische Lehrveranstaltungen sowohl von Lehrenden als auch von Lernenden präferiert werden (Maclaren, 2014; Ebner & Nagler, 2008).

2. **Zusammenfassung der bisher nachgewiesenen neurowissenschaftlichen und kognitionspsychologischen Erkenntnisse, die in den Abschnitten 2.4 und 2.5 vorgestellt wurden:**

   (a) Das Schreiben mit der Hand fördert signifikant bessere Erkennung von Symbolen (Longcamp et al., 2005) und unter anderem Unterscheidung von ihren Spiegelbildern (Longcamp et al., 2006) und führt zu einer höheren zeitlichen Stabilität (Longcamp et al., 2005).

(b) Selbst beim passiven Betrachten von Buchstaben werden motorische Gehirnareale aktiviert. Das gilt allerdings nur für die Buchstaben, die man früher bereits selbst geschrieben hat und denen ein motorisches Programm zugeordnet werden konnte (Kersey & James, 2013; Longcamp et al., 2005). Es wurden unterschiedliche Gehirnreaktionen bei der Erkennung von gedruckten und handgeschriebenen Buchstaben beobachtet (Longcamp et al., 2011).

(c) Beim Beobachten der dynamischen Entstehung der handgeschriebenen Buchstaben wird eine höhere Gehirnaktivierung als beim Betrachten der statischen Darstellung hervorgerufen. Wenn die Teilnehmenden nur beobachtet haben, wie die Symbole visuell dargestellt wurden, ist eine dynamische Darstellung vorteilhafter gewesen (Vinci-Booher et al., 2018; Vinci-Booher & James, 2020).

(d) Unabhängig davon, ob die Aktion des Handschreibens als eine „normale" Schreibbewegung (die Bewegung, die man mit einem Stift in der Hand beim Schreiben verrichten würde) oder als Bewegung des „Punktes" mit dem Zeigefinger ausgeführt wird, können diese Aktivitäten motorische Assoziationen hervorrufen und dabei helfen, visuelle Sprache zu verarbeiten (Matsuo et al., 2001).

(e) Die funktionellen Eigenschaften des Spiegelmechanismus zeigen, dass die motorischen Prozesse und die Repräsentationen, die an der Ausführung und Steuerung einer Aktion beteiligt sind, aufgerufen werden können, indem man eine Person beobachtet, die diese Handlungen ausführt (Rizzolatti & Sinigaglia, 2016).

(f) Der Lerneffekt ist größer, wenn während der Durchführung einer motorischen Bewegung die Ausführung einer kongruenten Bewegung beobachtet wird (Rizzolatti et al., 2009). Es gibt Hinweise dafür, dass die motorische Hirnaktivierung am stärksten bei der Beobachtung menschlicher biologischer Bewegung ist (Press et al., 2005; Tai et al., 2004; Kilner et al., 2003).

2.7   Zielsetzung der Dissertation und Forschungsfragen

Da bisherige Ergebnisse bezüglich des Vergleichs verschiedener Darstellungsarten teilweise widersprüchlich und unzureichend sind (1a) und keine Darstellungsart für mathematische Lehrveranstaltungen bis jetzt ausgeschlossen wurde (1b), sind als Präsentationen grundsätzlich die Darstellungsarten, die aktuell für Mathematikveranstaltungen verwendet werden, denkbar: **Vorlesungen mit Hilfe von Kreide und Tafel und verschiedene digitalgesteuerte Darstellungsarten (statische, dynami-**

sche sowie Live-Schreib-Möglichkeiten), die mit Hilfe eines Digitalprojektors (**Beamers**) an die Leinwand projiziert werden.

Es wird außerdem ausdrücklich auf den **Lerneffekt** unterschiedlicher Darstellungsarten fokussiert, **nicht auf Präferenzen** der Lehrenden und Lernenden (1f und 1i). Auch wenn aus den bisherigen Studien bekannt ist, dass eine oder mehrere Darstellungsarten von den Lehrenden bzw. von den Lernenden präferiert werden, werden sie in dieser Dissertation in Bezug auf **Lerneffekt** verglichen.

In dieser Dissertation werden explizit **mathematische Lehrveranstaltungen mit formalen, symbolbehafteten und für Studienanfängerinnen und Studienanfänger neuen mathematischen Inhalten** in den Fokus genommen. Somit sind die Lehrinhalte (2.6) eindeutig festgelegt, und es wird mit für die Teilnehmenden möglichst neuen (das heißt, **unbekannten**) Schreibweisen (2b) gearbeitet.

Der Hinweis, dass sich die Teilnehmenden an die Informationen, die auf den PowerPoint-Folien platziert werden, besser erinnern und sie auch besser behalten können (1c), lässt die Hypothese zu, dass ähnliche Unterschiede eventuell zwischen den anderen Darstellungsarten existieren könnten. So ist es für diese Arbeit erstrebenswert, auch andere Darstellungsarten in diesem Bezug zu vergleichen.

Es ist zu bemerken, dass Studierende (als junge Erwachsene) zu Beginn ihres Studiums mit neuen Symbolen und der unbekannten Schreibweise mathematischer Inhalte ausgesetzt werden. Genauso wie Kinder, die neue Buchstaben zum ersten Mal erkennen und schreiben lernen, lernen Studienanfängerinnen und Studienanfänger neue Symbole, Schreibweisen und Darstellungsformen der höheren Mathematik ebenfalls zu lesen und zu schreiben. Die Mathematiklehrenden stellen bei der Lehrveranstaltung die Inhalte (je nach Präsentationsart) handschriftlich oder computergedruckt (getippt) sowie statisch oder dynamisch dar und können dabei außerdem unterschiedliche Medien verwenden. Aus diesen Gründen könnten die Untersuchungsergebnisse der Studien, an denen Kinder teilgenommen haben, auch für die Studienanfängerinnen und Studienanfänger (als Zielgruppe) ebenfalls relevant sein.

Die Erkenntnisse, dass das passive Beobachten von Buchstaben motorische Gehirnareale aktivieren ließe, spricht dafür, dass die in der Mathematikvorlesung **visuell dargestellten Inhalte** motorische Gehirnareale bei den Studierenden aktivieren können. Dass das Gehirn auf gedruckte und handgeschriebene Buchstaben unterschiedlich reagiert, würde bedeuten, dass zwischen **gedruckten und handschriftlichen Darstellungsarten** der Mathematikvorlesung unterschieden werden sollte (2b). Dabei ist zu unterscheiden, ob **die Symbole bekannt oder nicht bekannt** für Studienanfängerinnen und Studienanfänger sind, denn die Aktivierung erfolgte nach der Annahme von Longcamp et al. (2005) nur dann, wenn die Symbole bereits früher selbst geschrieben wurden (2b).

Studien zeigten, dass die dynamische Darstellung von Symbolen vorteilhafter als ihre statische Darstellung für die spätere Symbolerkennung gewesen sind (2c). Das bedeutet, dass zwischen **statischen und dynamischen Darstellungsarten** symbolbehafteter mathematischer Inhalte unterschieden werden muss.

Die motorischen Prozesse und die Repräsentationen, die an der Ausführung und Steuerung einer Aktion beteiligt sind, könnten aufgerufen werden, indem man eine Person beobachtet, die diese Handlungen ausführt (2e). Bei einer Lehrveranstaltung handelt es sich um eine Interaktion zwischen den Lernenden und Lehrenden, die alle bestimmte Tätigkeiten ausführen. Es kann angenommen werden, dass bei Teilnehmenden Spiegelfunktionen aktiviert werden könnten, während sie andere schreibende Personen beobachten: beispielsweise Dozentinnen und Dozenten, die eine handschriftliche Live-Präsentation durchführen, sowie andere Teilnehmende, die ihre handschriftlichen Notizen anfertigen. Das könnte einen **Imitationsprozess bezüglich des Schreibens mit der Hand** hervorrufen. Eine ähnliche Hypothese bezüglich des „Imitationslernens durch die Aktivierung von Spiegelneuronen bei der Tandempartnerbeobachtung" in einem Fremdsprachenlabor wurde von (Klempin, 2018, S. 214) ausgesprochen. Diese Erkenntnis leitet an, Präsentationsarten ohne und mit sichtbarem Live-Schreiben zu vergleichen.

Dass der Lerneffekt durch die Beobachtung einer kongruenten Bewegung gesteigert werde, da die Kopplung der Beobachtung der motorischen Bewegungen und ihrer Ausführung die Bildung der motorischen Erinnerungen erleichtere und die motorische Hirnaktivierung der beobachtenden Personen am stärksten bei der Beobachtung menschlicher biologischer Bewegung zu sein scheint (2f), lässt die Hypothese zu, dass die oder der Lehrende den Lerneffekt dadurch vergrößern könnte, indem sie oder er die Lehrinhalte an der Tafel handschriftlich und mit eigener Hand darstellt. Diese Hypothese stimmt mit den Argumenten von Artemeva und Fox (2011) überein, die die menschlichen Bewegungen während einer **traditionellen Tafelvorlesung** als möglichen Erfolgsfaktor einer Mathematikvorlesung sehen (1g). Der Hinweis, dass die Bewegung des „Punktes" mit dem Zeigefinger ebenso wie eine Schreibbewegung mit einem Stift in der Hand motorische Assoziationen verursachen kann (2d), spricht dafür, dass auch das **Live-Schreiben mit Hilfe vom Digitalstift**, bei dem für die Teilnehmenden die (biologische) Bewegung eines Punktes, die mit Hilfe einer menschlichen Hand erzeugt wird, zu sehen ist, motorische Assoziationen hervorrufen könnte. Diese Annahme deckt sich mit der Tendenz von Maclaren (2014) bzw. Ebner und Nagler (2008), die in der Digitalstift-Technologie eine geeignete Alternative zur Tafelvorlesung sehen bzw. die Digitalstift-Technologie den Tafelvorlesungen bevorzugen (1i).

Dass das Schreiben mit der Hand bessere und zeitlich stabilere Erkennung von geschriebenen Symbolen fördert (2a), spricht dafür, dass **das Erstellen handschrift-**

licher Notizen während der Mathematikveranstaltung zu einem besseren Lernerfolg führen könnte.

Unter anderem muss die Hypothese, dass nicht das **Medium**, sondern eventuell eine Lehrmethode für den Lernerfolg entscheidend sei (1d), überprüft sowie nach Möglichkeit diese Methode ermittelt werden .

Die obigen Festlegungen für das Forschungsprojekt werden in folgenden drei **Forschungsfragen** zusammengefasst:

I   Hat die Darstellungsform einer Mathematikvorlesung mit formalen, abstrakten, symbolischen und für Studienanfängerinnen und Studienanfänger neuen mathematischen Inhalten Einfluss auf die Lernergebnisse?

II Führt handschriftliches Notieren von Teilnehmenden der obengenannten Lehrinhalte zum besseren Lernerfolg?

III Führt(-en) eine (oder mehrere) Darstellungsform(en) einer Mathematikvorlesung zum handschriftlichen Arbeiten der Teilnehmenden, was wiederum (siehe II) den Lernerfolg (positiv) beeinflusst?

Zusammenfassend ist der zu untersuchende Prozess in der Abbildung 2.2 visualisiert.

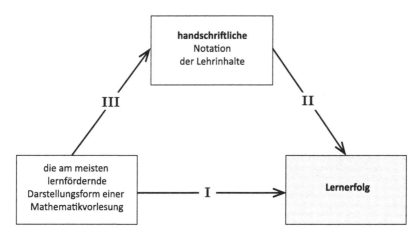

Abbildung 2.2 Forschungsfragen

Erste Studie

3

In diesem Kapitel wird die erste der zwei Experimentalstudien dargestellt, die im Rahmen dieser Dissertation durchgeführt wurden. Es werden die Forschungsziele der ersten Studie und die Rahmenbedingungen sowie die grundlegende Methode, die für die beiden Studien relevant waren, beschrieben. Anschließend werden die Experimente der ersten Studie vorgestellt, ihre Ergebnisse im Hinblick auf die Planung der zweiten Studie zusammengefasst und diskutiert.

3.1 Forschungsziel der ersten Studie

Die erste Studie hatte als Ziel, die folgende Forschungsfrage zu beantworten:

- **Ist die Darstellungsform einer Mathematikvorlesung grundsätzlich in der Lage, die Performanz der Teilnehmenden zu beeinflussen?**

Es handelt sich dabei, wie im Abschnitt 2.7 angekündigt, explizit um **formale, abstrakte, symbolische** und für Studienanfängerinnen und Studienanfänger **neue, unbekannte mathematische Inhalte.** Unter „formal, abstrakt und symbolisch" werden die nach beispielsweise Lee et al. (2010) oder Sohn et al. (2004) als abstrakt-symbolisch definierte algebraische Gleichungen und außerdem Variablen, Terme, Vektoren und weitere derartige Schreibweisen und Techniken wie Berechnungen von Ableitungen, Intervall- bzw. Summen- und Produktschreibweise usw. verstan-

---

Ergänzende Information Die elektronische Version dieses Kapitels enthält Zusatzmaterial, auf das über folgenden Link zugegriffen werden kann https://doi.org/10.1007/978-3-658-37789-2_3.

N. Gusman, *Tafel versus Beamer*, Mathematikdidaktik im Fokus,
https://doi.org/10.1007/978-3-658-37789-2_3

den. Darüber hinaus erlauben bzw. setzen solche Lehrinhalte das Zurückgreifen auf
die vorher gelernten Verfahren bzw. Algorithmen voraus.

Die Ergebnisse der bisher durchgeführten Studien geben Hinweise darauf, dass
die traditionelle Tafelvorlesung die besten Möglichkeiten für mathematische Lehrinhalte bieten könnte (Artemeva & Fox, 2011) und dass handschriftliches Arbeiten
beim Vermitteln des mathematischen Wissens eine wichtige Rolle spielen würde
(Artemeva & Fox, 2011; Maclaren, 2014). Außerdem wurde beim Beobachten der
dynamischen Entstehung der handgeschriebenen Buchstaben eine höhere Gehirnaktivierung als beim Betrachten der statischen Darstellung festgestellt (Vinci-Booher
et al., 2018; Vinci-Booher & James, 2020). Es wäre deswegen anzunehmen, dass
eine traditionelle Tafelvorlesung, die handschriftlich und dynamisch durchgeführt
wird, vorteilhafter als eine statische computergedruckte Beamerpräsentation bezüglich der Performanz der Teilnehmenden sein könnte. Diese Hypothese wurde in der
ersten Studie getestet.

Es wurde die Wirkung der Darstellungsform untersucht, die direkt im Hörsaal
explizit während der Lehrveranstaltung erfolgte. Die Experimente, die diese
Wirkung untersuchten, wurden deswegen so geplant, dass die (eventuelle) spätere
Nachbereitung des Vorlesungsstoffes nicht in den gemessenen Lerneffekt einfloss.
Somit waren die Aspekte, die die zur Verfügung stehenden Lehrmaterialien bzw.
Aktionen außerhalb der Lehrveranstaltung betreffen, nicht für die Planung der Expe-
rimente relevant.

Für die Durchführung solcher Experimente war eine mathematische Lehrveranstaltung notwendig, die eine möglichst große Population der Studienanfängerinnen
und Studienanfänger zur Verfügung stellte, mit formalen, abstrakten und symbolischen Inhalten arbeitete und die Gestaltungsmöglichkeiten bot, Performanz der
Teilnehmenden jeweils direkt nach der Intervention zu messen. Aus diesen Gründen wurden mathematische Vorkurse als Population für die durchgeführten Studien
ausgewählt.

3.2 Durch mathematische Vorkurse entstandene Rahmenbedingungen

3.2.1 Mathematikvorkurse an der Universität Kassel

Mathematikvorkurse an der Universität Kassel haben eine lange Tradition. Inzwi-
schen bietet der Fachbereich Mathematik und Naturwissenschaften für Studienanfängerinnen und Studienanfänger der Universität Kassel zu Beginn des jeweiligen Wintersemesters sieben verschiedene Mathematikvorkurse an, darunter vier

Präsenzvorkurse und drei sogenannte Onlinevorkurse, die im Blended-Learning-Format durchgeführt werden. Zu Beginn des Sommersemesters findet nur ein Präsenzvorkurs statt. Allen Vorkursteilnehmenden steht eine umfangreiche Lernplattform VEMINT (VEMINT-Konsortium, 2012–2021), die in Moodlekurse[1] integriert wird, zur Verfügung. Für jeden Vorkurs wird jeweils ein Moodlekurs eingerichtet. Mit Hilfe der VEMINT-Materialien findet das Selbstlernen statt. Außerdem werden einige in der Lernplattform enthaltene Übungsaufgaben in den Vorkursübungen verwendet. Über die Moodlekurse findet die Kommunikation zwischen den Teilnehmenden, Tutorinnen und Tutoren sowie den Lehrenden der Vorkurse statt. Außerdem können über Moodle auch zahlreiche weitere Lehrmaterialien, beispielsweise Übungszettel, zur Verfügung gestellt werden. Für die im Rahmen dieser Dissertation durchgeführten Experimente wurden die VEMINT-Materialien nicht verwendet. Alle Vorkurse dauern vier bis sechs Wochen und finden unmittelbar vor dem Beginn der Veranstaltungsphase statt.

Um eine homogenere, abgeschlossene Gruppe hinsichtlich des Berufsziels zu bilden, wurde entschieden, die empirischen Daten im Rahmen immer nur eines der angebotenen Mathematikvorkurse zu erheben. Da der Präsenzvorkurs für Ingenieurstudiengänge die größte Anzahl der Teilnehmenden bietet, wurde er für die Durchführung der beiden Studien ausgewählt.

Alle Experimente, die in dieser Dissertation vorgestellt werden, wurden im Rahmen der Vorkursleitung des Präsenzvorkurses für Ingenieurstudiengänge (Ingenieurvorkurses) in zwei nacheinander folgenden Jahren jeweils zu Beginn des jeweiligen Wintersemesters durchgeführt.

3.2.2 Präsenzvorkurs für Ingenieurstudiengänge

Der Ingenieurvorkurs ist der Präsenzvorkurs, der für Studiengänge Bauingenieurwesen, Berufspädagogik mit Fachrichtung Metalltechnik, Maschinenbau, Umweltingenieurwesen und Wirtschaftsingenieurwesen angeboten wird, wobei ein großer Anteil der Teilnehmenden den Erstsemestern der Studiengänge Bauingenieurwesen und Maschinenbau angehört. In der zweiten Studie, die im Kapitel 4 vorgestellt ist, haben außerdem die Studierenden des neu eingerichteten plusMINT-Studiengangs (Orientierungsstudium für die MINT-Studienfächer) diesen Vorkurs besucht. Der

---

[1] „Moodle ist ein frei verfügbares Online-Lernmanagementsystem. […] Moodle kann überall eingesetzt werden, wo Lernen stattfindet. Normalerweise wird Moodle online verwendet, Sie können es jedoch auch im Intranet Ihrer Organisation nutzen" (*Was ist Moodle FAQ*, 2019) Software-Paket Moodle bietet eine Möglichkeit, virtuelle Kurse auf Internet-Basis zu entwickeln und durchzuführen (*Was ist Moodle*, 2019).

Vorkurs dauert fünf Wochen, die Präsenzveranstaltungen werden montags, dienstags, donnerstags und freitags durchgeführt. Mittwochs findet das Selbstlernen mit Hilfe von den VEMINT-Materialien statt. An jedem Präsenztag wird jeweils eine dreistündige Vorlesung und eine vierstündige Übung durchgeführt. Der Ingenieurvorkurs zählt zwischen 250 und 300 Anmeldungen jedes Jahr. Die Präsenzveranstaltungen werden an einem Präsenztag jedoch von etwa maximal 200 Studierenden besucht (denn einige Studierende nehmen am Angebot teilweise online teil). An vier Tagen pro Woche werden jeweils eine dreistündige Vorlesung und eine vierstündige Übung durchgeführt. Die Vorlesungen finden in einem großen Hörsaal, der für 450 Teilnehmende ausgelegt ist, statt. Zur Ausstattung des Hörsaals gehört eine große Kreidetafel mit drei verschiebbaren Tafelblättern sowie ein Digitalprojektor (Beamer), der Projektion der Inhalte eines Computerbildschirms an die Leinwand ermöglicht. Die Übungen finden in mehreren Übungsräumen unter Betreuung von studentischen Hilfskräften statt, sodass eine studentische Hilfskraft etwa 20 Teilnehmende betreut.

Die Lehrinhalte wurden in Absprache mit den Lehrenden (des regulären Studiums) der jeweiligen Studiengänge festgelegt. Zentrale Themen, die im Ingenieurvorkurs im Laufe des Vorkurses regulär behandelt werden, sind:

1. Elementare Aussagenlogik
2. Elementare Mengenlehre
3. Termumformungen (darunter binomische Formeln, Potenzgesetze usw.)
4. Betrag
5. Gleichungen und Ungleichungen
6. Funktionen und ihre Eigenschaften
7. Lineare Funktionen, quadratische Funktionen, Polynome höheren Grades
8. Exponential- und Logarithmusfunktionen
9. Trigonometrische Funktionen
10. Differentialrechnung (darunter auch Ableitungsregeln, Funktionsuntersuchung)
11. Integralrechnung
12. Lineare Gleichungssysteme
13. Vektorrechnung

Der Lernprozess wird so organisiert, dass grundsätzlich ohne Hilfe des Taschenrechners gearbeitet wird. Nur für einige ausgewählte Anwendungsbeispiele wird die Nutzung eines Taschenrechners ausnahmsweise erlaubt bzw. empfohlen.

3.3 Vorgehensweise und Methoden

Um für die geplanten Experimente zwei parallele Treatmentgruppen zu organisieren, wurde der Vorkurs zweizügig mit dem gleichen Lehrinhalt angeboten. Die Teilnehmenden wurden randomisiert (mit Hilfe einer entsprechenden Moodle-Funktion) in zwei Parallelgruppen aufgeteilt. Damit die beiden Gruppen gleiche Lernbedingungen erhalten, wurde der in der Tabelle 3.1 dargestellte Wochenplan ausgearbeitet. Für die Gruppe A fand die Vorlesung montags und dienstags am Vormittag, donnerstags und freitags am Nachmittag statt; für die Gruppe B genau umgekehrt: montags und dienstags am Nachmittag, donnerstags und freitags am Vormittag.

Die Teilnehmenden wurden am ersten Vorkurstag über ihre Zugehörigkeit zu einer der Parallelgruppen über den Moodlekurs benachrichtigt. Damit sie die Gruppe nicht auf eigenen Wunsch willkürlich wechseln konnten, bekamen alle Teilnehmenden farbige „Vorkursausweise" mit der jeweiligen Gruppenbezeichnung: Gruppe A in Blau und Gruppe B in Gelb. Die Ausweise mussten zu Beginn jeder Vorlesung ausgelegt werden. Für den Fall, dass sich jemand in der falschen Gruppe befand, wurde es sofort bemerkt, sodass die Person gebeten wurde, in ihre reguläre Gruppe zurückzukehren.

Für jedes Experiment wurden bestimmte Inhalte ausgewählt, die folgende Anforderungen erfüllen mussten:

- Die Inhalte mussten (wie im Abschnitt 3.1 definiert) **formal, abstrakt und symbolisch**,
- sowie für die Vorkursteilnehmenden möglichst **unbekannt** sein.
- Der Vorlesungsabschnitt sollte eine **abgeschlossene Einheit** darstellen, die während einer **relativ kurzen Zeit vollständig behandelt** werden könnte.

Tabelle 3.1 Wochenplan des Ingenieurvorkurses

Gruppe A	Uhrzeit	Wochentag	Uhrzeit	Gruppe B
Vorlesung	08:15–10:45	Mo	08:15–11:30	Übung
Übung	11:30–14:45		12:15–14:45	Vorlesung
Vorlesung	08:15–10:45	Di	08:15–11:30	Übung
Übung	11:30–14:45		12:15–14:45	Vorlesung
Selbstlerntag		Mi		Selbstlerntag
Übung	08:15–11:30	Do	08:15–10:45	Vorlesung
Vorlesung	12:15–14:45		11:30–14:45	Übung
Übung	08:15–11:30	Fr	08:15–10:45	Vorlesung
Vorlesung	12:15–14:45		11:30–14:45	Übung

• Die Teilnehmenden mussten in der Lage sein, die entsprechenden Aufgaben unmittelbar nach dem Vorlesungsabschnitt ohne zusätzliche Vorbereitung und ohne jegliche Hilfsmittel selbstständig zu bearbeiten. Deswegen musste der **Schwierigkeitsgrad** so angepasst werden, dass die Aufgaben weder zu einfach noch zu schwer waren, um den Boden- bzw. den Deckeneffekt bei der empirischen Auswertung der Ergebnisse möglichst zu vermeiden.

Bei jedem Experiment wurden die ausgewählten Inhalte in den Parallelgruppen jeweils auf unterschiedliche Art dargestellt. Wie im Abschnitt 3.1 angeleitet, wurde in der ersten Studie zwischen den folgenden Darstellungsmöglichkeiten unterschieden:

• **traditionelle Tafelvorlesung** (mit Hilfe von Kreidetafel),
  bei der die Inhalte handschriftlich und dynamisch präsentiert werden
• **Beamervorlesung**,
  bei der die Inhalte in Form einer computergedruckten Folie komplett (statisch) präsentiert werden.

Der Lehrinhalt des jeweiligen Vorlesungsabschnitts sowie der Wortlaut derselben Vortragenden, die im Rahmen dieses Dissertationsvorhabens den Vorkurs und die Experimente der ersten und der zweiten Studie durchgeführt hat, blieben in den Parallelgruppen während eines Experiments unverändert. Die Experimente wurden immer so ausgelegt, dass in den beiden Gruppen dieselbe Zeitspanne für den relevanten Vorlesungsvortrag verwendet wurde. Da es sich dabei um echte Lehrveranstaltungen (keine labortechnischen Experimente) handelte, verhielten sich die Teilnehmenden nicht absolut gleich. Trotzdem gab es zwischen den Gruppen nur kleinere zeitliche Unterschiede von einigen Minuten, die ausschließlich durch das Verhalten von Teilnehmenden (wie z. B. eventuelle Zwischenfragen) verursacht wurden. Die Präsentation bzw. das Tafelbild wurden erst dann ausgeblendet bzw. zugedeckt, wenn die Teilnehmenden aufgehört hatten, die Inhalte abzuschreiben bzw. anzusehen, und wenn keine Einwände dagegen aus dem Hörsaal geäußert wurden. In keinem der Experimente wurden die Teilnehmenden explizit zum Mitschreiben animiert, sondern konnten ihre Vorlesungsnotizen nach ihrem eigenen Wunsch und Ermessen erstellen. Es wurde ohne Verwendung vom Taschenrechner (bzw. ohne Verwendung einer anderen Rechenhilfe) gearbeitet. Das Zahlenmaterial wurde entsprechend angepasst. Es wurde außerdem darauf geachtet, dass das Tafelbild und das entsprechende Beamerbild etwa die gleiche sichtbare Größe einnahmen.

Bei jedem solchen Experiment handelte es sich jeweils in den eingesetzten Testaufgaben um ein für die meisten Teilnehmenden möglichst unbekanntes Verfahren, zu dem mathematische Symbole, Termumformungen und teilweise kleinere graphische Abbildungen gehörten. Da die Vorkursteilnehmenden in der Regel bereits zwölf bzw. dreizehn Jahre Erfahrung mit der Schulmathematik hatten, konnte nicht immer vollständig ausgeschlossen werden, dass sie mit den für die Experimente verwendeten Inhalten während der Schulzeit eventuell in Berührung gekommen sein könnten. Um solche Fälle möglichst zu vermeiden, wurden die Lehrinhalte ausgewählt, die laut Lehrplänen den Teilnehmenden wenig bekannt sein sollten.

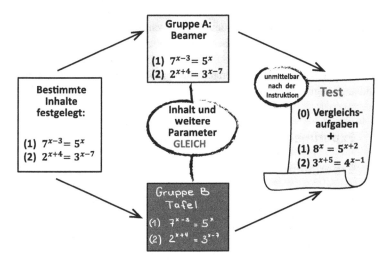

Abbildung 3.1 Design der ersten Studie am Beispiel des ersten Experiments (Abschnitt 3.4.1)

Unmittelbar nach dem oben beschriebenen Vorlesungsabschnitt wurde die mathematische Performanz der Teilnehmenden unverfälscht sofort überprüft, indem sie aufgefordert wurden, einige Aufgaben zu lösen, die mit dem in den Parallelgruppen auf unterschiedliche Art präsentierten Verfahren zu bearbeiten waren. Außerdem wurden in diesen mathematischen Tests einige Vergleichsaufgaben gestellt. Diese Aufgabentypen wurden zu einem früheren Zeitpunkt in beiden Gruppen mit der gleichen Präsentationsart unterrichtet oder gar nicht in der Vorlesung behandelt. Die Tests wurden mit Hilfe von Stift und Papier durchgeführt. Während des Tests wurden keine Hilfsmittel zugelassen: weder Taschenrechner noch handschriftliche Notizen noch weitere Lehrmaterialien bzw. technische Geräte.

Das Design, das in der ersten Studie verwendet wurde, ist in der Abbildung 3.1 am Beispiel des im Abschnitt 3.4.1 vorgestellten ersten Experiments dargestellt. Diese stellt den prinzipiellen Ablauf jedes einzelnen Experiments der ersten Studie dar. (Hier und nachfolgend: Als „Experiment" wird die ganze Intervention an einem bestimmten Tag, als „Test" wird der Leistungstest, der am Ende jedes Experiments in den beiden Parallelgruppen durchgeführt wurde, bezeichnet.) Neben der korrekten Lösung wurde in einigen Fällen geprüft, ob die Teilnehmenden bestimmte definierte rechnerische bzw. graphische Schritte (korrekt) durchgeführt haben. Nachfolgend wird die Methode für jedes Experiment mit jeweils speziell vorgenommenen Optionen erläutert. Spezielle Vorgehensweisen bzw. kleinere Abweichungen, die bei den verschiedenen Experimenten vorgenommen wurden, werden ebenfalls nachfolgend bei jedem Experiment detailliert beschrieben.

Im Zuge des Dissertationsvorhabens wurden die Lehrmaterialien entsprechend den für die beiden Studien geplanten Experimenten erstellt und aufbereitet. Bei der Beschreibung der Experimente der ersten und der zweiten Studie werden immer die verwendeten Original-Tafelbilder und -Beamerfolien abgebildet.

3.4   Experimente der ersten Studie

3.4.1   Experiment 1.1

Das erste Experiment sollte direkt die im Abschnitt 3.1 formulierte Forschungsfrage untersuchen, ob eine handschriftlich und dynamisch durchgeführte Tafelvorlesung vorteilhafter als eine statische computergedruckte Beamerpräsentation bezüglich der Performanz der Teilnehmenden in mathematischen prozeduralen Aufgaben sein könnte. Als prozedurale Aufgabe wird eine Aufgabe bezeichnet, bei der ein bereits bekannter Lösungsalgorithmus angewendet werden muss. Die Lehrinhalte wurden in der Gruppe A mit Hilfe einer statischen computergedruckten Beamerpräsentation (Abbildungen 3.2 sowie 3.3) und in der Gruppe B mit Hilfe einer Kreidetafel (Abbildung 3.4) traditionell, also handschriftlich und dynamisch, dargestellt. Die Zuteilung, in welcher der beiden Parallelgruppen die Tafel- und in welcher die Beamervorlesung durchgeführt wird, erfolgte per Zufall.

Jeweils unmittelbar nach der Präsentation der beiden Lösungen wurde in jeder der beiden Gruppen der Test durchgeführt, der im Anhang A im elektronischen Zusatzmaterial vollständig dargestellt ist. Die Teilnehmenden sollten die zwei Exponentialgleichungen (3.3) und (3.6), die nach dem in dem Vorlesungsabschnitt behandelten Verfahren zu bearbeiten waren, sowie zwei Vergleichsaufgaben, die im Abschnitt 3.4.1.4 dargestellt sind, zur Faktorisierung von Polynomen lösen.

Bestimmen Sie die Menge aller Lösungen folgender Gleichung:

$$7^{x-3} = 5^x$$ | Die beiden Seiten der Gleichung werden logarithmiert:

$\Leftrightarrow$ $\ln 7^{x-3} = \ln 5^x$ | und Logarithmusregeln angewendet:

$\Leftrightarrow$ $(x-3) \cdot \ln 7 = x \cdot \ln 5$ | Mit Hilfe der Äquivalenzumformungen wird die Gleichung nach x aufgelöst.

$\Leftrightarrow$ $x \ln 7 - 3 \ln 7 = x \ln 5$ | $+3 \ln 7$ | $-x \ln 5$

$\Leftrightarrow$ $x \ln 7 - x \ln 5 = 3 \ln 7$ | x ausklammern

$\Leftrightarrow$ $x(\ln 7 - \ln 5) = 3 \ln 7$ | $: (\ln 7 - \ln 5)$

$\Leftrightarrow$ $x = \dfrac{3 \ln 7}{\ln 7 - \ln 5}$

$\Leftrightarrow$ $x \in \left\{ \dfrac{3 \ln 7}{\ln 7 - \ln 5} \right\}$

Abbildung 3.2 Erste Beamerfolie, Gruppe A, Experiment 1.1

Bestimmen Sie die Menge aller Lösungen folgender Gleichung:

$$2^{x+4} = 3^{x-7}$$ | Die beiden Seiten der Gleichung werden logarithmiert:

$\Leftrightarrow$ $\ln 2^{x+4} = \ln 3^{x-7}$ | und Logarithmusregeln angewendet:

$\Leftrightarrow$ $(x+4) \cdot \ln 2 = (x-7) \cdot \ln 3$ | Mit Hilfe der Äquivalenzumformungen wird die Gleichung nach x aufgelöst.

$\Leftrightarrow$ $x \ln 2 + 4 \ln 2 = x \ln 3 - 7 \ln 3$ | $-4 \ln 2$ | $-x \ln 3$

$\Leftrightarrow$ $x \ln 2 - x \ln 3 = -7 \ln 3 - 4 \ln 2$ | x ausklammern

$\Leftrightarrow$ $x(\ln 2 - \ln 3) = -7 \ln 3 - 4 \ln 2$ | $: (\ln 2 - \ln 3)$

$\Leftrightarrow$ $x = \dfrac{-7 \ln 3 - 4 \ln 2}{\ln 2 - \ln 3}$ | Der Zähler und der Nenner werden durch -1 geteilt:

$\Leftrightarrow$ $x = \dfrac{7 \ln 3 + 4 \ln 2}{\ln 3 - \ln 2}$

$\Leftrightarrow$ $x \in \left\{ \dfrac{7 \cdot \ln 3 + 4 \cdot \ln 2}{\ln 3 - \ln 2} \right\}$

Abbildung 3.3 Zweite Beamerfolie, Gruppe A, Experiment 1.1

Abbildung 3.4 Tafelbild, Gruppe B, Experiment 1.1

3.4.1.1 Lehrinhalte des Experiments 1.1

Als Inhalt des im ersten Experiment verwendeten Vorlesungsabschnitts wurde die Lösung von Exponentialgleichungen mit Hilfe von Logarithmusregeln ausgewählt. Die Basen der Potenzen wurden so ausgewählt, dass die Potenzen, die in der Gleichung vorkamen, nicht zur gleichen Basis gebracht werden konnten. In den Schulbüchern gibt es einige wenige Beispiele für die Anwendung dieser Gleichungsart: beispielsweise bei der Behandlung der Exponentialfunktion in der Einführungsphase (Bigalke, Köhler, Kuschnerow & Ledworuski, 2012a; Herd, Hoche, König, Stanzel & Stühler, 2016) bzw. für einige ausgewählte Anwendungsbeispiele im Leistungskurs Stochastik (Bigalke, Köhler, Kuschnerow & Ledworuski, 2012b; Brand, Riemer & Wollmann, 2012). In den Lehrplänen des Hessischen Kultusministerium ist diese Gleichungsart nicht direkt ausgewiesen. Außerdem teilt Hessisches Kultusministerium (2010) bezüglich der Behandlung der Exponential- und Logarithmusfunktionen mit: „Aufgrund des starken Anwendungsbezuges dieser Unterrichtseinheit ist die Verwendung eines PC oder GTR erforderlich" (Hessisches Kultusministerium, 2010, S. 38). Auf Basis von genannten Indizien konnte angenommen werden, dass den Vorkursteilnehmenden diese Gleichungsart wenig bekannt war.

3.4.1.2 Exkurs: Logarithmus

Nach beispielsweise Teschl und Teschl (2014) wird Logarithmus wie folgt definiert:
Für $a \in \mathbb{R}^+ \setminus \{1\}$ und $b \in \mathbb{R}^+$ bezeichnet man $\log_a b$ diejenige Zahl x, für die gilt $a^x = b$.
$\log_a b$ nennt man der Logarithmus von b zur Basis a.

Natürlicher Logarithmus ist Logarithmus zu Basis e: $\log_e b =: \ln b$

Folgende Logarithmusregeln waren für die Lösung der im Experiment verwendeten Gleichungen relevant:
Für $a \in \mathbb{R}^+ \setminus \{1\}$, $u, v \in \mathbb{R}^+$ und $n \in \mathbb{R}$:
- $\log_a(u \cdot v) = \log_a u + \log_a v$
- $\log_a u^n = n \log_a u$

Der auf unterschiedliche Art dargestellte Vorlesungsabschnitt hat die Lösung zweier folgender Gleichungen (3.1) und (3.2) behandelt:

$$7^{x-3} = 5^x \tag{3.1}$$

$$2^{x+4} = 3^{x-7} \tag{3.2}$$

Die Lösungen der beiden Gleichungen sind den Abbildungen 3.2, 3.3, und 3.4 zu entnehmen, in denen die zwei unterschiedlichen Darstellungsarten dieses Vorlesungsabschnitts visualisiert sind.

3.4.1.3 Testaufgaben, Experiment 1.1

Die im Test enthaltene Exponentialgleichungen (3.3) und (3.6) setzen die gleichen Lösungsschritte wie die Gleichungen (3.1) und (3.2) voraus.

1.
$$8^x = 5^{x+2} \tag{3.3}$$

Lösung:

$$\Leftrightarrow \quad \ln 8^x = \ln 5^{x+2}$$

$$\Leftrightarrow \quad x \ln 8 = (x+2) \ln 5$$

$$\Leftrightarrow \quad x \ln 8 = x \ln 5 + 2 \ln 5$$

$$\Leftrightarrow \quad x \ln 8 - x \ln 5 = 2 \ln 5$$

$$\Leftrightarrow \quad x(\ln 8 - \ln 5) = 2 \ln 5$$

$$\Leftrightarrow \quad x = \frac{2 \ln 5}{\ln 8 - \ln 5} \tag{3.4}$$

$$\Leftrightarrow \quad x \in \left\{ \frac{2 \ln 5}{\ln 8 - \ln 5} \right\} \tag{3.5}$$

2.
$$3^{x+2} = 4^{x-1} \tag{3.6}$$

Lösung:

$$\Leftrightarrow \quad \ln 3^{x+2} = \ln 4^{x-1}$$

$$\Leftrightarrow \quad (x+2) \ln 3 = (x-1) \ln 4$$

$$\Leftrightarrow \quad x \ln 3 + 2 \ln 3 = x \ln 4 - \ln 4$$

$$\Leftrightarrow \quad x \ln 3 - x \ln 4 = -\ln 4 - 2 \ln 3 \tag{3.7}$$

$$\Leftrightarrow \quad x(\ln 3 - \ln 4) = -\ln 4 - 2 \ln 3$$

$$\Leftrightarrow \quad x = \frac{-\ln 4 - 2 \ln 3}{\ln 3 - \ln 4} \tag{3.8}$$

$$\Leftrightarrow \quad x = \frac{\ln 4 + 2\ln 3}{\ln 4 - \ln 3} \tag{3.9}$$

$$\Leftrightarrow \quad x \in \left\{ \frac{\ln 4 + 2\ln 3}{\ln 4 - \ln 3} \right\} \tag{3.10}$$

In dem Fall, wenn der Schritt (3.9) ausgelassen wurde, wurde als korrekte Lösungsmenge die Angabe (3.11) gewertet.

$$\Leftrightarrow \quad x \in \left\{ \frac{-\ln 4 - 2\ln 3}{\ln 3 - \ln 4} \right\} \tag{3.11}$$

Einige Teilnehmende haben statt der Umformung (3.7) die folgende Umformung (3.12) durchgeführt.

$$\Leftrightarrow \quad 2\ln 3 + \ln 4 = x \ln 4 - x \ln 3 \tag{3.12}$$

Folglich wurde das Ergebnis (3.9) erzielt, ohne dass der Zähler und der Nenner durch -1 geteilt werden mussten. In diesen Fällen wurde der Schritt (3.8) als korrekt und der Schritt (3.9) als nicht erledigt gewertet. Die Angabe der Lösungsmenge wurde als korrekt gewertet, wenn sie in der Form erfolgte:
$x \in \left\{ \text{der im Schritt (3.8) bzw. (3.9) erzielte } x\text{-Wert} \right\}$

Als „Mittelwert" wird die durchschnittliche Performanz in den Schritten (3.4), (3.5), (3.8), (3.9) und (3.10) bezeichnet.

Teilweise fehlende Äquivalenzzeichen wurden bei der Auswertung der Lösungen der Teilnehmenden nicht als Fehler gewertet, da dieser Aspekt nicht schwerpunktmäßig im Experiment 1.1 behandelt wurde.

3.4.1.4 Vergleichsaufgaben, Experiment 1.1

Faktorisieren Sie folgende Polynome $f : \mathbb{R} \to \mathbb{R}, x \mapsto f(x)$ so weit wie möglich:

1. $f(x) = 2x^2 + 4x - 30$
   Ergebnis: $f(x) = 2(x + 5)(x - 3)$
2. $f(x) = 3x^7 + 12x^5$
   Ergebnis: $f(x) = 3x^5(x^2 + 4)$

3.4.1.5 Ergebnisse des Experiments 1.1

Da die interne Konsistenz für die Subskala mit fünf Aufgaben/Lösungsschritten (3.4), (3.5), (3.8), (3.9) und (3.10) mit $\alpha = .889$ hoch war, wurden alle fünf Items zu ihrem Mittelwert zusammengefasst und ebenfalls ausgewertet.

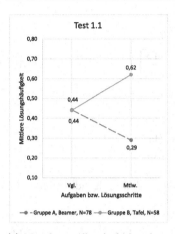

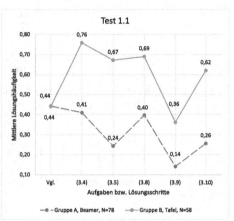

(a) Mittelwert aller Aufgaben bzw. Lösungsschritte

(b) Alle Aufgaben bzw. Lösungsschritte getrennt ausgewertet

Abbildung 3.5 Vergleich der Performanz der Beamer- und der Tafel-Gruppe, Experiment 1.1

Eine Varianzanalyse ANOVA mit Messwiederholung zeigte eine signifikante Interaktion von Test × Gruppe $F(1, 134) = 16.96$, $p < .001$, $\eta_p^2 = .112$ (mittlerer Effekt; visualisiert in der Abbildung 3.5a).

Bei getrennter Auswertung aller Aufgaben bzw. Lösungsschritte (Abbildung 3.5b) zeigte eine ANOVA mit Messwiederholung mit Huynh-Feldt-Korrektur[2] ebenfalls eine signifikante Interaktion von Test × Gruppe mit einer kleinen Effektstärke: $F(3.94, 528.23) = 7.25$, $p < .001$, $\eta_p^2 = .051$.

Dass einige Teilnehmende den Schritt (3.9) nicht erledigt haben, weil sie die zweite Exponentialgleichung über den Schritt (3.12) lösten, kann der Grund dafür sein, dass der Schritt (3.9) die kleinste Effektstärke von $|d| = .54$ (mittlerer Effekt; die nachfolgende Auswertung unter Verwendung vom t-Test befindet sich in der Tabelle 3.2) zeigte. Ohne den Schritt (3.9) war die interne Konsistenz für die Subskala mit vier Aufgaben/Lösungsschritten noch etwas höher (als für die Subskala mit allen fünf Aufgaben/Lösungsschritten): $\alpha = .899$. Eine ANOVA mit Messwiederholung mit Greenhouse-Geisser-Korrektur zeigte ohne den Schritt (3.9) außerdem

---

[2] Nach der Empfehlung von Verma (2015) wird bei einer Verletzung der Voraussetzung der Sphärizität für $\epsilon < .75$ Greenhouse-Geisser-Korrektur, ansonsten Huynh-Feldt-Korrektur angewendet.

einen mittelstarken Interaktionseffekt von Test × Gruppe: $F(2.83, 379.59) = 9.10$, $p < .001, \eta_p^2 = .064$.

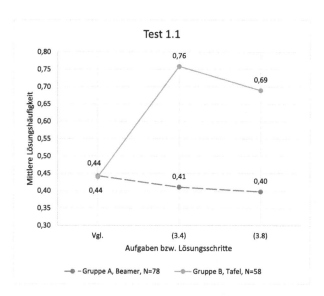

Abbildung 3.6 Vergleich der Performanz der Beamer- und der Tafel-Gruppe, Experiment 1.1, Rechenergebnisse

In der Abbildung 3.6 ist der Vergleich der Schritte (3.4) und (3.8), die nur die korrekten Lösungswege und ihre Ergebnisse betreffen, dargestellt. Eine ANOVA mit Messwiederholung mit Huynh-Feldt-Korrektur zeigte ebenfalls eine signifikante Interaktion von Test × Gruppe mit einer mittleren Effektstärke: $F(1.61, 215.87) = 10.57, p < .001, \eta_p^2 = .073$.

Nachträglich wurden zum Vergleich der Performanz in den Teilaufgaben t-Tests (dargestellt in der Tabelle 3.2) ausgeführt und insbesondere der Effekt mittels Cohen's d bestimmt. Die Ergebnisse der t-Tests zeigen ebenfalls signifikante Unterschiede in der Performanz der Tafel- und der Beamer-Gruppe mit jeweils mittlerer bis großer Effektstärke.

Tabelle 3.2 Vergleich der Performanz der Beamer- und der Tafel-Gruppe, Ergebnisse der t-Tests, Experiment 1.1

	Gruppe A Beamer N = 78		Gruppe B Tafel N = 58		t	p	p nach der Bonferroni-Korrektur	$|d|$
	M	SD	M	SD				
Vergleichsaufgaben, Mittelwert	**0.44**	0.39	**0.44**	0.41		.970	1.	
Erste Gleichung vollständig gelöst, Schritt (3.4)	**0.41**	0.50	**0.76**	0.43	$t(130.57) = -4.37$	$< .001$	$< .001$	0.74
Lösungsmenge der ersten Gleichung korrekt angegeben, Schritt (3.5)	**0.24**	0.43	**0.67**	0.47	$t(116.41) = -5.42$	$< .001$	$< .001$	0.95
Zweite Gleichung vollständig gelöst, Schritt (3.8)	**0.40**	0.49	**0.69**	0.47	$t(126.36) = -3.53$	.001	.004	0.61
Zweite Gleichung, Zähler und Nenner durch −1 geteilt, Schritt (3.9)	**0.14**	0.35	**0.36**	0.48	$t(98.82) = -2.95$	.004	.028	0.54
Lösungsmenge der zweiten Gleichung korrekt angegeben, Schritt (3.10)	**0.26**	0.44	**0.62**	0.49	$t(115.18) = -4.48$	$< .001$	$< .001$	0.79
Mittelwert der Schritte (3.4), (3.5), (3.8), (3.9) und (3.10)	**0.29**	0.36	**0.62**	0.38	$t(134) = -5.17$	$< .001$	$< .001$	0.90

3.4.1.6 Vorläufige Zusammenfassung der Ergebnisse, Experiment 1.1

Die Ergebnisse des ersten Experiments haben einen hochsignifikanten Vorsprung der Tafel-Gruppe über die Gruppe, in der eine statische Beamervorlesung durchgeführt wurde, bezüglich der Performanz in den Aufgaben zur elementaren Algebra mit abstrakt-symbolischem Schwerpunkt mit einer mittleren bis großen Effektstärke gezeigt.

Darüber hinaus zeigten die Ergebnisse des Experiments 1.1 die konstante Wirkung der Darstellungsart über die beiden Testaufgaben. Auch über die einzelnen Lösungsschritte blieb der Performanzunterschied stabil.

Die Ergebnisse des Experiments 1.1 gaben einen Hinweis, dass die Darstellungsform der Mathematikvorlesung die Performanz der Teilnehmenden beeinflussen könnte, und zeigten Bedarf an weiteren Untersuchungen.

3.4.2 Experiment 1.2

Die bisher durchgeführte Studien von Wecker (2012) und Savoy et al. (2009) gaben einen Hinweis darauf, dass die auf den PowerPoint-Folien platzierte Informationen besser behalten werden als die Informationen, die nur mündlich übermittelt wurden. In diesen Studien fand kein Vergleich zwischen PowerPoint- und Tafelvorlesungen statt. Allerdings könnte angenommen werden, dass es auch zwischen diesen beiden Darstellungsarten Unterschiede im Behalten der präsentierten Lehrinhalte geben könnte. Aufgrund der Aspekte, dass die motorische Hirnaktivierung der beobachtenden Personen am stärksten bei der Beobachtung menschlicher biologischer Bewegung zu sein scheint (Press et al., 2005; Tai et al., 2004; Kilner et al., 2003) und dass die Lernergebnisse, die mit Hilfe der motorischen Erfahrung (Handschreiben) erzielt wurden, eine höhere zeitliche Stabilität zeigen sollten (Longcamp et al., 2005; Longcamp et al., 2006), könnte Anlass zur Annahme geben, dass mit einer menschlichen Hand dynamisch durchgeführte Tafelvorlesung für ein besseres Behalten der Informationen auch über Zeit sorgen könnte. Das Experiment 1.2 sollte diese Hypothese testen und neben der Lernleistung der Teilnehmenden das Behalten der Informationen über Zeit prüfen. Die spezielle Vorgehensweise dieses Experiments wird im Abschnitt 3.4.2.3 ausführlich erläutert.

3.4.2.1 Lehrinhalte, Experiment 1.2

Als Lehrinhalt für das Experiment 1.2 wurde das Verwenden der allgemeinen Gleichungsformel $y_T = f'(x_0)(x - x_0) + f(x_0)$ für das Erstellen der Gleichung einer

Ermitteln Sie die Gleichung der Tangente an der Stelle x_0 für die folgende Funktion:
$f(x) = x^4 - 3x^2 - 4, \quad x_0 = -1$

$y_T = f'(x_0)(x - x_0) + f(x_0)$
$f'(x) = 4x^3 - 6x$
$f(-1) = (-1)^4 - 3 \cdot (-1)^2 - 4 = -6$
$f'(-1) = 4 \cdot (-1)^3 - 6 \cdot (-1) = 2$
$y_T = 2 \cdot (x + 1) - 6 \Leftrightarrow y_T = 2x - 4$

Abbildung 3.7 Beamerfolie, Gruppe A, Experiment 1.2

Tangente, die an der gegebenen Stelle den Graphen einer Funktion berührt, ausgewählt.

Die meisten Lehrbücher (wie z. B. Bigalke et al., 2012a; Herd et al., 2016; Bigalke et al., 2010) enthalten die Lösungsansätze, die das Berechnen der Koordinaten des Punktes, der Steigung der Tangente und das anschließende Erstellen der Geradengleichung $y = mx + b$ (durch das Einsetzen der Punktkoordinaten und der Steigung bzw. mit Hilfe der Punkt-Steigungs-Form) voraussetzen (weiterhin die „Methode durch Ermittlung von Punkt und Steigung" genannt). Freudigmann et al. (2012) zeigen die Verwendung der allgemeinen Tangentengleichung nur an wenigen Beispielen, verwenden bei weiteren Anwendungsbeispielen die Methode durch Ermittlung von Punkt und Steigung. Nach diesen Indizien wurde davon ausgegangen, dass die allgemeine Tangentengleichung für die meisten Teilnehmenden wenig bekannt gewesen sein könnte.

3.4.2.2 Exkurs: allgemeine Tangentengleichung

Für eine an der Stelle x_0 differenzierbare Funktion f ist die Gleichung der Tangente durch den Punkt $(x_0, f(x_0))$: $y_T = f'(x_0)(x - x_0) + f(x_0)$ (z. B. Bronštejn & Semendjaev, 1989; Teschl & Teschl, 2014).

Die Gleichungsformel der allgemeinen Tangentengleichung kann man beispielsweise mit Hilfe der Punkt-Steigungs-Form herleiten:
$$\frac{y_T - f(x_0)}{x - x_0} = f'(x_0) \quad \Leftrightarrow \quad y_T = f'(x_0)(x - x_0) + f(x_0)$$

3.4.2.3 Spezielle Vorgehensweise, Experiment 1.2

Im Unterschied zum Experiment 1.1 wurde im zweiten Experiment explizit getestet, ob die Darstellungsart beeinflussen könnte, wie gut sich die Teilnehmenden an die präsentierten Inhalte zu einem späteren Zeitpunkt erinnern. Während der relevante Vorlesungsabschnitt im Experiment 1.1. als wichtiges Thema präsentiert und ausführlich behandelt wurde, wurde dem ausgewählten Vorlesungsabschnitt im Experiment 1.2 seitens der Dozentin wenig Aufmerksamkeit geschenkt, um die Teilnehmenden nicht zu einer intensiven Vorbereitung dieser Inhalte zu bewegen. Am 11. Unterrichtstag (1. Termin) wurde in den beiden Parallelgruppen auf gleiche Art und Weise (und zwar an der Tafel) die Methode durch Ermittlung von Punkt und Steigung besprochen.

Am 13. Unterrichtstag (2. Termin) wurde die Verwendung der allgemeinen Tangentengleichung in den beiden Parallelgruppen in einer zeitlich kurzen Intervention behandelt. Damit kein weiterer Parameter in diesem Experiment variiert wird, wurde der relevante Vorlesungsabschnitt in der Gruppe A wieder mit Hilfe von einer statischen Beamerfolie und in der Gruppe B mit Hilfe der Kreidetafel durchgeführt. Die Beamerfolie ist in der Abbildung 3.7, das Tafelbild in der Abbildung 3.8 dargestellt.

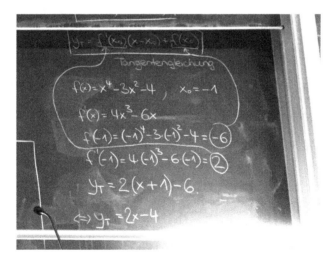

Abbildung 3.8 Tafelbild, Gruppe B, Experiment 1.2

Der Test wurde erst am 14. Unterrichtstag (3. Termin) durchgeführt. In der gesamten Zeit zwischen dem 1. und dem 3. Termin wurde die Tangentengleichung in den

Vorkursveranstaltungen in keiner Form behandelt oder geübt. In den VEMINT-Lehrmaterialien ist die allgemeine Tangentengleichung nur speziell bei den Herleitungen der Kettenregel sowie des Newtonverfahrens zu finden. Diese fortgeschrittenen Inhalte wurden in der genannten Zeit ebenfalls nicht behandelt. Deswegen konnte davon ausgegangen werden, dass die meisten Teilnehmenden sich nicht mit der allgemeinen Tangentengleichung außerhalb der Vorlesung am 2. Termin in Berührung gekommen sind. In der Tabelle 3.3 ist das Vorgehen strukturiert dargestellt.

Außer den zwei Aufgaben zum Ermitteln der Gleichung der Tangente an der Stelle x_0 für die gegebenen Funktionen (Aufgabenstellungen (3.13) und (3.14)) wurden drei Vergleichsaufgaben (dargestellt im Abschnitt 3.4.2.5) zur Ableitungsberechnung gestellt. Der komplette Test befindet sich im Anhang A im elektronischen Zusatzmaterial.

3.4.2.4 Testaufgaben, Experiment 1.2

1.
$$f(x) = x^2 - 3x + 5, \quad x_0 = 4 \tag{3.13}$$

Lösung:
$$y_T = f'(x_0)(x - x_0) + f(x_0)$$
$$f'(x) = 2x - 3$$
$$f(4) = 4^2 - 3 \cdot 4 + 5 = 9$$
$$f'(4) = 2 \cdot 4 - 3 = 5$$
$$y_T = 5 \cdot (x - 4) + 9 \Leftrightarrow y_T = 5x - 11$$

2.
$$f(x) = e^x, \quad x_0 = -1 \tag{3.14}$$

Lösung:
$$y_T = f'(x_0)(x - x_0) + f(x_0)$$
$$f'(x) = e^x$$
$$f(-1) = f'(-1) = e^{-1} = \frac{1}{e}$$
$$y_T = \frac{1}{e} \cdot (x + 1) + \frac{1}{e} \Leftrightarrow y_T = \frac{x}{e} + \frac{2}{e}$$

Tabelle 3.3 Vorgehensweise beim Experiment 1.2

1. Termin: Do, fünf Tage vor dem Test	Behandlung der Ermittlung der Tangentengleichung durch Punkt und Steigung. Gleiche Präsentation in beiden Gruppen.	keine Behandlung bzw. kein Üben der Tangentenglei-chung außer der genannten Aktivitäten am 1. und am 2. Termin
2. Termin: Mo, ein Tag vor dem Test	Die allgemeine Tangentengleichung wird in der Gruppe A mit von einer statischen Beamerfolie, in der Gruppe B an der Tafel behandelt (Abbildungen 3.7 und 3.8).	
3. Termin: Di, Test	Die Tangentengleichung wird in der Vorlesung nicht mehr erwähnt. Anschließend wird der Test durchgeführt.	

Da nicht davon auszugehen war, dass die Teilnehmenden die allgemeine Tan-gentengleichung auswendig gelernt haben, war die allgemeine Tangentengleichung – nur die Gleichungsformel $y_T = f'(x_0)(x - x_0) + f(x_0)$, keine Rechenbeispiele – während des Tests in den beiden Parallelgruppen an der Tafel zu sehen. Einige der Teilnehmenden haben die oben dargestellten Lösungen mit Hilfe der allgemeinen Tangentengleichung angefertigt. Es kann angenommen werden, dass einige der Teil-nehmenden die allgemeine Tangentengleichung zwar verwendet aber den gezeigten Lösungsweg nicht mehr gekannt haben, sodass sie versucht haben, den Funktions- und den Ableitungsterm in die allgemeine Tangentengleichung einzusetzen, ohne sie an der Stelle x_0 auszuwerten. Es kann angenommen werden, dass auf diesem Weg verschiedene Variationen der Form $y_T = (2x - 3)(x - 4) + (x^2 - 3x + 5)$ entstanden sind. Einige Teilnehmende haben die Aufgaben mit der Methode durch Ermittlung von Punkt und Steigung gelöst, einige Teilnehmende haben keine Lösung angefer-tigt. Alle für das Experiment relevanten Lösungsvarianten sind in der Abbildung 3.9 dargestellt.

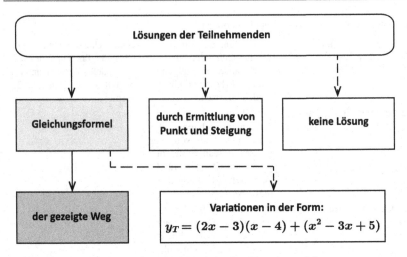

Abbildung 3.9 Lösungsvarianten der Teilnehmenden, Experiment 1.2

3.4.2.5 Vergleichsaufgaben, Experiment 1.2

Berechnen Sie jeweils die erste Ableitung der folgenden Funktionen:

1. s$f(x) = 6x^4 + 5x - \dfrac{7}{x^3}$

    Ergebnis: $f'(x) = 24x^3 + 5 + \dfrac{21}{x^4}$

2. $f(x) = \sqrt[7]{x}$

    Ergebnis: $f'(x) = \dfrac{1}{7\sqrt[7]{x^6}}$

3. $f(x) = \sin(x^2 - 15x)$

    Ergebnis: $f'(x) = (2x - 15) \cdot \cos(x^2 - 15x)$

3.4.2.6 Ergebnisse, Experiment 1.2

Das Ziel des Experiments 1.2. war, das Behalten der mit Hilfe der statischen Beamerfolie und mit Hilfe der Tafel präsentierten Inhalte neben der Performanz der Teilnehmenden zu vergleichen. Bei der Auswertung des Tests wurden explizit die Verwendung der allgemeinen Tangentengleichung, die Verwendung des auf unterschiedliche Art präsentierten Lösungswegs und das auf diesem Weg anschließende Erzielen der korrekten Tangentengleichung verglichen.

Da die interne Konsistenz für die Subskala mit zwei Aufgaben mit $\alpha = .805$ hoch war, wurden die Performanzen bezüglich der beiden auf dem gezeigten Lösungsweg erzielten Tangentengleichungen (komplette Lösungen) zu ihrem Mittelwert zusammengefasst und ausgewertet. Eine ANOVA mit Messwiederholung zeigte mit $p = .220$ keine signifikante Interaktion von Test × Gruppe (visualisiert in der Abbildung 3.10a). Die Performanzen bezüglich der kompletten Lösungen waren in den beiden Gruppen allerdings niedrig und deuteten auf den Bodeneffekt hin. Nachfolgend wurde nach den oben beschriebenen Lösungsschritten getrennt ausgewertet.

In der Abbildung 3.10b ist der Vergleich der Performanz der Beamer- und der Tafel-Gruppe für alle Aufgaben und Lösungsschritte getrennt dargestellt.

Eine ANOVA mit Messwiederholung mit Greenhouse-Geisser-Korrektur zeigte einen signifikanten Interaktionseffekt von Test × Gruppe: $F(3.43, 397.93) = 3.13$, $p = .020$, $\eta_p^2 = .026$ (kleiner Effekt).

Die Teilnehmenden der Gruppe B (Tafel) zeigten eine signifikant höhere Häufigkeit jeweils bei der Wahl der Gleichungsformel und beim Verwenden des gezeigten Lösungswegs als die Teilnehmenden der Gruppe A (Beamer). Bei der Auswertung der auf diesem Weg erzielten vollständigen Lösung trat in den beiden Parallelgruppen der Bodeneffekt auf, wobei die Tafel-Gruppe trotzdem eine deutlich höhere Performanz erreichte. Bei der Auswertung ohne die Lösungsschritte mit dem Bodeneffekt, die in der Abbildung 3.11 visualisiert ist, zeigte eine ANOVA mit Messwiederholung mit Greenhouse-Geisser-Korrektur den folgenden Interaktionseffekt von Test × Gruppe: $F(2.58, 299.71) = 3.24$, $p = .029$, $\eta_p^2 = .027$ (kleiner Effekt).

Nachfolgend wurden zum Vergleich der Performanz in den Teilaufgaben t-Tests ausgeführt und der Effekt mittels Cohen's d bestimmt. Die Ergebnisse der durchgeführten t-Tests sind in der Tabelle 3.4 dargestellt. Alle signifikanten Vergleiche zeigten jeweils eine kleine bis mittlere bzw. mittlere Effektstärke.

3.4.2.7 Vorläufige Zusammenfassung der Ergebnisse, Experiment 1.2

Die Ergebnisse des zweiten Tests haben ebenfalls einen Vorsprung der Tafel-Gruppe gezeigt. Die Teilnehmenden, denen die allgemeine Tangentengleichung mit Hilfe der traditionellen Tafelvorlesung präsentiert wurde, haben signifikant häufiger die entsprechenden Testaufgaben mit Hilfe der allgemeinen Tangentengleichung sowie mit Hilfe des auf diese Weise vorgestellten Lösungswegs gelöst als die Teilnehmenden der Beamer-Gruppe. Die Lösung, die auf dem gezeigten Weg erzielt wurde, wurde in der Tafel-Gruppe häufiger korrekt angefertigt als in der Beamer-Gruppe. Dieses Ergebnis war nicht signifikant. Eine mögliche Erklärung dafür ist der Boden-

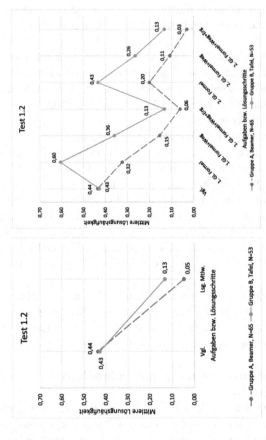

(a) Mittelwert aller Aufgaben bzw. (b) Alle Aufgaben bzw. Lösungsschritte ge-
Lösungsschritte   trennt ausgewertet

Abbildung 3.10 Vergleich der Performanz der Beamer- und der Tafel-Gruppe, Experiment 1.1

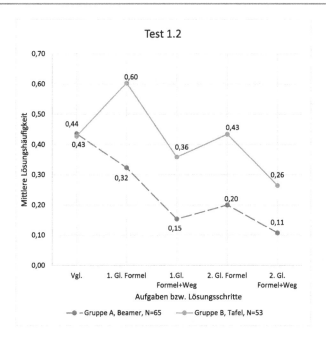

Abbildung 3.11 Vergleich der Performanz der Beamer- und der Tafel-Gruppe, ohne die Lösungsschritte mit Bodeneffekt, Experiment 1.2

effekt, der bei der Auswertung der Endergebnisse auftrat. Da die Lösung mit Hilfe der allgemeinen Tangentengleichung in einer zeitlich sehr kurzen Intervention behandelt wurde, kann nicht davon ausgegangen werden, dass es für alle Teilnehmenden gereicht hat, um die entsprechende Aufgabe selbstständig und korrekt zu lösen. Nichtsdestotrotz sprechen die Testergebnisse dafür, dass die Teilnehmenden der Tafel-Gruppe sich an die präsentierten Inhalte besser erinnern konnten als die Teilnehmenden der Beamer-Gruppe.

Genauso wie im Experiment 1.1 blieb der aufgetretene Effekt für die beiden Testaufgaben und entsprechenden Lösungsschritte konstant.

3.4.3 Experiment 1.3

Im dritten Experiment wurde getestet, ob der Effekt, der in den ersten beiden Experimenten aufgetreten ist, auch für die andere Zusammensetzung der Parallelgruppen

Tabelle 3.4 Vergleich der Performanz der Beamer- und der Tafel-Gruppe, Ergebnisse der t-Tests, Experiment 1.2

	Gruppe A Beamer N = 65		Gruppe B Tafel N = 53			p	p nach der Bonferroni-Korrektur	$|d|$
	M	SD	M	SD				
Vergleichsaufgaben, Mittelwert	**0.44**	0.38	**0.43**	0.38		.907	1.	
Erste Gleichung, Gleichungsformel gewählt	**0.32**	0.47	**0.60**	0.49	$t(116) = -3.15$	.002	.017	0.58
Erste Gleichung, Gleichungsformel und den gezeigten Lösungsweg gewählt	**0.15**	0.36	**0.36**	0.48	$t(94.58) = -2.55$	.012	.100	0.49
Erste Gleichung, Gleichungsformel und den gezeigten Lösungsweg gewählt, Aufgabe vollständig gelöst (Lsg. 1)	**0.06**	0.24	**0.13**	0.34	$t(90.91) = -1.27$	.209	1.	0.24
Zweite Gleichung, Gleichungsformel gewählt	**0.20**	0.40	**0.43**	0.50	$t(99.06) = -2.75$	.007	.056	0.52
Zweite Gleichung, Gleichungsformel und den gezeigten Lösungsweg gewählt	**0.11**	0.31	**0.26**	0.45	$t(90.32) = -2.16$	.033	.266	0.41

(Fortsetzung)

Tabelle 3.4 (Fortsetzung)

	Gruppe A Beamer N = 65		Gruppe B Tafel N = 53			p	p nach der Bonferroni-Korrektur	$|d|$
	M	SD	M	SD				
Zweite Gleichung, Gleichungsformel und den gezeigten Lösungsweg gewählt, Aufgabe vollständig gelöst (Lsg. 2)	**0.03**	0.17	**0.13**	0.34	$t(73.63) = -1.96$	.054	.430	0.39
Mittelwert von (Lsg. 1) und (Lsg. 2)	**0.05**	0.17	**0.13**	0.33	$t(74.58) = -1.73$	.088	.704	0.34

gilt. Da die Vorkursteilnehmenden randomisiert auf die Parallelgruppen aufgeteilt wurden und in den Experimenten 1.1 und 1.2 der Gruppe A die Beamervorlesung und der Gruppe B die Tafelvorlesung per Zufall zugeteilt wurde, konnte angenommen werden, dass der in den ersten beiden Experimenten aufgetretene Effekt für die andere Gruppenzusammensetzung erhalten bliebe. Um diese Hypothese zu testen, wurden im Experiment 1.3 die beiden Parallelgruppen **getauscht**, so dass in der Gruppe A eine traditionelle Tafelvorlesung und in der Gruppe B eine statische Beamervorlesung (mit Hilfe einer PowerPoint-Präsentation) durchgeführt wurden.

Das Experiment 1.3 wurde analog zum Experiment 1.1 durchgeführt. Dass in der Gruppe A statt der Beamervorlesung (wie im Experiment 1.1) die Tafelvorlesung, in der Gruppe B dagegen statt der Tafelvorlesung (wie im Experiment 1.1) die Beamervorlesung durchgeführt wurden, war der einzige Durchführungsunterschied zum Experiment 1.1. In der Abbildung 3.12 ist das Tafelbild, das während der traditionellen Tafelvorlesung in der Gruppe A entstanden ist, zu sehen. In der Abbildung 3.13 sind die (statischen) PowerPoint-Folien, die während der Vorlesung in der Gruppe B präsentiert wurden, dargestellt.

3.4.3.1 Lehrinhalte, Experiment 1.3
Das Experiment 1.3 fand am Ende des Vorkurses statt, sodass zur Auswahl der Lehrinhalte nur die Themenbereiche der Vektorrechnung standen. Da im Rahmen des Vorkurses nur wenige Stunden für diese Inhalte eingeplant sind, konnten nur grundlegende (und keine speziellen) Inhalte im Rahmen dieses Experimentes behandelt werden. Aus diesem Grund wurde das Vektorprodukt als Lehrinhalt des Experimentes 1.3 ausgewählt, weil die Behandlung des Vektorprodukts zum erhöhten Niveau der Qualifikationsphase 2 der gymnasialen Oberstufe in Hessen gehört und nur im Leistungskurs unterrichtet wird (Hessisches Kultusministerium, 2016).

3.4.3.2 Exkurs: Vektorprodukt (Kreuzprodukt)

Seien $\vec{a} = \begin{pmatrix} a_1 \\ a_2 \\ a_3 \end{pmatrix}$ und $\vec{b} = \begin{pmatrix} b_1 \\ b_2 \\ b_3 \end{pmatrix}$ zwei Vektoren im $\mathbb{R}^3$.

$\vec{a} \times \vec{b} = \begin{pmatrix} a_2 b_3 - a_3 b_2 \\ a_3 b_1 - a_1 b_3 \\ a_1 b_2 - a_2 b_1 \end{pmatrix}$ heißt

das Vektorprodukt (Kreuzprodukt) von $\vec{a}$ und $\vec{b}$.

Unter der Bedingung, dass $\vec{a}$ und $\vec{b}$ linear unabhängig sind, ist das Vektorprodukt ein Vektor, der zu $\vec{a}$ und zu $\vec{b}$ orthogonal ist.
Der Flächeninhalt des von $\vec{a}$ und $\vec{b}$ aufgespannten Parallelogramms ist gleich $|\vec{a} \times \vec{b}|$ (Teschl & Teschl, 2013; Brüggemann et al., 2011).

Als Vergleichsaufgabe (dargestellt im Abschnitt 3.4.3.4) wurde eine Aufgabe zum Berechnen des Schnittpunktes zweier Geraden im $\mathbb{R}^3$ gestellt. Diese Inhalte wurden in den beiden Gruppen einige Tage zuvor auf gleiche Art und Weise unterrichtet. Der komplette Test befindet sich im Anhang A im elektronischen Zusatzmaterial.

3.4.3.3 Testaufgabe, Experiment 1.3

Berechnen Sie den Flächeninhalt des von den Vektoren $\vec{a} = \begin{pmatrix} -3 \\ 1 \\ 0 \end{pmatrix}$ und $\vec{b} = \begin{pmatrix} -2 \\ -1 \\ 2 \end{pmatrix}$ aufgespannten Parallelogramms.

Lösung:

$$\vec{a} \times \vec{b} = \begin{pmatrix} -3 \\ 1 \\ 0 \end{pmatrix} \times \begin{pmatrix} -2 \\ -1 \\ 2 \end{pmatrix} = \begin{pmatrix} 2 \\ 6 \\ 5 \end{pmatrix}$$

$$A = |\vec{a} \times \vec{b}| = \left| \begin{pmatrix} 2 \\ 6 \\ 5 \end{pmatrix} \right| = \sqrt{2^2 + 6^2 + 5^2} = \sqrt{65}$$

3.4.3.4 Vergleichsaufgabe, Experiment 1.3

Berechnen Sie die Koordinaten des Schnittpunktes der Geraden:

$$g : \vec{x} = \begin{pmatrix} 1 \\ 0 \\ 3 \end{pmatrix} + r \cdot \begin{pmatrix} -1 \\ 2 \\ 1 \end{pmatrix} \quad \text{und} \quad h : \vec{x} = \begin{pmatrix} 0 \\ 2 \\ 0 \end{pmatrix} + s \cdot \begin{pmatrix} 1 \\ -2 \\ -5 \end{pmatrix}, \quad r, s \in \mathbb{R}$$

Lösung:

$$1 - r = s \quad \text{(I)}$$

$$2r = 2 - 2s \quad \text{(II)}$$

$$3 + r = -5s \quad \text{(III)}$$

$$(\text{I})\text{-}(\text{III}) : \; 4 = -4s \; \Leftrightarrow \; s = -1$$

$$(\text{I}) : \; 1 - r = -1 \; \Leftrightarrow \; r = 2$$

Prüfung Windschiefe: (II): $2 \cdot 2 = 2 - 2 \cdot (-1) \; \Leftrightarrow \; 4 = 4$ (wahr) (3.15)

$$g : \vec{x} = \begin{pmatrix} 1 \\ 0 \\ 3 \end{pmatrix} + 2 \cdot \begin{pmatrix} -1 \\ 2 \\ 1 \end{pmatrix} = \begin{pmatrix} -1 \\ 4 \\ 5 \end{pmatrix}$$

Alternativ zu (3.15): $h : \vec{x} = \begin{pmatrix} 0 \\ 2 \\ 0 \end{pmatrix} - 1 \cdot \begin{pmatrix} 1 \\ -2 \\ -5 \end{pmatrix} = \begin{pmatrix} -1 \\ 4 \\ 5 \end{pmatrix}$

Ergebnis: $(-1, 4, 5)$

3.4.3.5 Ergebnisse, Experiment 1.3

In der Abbildung 3.14 ist Vergleich der Performanz der Beamer- und der Tafel-Gruppe bezüglich der Vergleichsaufgabe und der Testaufgabe visualisiert. Eine ANOVA mit Messwiederholung zeigte einen statistischen Trend für die Interaktion von Test × Gruppe mit einem Vorteil für die Gruppe A (Tafel): $F(1, 94) = 2.97$, $p = .088$, $\eta_p^2 = .031$ (kleiner Effekt).

Neben der korrekt durchgeführten Lösung der Aufgabe zur Flächenberechnung des Parallelogramms wurde ausgewertet, ob die Teilnehmenden die graphische Abbildung (dargestellt in der Abbildung 3.15), die als Rechenhilfe diente, bei ihrer Lösung übernommen haben.

Das Verwenden dieser graphischen Rechenhilfe wurde zwar nicht vorausgesetzt, aber einige Teilnehmende haben die Abbildung trotzdem beim Lösen der Aufgabe übernommen. Exakt wurde die Abbildung in den beiden Parallelgruppen von den gleichen Anteilen der Teilnehmenden übernommen. Die Ergebnisse des t-Tests sind der Tabelle 3.5 zu entnehmen. Ein Teil der Teilnehmenden hat ein ähnliches Bild mit eigenen Variationen angefertigt.

In der Abbildung 3.16 ist der Vergleich der Performanz der Tafel-Gruppe A und der Beamer-Gruppe B bezüglich der Vergleichsaufgabe, der Testaufgabe und der nicht exakten Übernahme der graphischen Rechenhilfe dargestellt. Eine ANOVA mit Messwiederholung zeigte mit $p = .220$ keine signifikante Interaktion von Test × Gruppe aber einen signifikanten Haupteffekt des nicht messwiederholten Faktors „Gruppe", der eine höhere Performanz der Tafel-Gruppe A bezüglich der

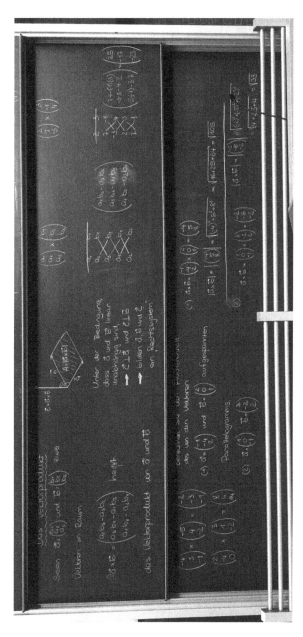

Abbildung 3.12 Tafelbild, Gruppe A, Experiment 1.3

Das Vektorprodukt

Seien $\vec{a} = \begin{pmatrix} a_1 \\ a_2 \\ a_3 \end{pmatrix}$ und $\vec{b} = \begin{pmatrix} b_1 \\ b_2 \\ b_3 \end{pmatrix}$ zwei Vektoren im Raum.

$$\vec{a} \times \vec{b} = \begin{pmatrix} a_2 b_3 - a_3 b_2 \\ a_3 b_1 - a_1 b_3 \\ a_1 b_2 - a_2 b_1 \end{pmatrix}$$

heißt das **Vektorprodukt** von $\vec{a}$ und $\vec{b}$.

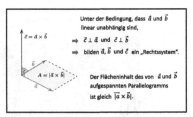

Unter der Bedingung, dass $\vec{a}$ und $\vec{b}$ linear unabhängig sind,

$$\vec{c} = \vec{a} \times \vec{b}$$

⇒ $\vec{c} \perp \vec{a}$ und $\vec{c} \perp \vec{b}$

⇒ bilden $\vec{a}$, $\vec{b}$ und $\vec{c}$ ein „Rechtssystem".

$A = |\vec{a} \times \vec{b}|$

Der Flächeninhalt des von $\vec{a}$ und $\vec{b}$ aufgespannten Parallelogramms ist gleich $|\vec{a} \times \vec{b}|$.

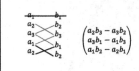

$$\begin{pmatrix} a_2 b_3 - a_3 b_2 \\ a_3 b_1 - a_1 b_3 \\ a_1 b_2 - a_2 b_1 \end{pmatrix}$$

$$\begin{matrix} 2 & 3 \\ 7 & -1 \\ -3 & 4 \\ 2 & 3 \\ 7 & -1 \end{matrix} \qquad \begin{pmatrix} 7 \cdot 4 - (-1) \cdot (-3) \\ -3 \cdot 3 - 4 \cdot 2 \\ 2 \cdot (-1) - 3 \cdot 7 \end{pmatrix} = \begin{pmatrix} 25 \\ -17 \\ -23 \end{pmatrix}$$

$$\begin{pmatrix} -4 \\ 3 \\ -1 \end{pmatrix} \times \begin{pmatrix} -5 \\ 4 \\ -2 \end{pmatrix} = \begin{pmatrix} -2 \\ -3 \\ -1 \end{pmatrix}$$

$$\begin{pmatrix} 2 \\ -4 \\ 0 \end{pmatrix} \times \begin{pmatrix} 3 \\ 1 \\ -2 \end{pmatrix} = \begin{pmatrix} 8 \\ 4 \\ 14 \end{pmatrix}$$

Berechnen Sie den Flächeninhalt des von den Vektoren

$$\vec{a} = \begin{pmatrix} -1 \\ -4 \\ 2 \end{pmatrix} \quad \text{und} \quad \vec{b} = \begin{pmatrix} 2 \\ 0 \\ 1 \end{pmatrix}$$

aufgespannten Parallelogramms.

$$\vec{a} \times \vec{b} = \begin{pmatrix} -1 \\ -4 \\ 2 \end{pmatrix} \times \begin{pmatrix} 2 \\ 0 \\ 1 \end{pmatrix} = \begin{pmatrix} -4 \\ 5 \\ 8 \end{pmatrix}$$

$$A = |\vec{a} \times \vec{b}| = \left| \begin{pmatrix} -4 \\ 5 \\ 8 \end{pmatrix} \right| = \sqrt{(-4)^2 + 5^2 + 8^2} = \sqrt{16 + 25 + 64} = \sqrt{105}$$

Berechnen Sie den Flächeninhalt des von den Vektoren

$$\vec{a} = \begin{pmatrix} 1 \\ 0 \\ -1 \end{pmatrix} \quad \text{und} \quad \vec{b} = \begin{pmatrix} 3 \\ -2 \\ 2 \end{pmatrix}$$

aufgespannten Parallelogramms.

$$\vec{a} \times \vec{b} = \begin{pmatrix} 1 \\ 0 \\ -1 \end{pmatrix} \times \begin{pmatrix} 3 \\ -2 \\ 2 \end{pmatrix} = \begin{pmatrix} -2 \\ -5 \\ -4 \end{pmatrix}$$

$$A = |\vec{a} \times \vec{b}| = \left| \begin{pmatrix} -2 \\ -5 \\ -2 \end{pmatrix} \right| = \sqrt{(-2)^2 + (-5)^2 + (-2)^2} = \sqrt{4 + 25 + 4} = \sqrt{33}$$

Abbildung 3.13 PowerPoint-Präsentation, Gruppe B, Experiment 1.3

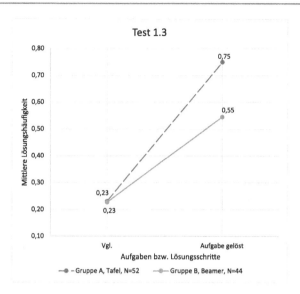

Abbildung 3.14 Vergleich der Performanz der Beamer- und der Tafel-Gruppe, Experiment 1.3

Abbildung 3.15 Grafische Rechenhilfe zur Berechnung des Vektorprodukts, Experiment 1.3

zwei Lösungsschritte verdeutlichte: $F(1, 94) = 4.96$, $p = .028$, $\eta_p^2 = .050$ (kleiner Effekt).

Nachträglich wurden t-Tests ausgeführt und der Effekt mittels Cohen's d bestimmt. Alle Ergebnisse der t-Tests sind in der Tabelle 3.5 dargestellt. Der t-Test zeigte, dass die Gruppe A (Tafel) eine signifikant höhere Performanz mit kleiner Effektstärke bei der Lösung der Testaufgabe erreichte. Bezüglich der nicht exakten Übernahme des Bildes (der graphischen Rechenhilfe) zeigte sich ein statistischer Trend, der ebenfalls auf den Vorteil der Gruppe A hindeutet.

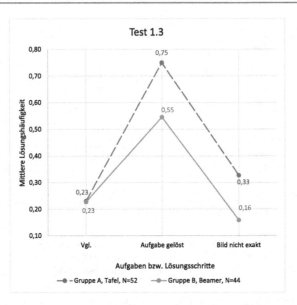

Abbildung 3.16 Vergleich der Performanz der Beamer- und der Tafel-Gruppe, Experiment 1.3

Weder eine ANOVA mit Messwiederholung noch ein t-Test zeigten einen signifikanten Unterschied bezüglich der Performanz in der Testaufgabe zwischen den Teilnehmendengruppen, die das Bild übernommen bzw. nicht übernommen haben, und zwar unabhängig davon, ob das Bild exakt, nicht exakt oder gar nicht in die Lösung übernommen wurde. Es wurden auch keine entsprechenden Korrelationen[3] festgestellt:

Die **Lösung der Testaufgabe** korreliert nicht mit der **exakten Übernahme des Bildes**: $r = -.013$.

Die **Lösung der Testaufgabe** korreliert nicht mit der **Übernahme des Bildes**: $r = -.047$.

Die **Lösung der Testaufgabe** korreliert nicht mit der **nicht exakten Übernahme des Bildes**: $r = -.038$.

---

[3] Für dieses und weitere Experimente: Eine punktbiseriale Korrelation zwischen einem dichotomen und einem intervallskalierten Merkmal wird mit Hilfe von Pearson-Korrelation berechnet (Rasch, Friese, Hofmann & Naumann, 2010).

Tabelle 3.5 Vergleich der Performanz der Beamer- und der Tafel-Gruppe, Ergebnisse der t-Tests, Experiment 1.3

	Gruppe A Tafel $N = 52$		Gruppe B Beamer $N = 44$			p	p nach der Bonferroni-Korrektur	$|d|$
	M	SD	M	SD				
Vergleichsaufgaben, Mittelwert	0.23	0.43	0.23	0.43		.968	1.	
Aufgabe vollständig gelöst	0.75	0.44	0.55	0.50	$t(85.88) = 2.11$	.038	.153	0.44
Bild exakt übernommen	0.3846	0.49	0.3864	0.49		.986	1.	
Bild übernommen, aber nicht exakt	0.33	0.47	0.16	0.37	$t(93.44) = 1.95$	.054	.218	0.39

3.4.3.6 Vorläufige Zusammenfassung der Ergebnisse, Experiment 1.3

Die Ergebnisse des dritten Experiments zeigten einen signifikanten Vorsprung der Tafel-Gruppe unabhängig von der Gruppenzusammensetzung. Auch nachdem die Gruppen getauscht wurden, haben die Teilnehmenden, die eine traditionelle Tafelvorlesung angehört haben, signifikant höhere Performanz gezeigt als die Teilnehmenden der Gruppe, in der eine statische Beamervorlesung durchgeführt wurde.

Dass sich kein Zusammenhang zwischen der Übernahme der Zeichnung und der korrekten Lösung der Testaufgabe zeigte, könnte eventuell dafür sprechen, dass diese bestimmte Zeichnung die Korrektheit der Lösung dieser bestimmten Aufgabenart nicht unterstützte. Sollte aber die (nicht exakte) Übernahme einer Zeichnung eine Rolle spielen, könnte sie nach Ergebnissen des Experiments 1.3 eventuell mit einer günstigen Wahl der Darstellungsart beeinflusst werden. Das könnte bei der Planung weiterer Experimente berücksichtigt werden.

3.5   Vorläufige Zusammenfassung der Ergebnisse der ersten Studie

In der ersten Studie fand der Vergleich der Wirkung einer traditionellen (handschriftlichen und dynamischen) Tafelvorlesung und einer mit Hilfe statischer computergedruckter Folien durchgeführten Beamervorlesung auf den Lerneffekt bezüglich der **formalen, abstrakten, symbolischen** und für Studienanfängerinnen und Studienanfänger **neuen, unbekannten mathematischen Inhalte** statt. Die Ergebnisse der ersten Studie haben auf die folgenden Erkenntnisse hingewiesen:

1. Eine traditionelle (handschriftliche und dynamische) Tafelvorlesung scheint signifikant stärker mit zum Teil starken Effekten die Performanz der Teilnehmenden zu beeinflussen als eine Vorlesung, die mit Hilfe von statischen computergedruckten Beamerfolien durchgeführt wird. Dieser Unterschied war in allen drei Experimenten der ersten Studie zu beobachten.
    Darüber hinaus blieb der Performanzunterschied der beiden Gruppen über alle Aufgaben sowie über alle ausgewerteten Lösungsschritte stabil.
2. Dieser Effekt blieb auch dann bestehen, als der Leistungstest nicht sofort, sondern (im Experiment 1.2) nach einem späteren Zeitpunkt nach der Instruktion durchgeführt wurde.
3. Die Ergebnisse des Experiments 1.3 gaben einen Hinweis, dass nicht die Gruppenzusammensetzung, sondern gerade die zu untersuchende Darstellungsart die Performanz der Teilnehmenden in der ersten Studie beeinflusste.

Außerdem weisen die Ergebnisse aus Experiment 1.3 darauf hin, dass bei den Teilnehmenden, die eine traditionelle Tafelvorlesung besuchten, eine intensivere Auseinandersetzung mit den visuellen (graphischen) Darstellungen stattfand als bei den Teilnehmenden, die eine computergedruckte Beamervorlesung besuchten. Es wurde allerdings kein signifikanter Einfluss der Übernahme der visuellen Darstellung in die Lösung auf das Anfertigen der korrekten Lösung der Testaufgabe beobachtet.

Zweite Studie

4

In diesem Kapitel wird die Planung der zweiten Studie erläutert sowie werden ihre fünf Experimente vorgestellt, die ein Jahr nach der ersten Studie ebenfalls im Ingenieurvorkurs (beschrieben im Abschnitt 3.2.2) durchgeführt wurden.

4.1   Planung und Methode der zweiten Studie

Die Planung der zweiten Studie basiert auf den Ergebnissen der ersten Studie.

Die Experimente der ersten Studie zeigten einen signifikanten Performanzunterschied nach einer traditionellen Tafelvorlesung und nach einer statischen Beamervorlesung. Um diesen Effekt detailliert zu untersuchen, wurden in der zweiten Studie die Eigenschaften dieser beiden Darstellungsarten stufenweise verglichen. Die für die Planung der zweiten Studie relevanten Eigenschaften sind in der Tabelle 4.1 zusammengefasst.

Tabelle 4.1 Vergleich der Beamer- und der Tafelvorlesung, der in der ersten Studie stattfand

Tafelvorlesung der ersten Studie	Beamervorlesung der ersten Studie
traditionelles Medium	digitales Medium
dynamische/sequentielle Darstellung	statische Darstellung
handschriftliche Darstellung	computergedruckte Darstellung

Ergänzende Information   Die elektronische Version dieses Kapitels enthält Zusatzmaterial, auf das über folgenden Link zugegriffen werden kann https://doi.org/10.1007/978-3-658-37789-2_4.

N. Gusman, *Tafel versus Beamer*, Mathematikdidaktik im Fokus,
https://doi.org/10.1007/978-3-658-37789-2_4

Die Experimente der zweiten Studie wurden entsprechend so geplant, dass die oben genannten Eigenschaften paarweise gegenübergestellt werden konnten: traditionelles Medium versus digitales Medium, dynamische versus statische sowie handschriftliche versus computergedruckte Darstellung. Die grundlegende Methode, deren Beschreibung sich im Abschnitt 3.3 befindet, wurde aus der ersten Studie übernommen und teilweise ergänzt, um den Zusammenhang zwischen den Forschungsfragen (I)-(III) (dargestellt im Abschnitt 2.7) vervollständigen zu können. Die Ergänzungen betrafen explizit die Aktivitäten bzw. das Verhalten der Teilnehmenden während der auf unterschiedliche Art durchgeführten Vorlesungen, sodass im Unterschied zur Methode der ersten Studie (Abschnitt 3.3) zwei folgende Ergänzungen gemacht wurden:

1. Während jedes Experiments haben Beobachterinnen und Beobachter das Geschehen in den beiden Parallelgruppen dokumentiert. Diese Vorgehensweise wird unter anderem im Abschnitt 4.1.1 beschrieben.
2. Zusammen mit den durchgeführten Tests wurden die Vorlesungsnotizen (Vorlesungsmitschrift) der Teilnehmenden, die sie jeweils am Tag des jeweiligen Experiments erstellt haben, eingesammelt und anschließend ausgewertet, um die Qualität und die Quantität der während der obengenannten Vorlesungsabschnitte von den Teilnehmenden erstellten handschriftlichen Notizen zu erfassen und zu analysieren. Die Vorgehensweise bei der Auswertung der Vorlesungsnotizen wird im Abschnitt 4.1.2 ausführlich erläutert.

Das Design der zweiten Studie ist in der Abbildung 4.1 dargestellt. (Hier und nachfolgend: Als **„Gruppen"** oder **„Parallelgruppen"** werden weiterhin die randomisiert zusammengestellten und mit Hilfe unterschiedlicher Darstellungsarten unterrichtete Teilnehmendengruppen bezeichnet, als **„Teilgruppen"** die nach weiteren Eigenschaften für die Auswertung gebildeten Teilnehmendengruppen bezeichnet.)

4.1.1   Vorgehensweise vor Ort

Die ersten drei Vorkurswochen, in denen vier Experimente der zweiten Studie durchgeführt wurden, fanden nach dem in der Tabelle 3.1 dargestellten Wochenplan statt. In den letzten zwei Wochen war es aus Raumgründen nicht mehr möglich, den Vorkurs zweizügig anzubieten, sodass die beiden Parallelgruppen zusammengelegt werden mussten. Für alle Teilnehmenden wurden die Lehrveranstaltungen in den letzten zwei Wochen nach dem Montagsplan der Gruppe A durchgeführt. Die Experimente fanden immer in der zweiten Vorlesungshälfte statt. Die erste Hälfte wurde in den beiden Parallelgruppen auf gleiche Art und Weise durchgeführt. Im Saal verteilte Beobachterinnen und Beobachter machten Feldnotizen während jedes relevanten Vorlesungsabschnitts.

Der Mathematikvorkurs hat unter anderem das Ziel, einen sicheren Umgang mit schulalgebraischen Inhalten zu fördern. Um die Teilnehmenden zu motivieren, schulalgebraische Inhalte zu üben und außerdem mehrere für die Studie notwendige Tests im Laufe des Vorkurses zu absolvieren sowie ihre Vorlesungsnotizen nach den Experimenten abzugeben, wurde die folgende Vorgehensweise angewendet: Die bei jedem Experiment durchgeführten Tests und die an diesem Tag angefertigten Vorlesungsnotizen wurden eingesammelt und unmittelbar nach jedem Experiment gescannt. Die Papiertests wurden auf Richtigkeit der abgegebenen Lösungen korrigiert und den Teilnehmenden zusammen mit den eingesammelten Vorlesungsnotizen zeitnah zurückgegeben, um ihnen eine regelmäßige Rückmeldung über ihre Vorkursleistung zu geben. Die gescannten Kopien wurden zum späteren Zeitpunkt erneut, diesmal nach den Auswertungskriterien der Experimentalstudie, ausgewertet.

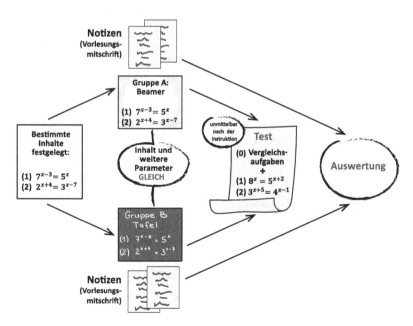

Abbildung 4.1 Design der zweiten Studie

Um den Übungsprozess transparent darzustellen und die Aufmerksamkeit der Teilnehmenden von den Zielen der Experimentalstudie zu lenken, wurden schulalgebraische Inhalte, die während des Vorkurses behandelt wurden, als Vergleichsaufgaben verwendet.

4.1.2 Auswertung der Vorlesungsnotizen

Bei der Auswertung der Vorlesungsnotizen der Teilnehmenden der zweiten Studie wurden in der Regel folgende Aspekte erfasst:

1. Wurden die Notizen grundsätzlich an diesem Tag angefertigt/abgegeben? Die entsprechende Variable wird nachfolgend als „Notizen vorhanden" bezeichnet.
2. Wurde das für das Experiment relevante Tafelbild grundsätzlich (vollständig oder auch nicht vollständig) übernommen? Die entsprechende Variable wird nachfolgend als „Tafelbild übernommen" bezeichnet.
3. Wurde das für das Experiment relevante Tafelbild vollständig (exakt bzw. korrekt; die Unterscheidung wird nachfolgend erläutert) übernommen?

Da in den fünf Experimenten der zweiten Studie unterschiedliche Inhalte behandelt wurden, waren bei der Auswertung der vollständigen Übernahme des Tafelbildes (3. Aspekt) einige Anpassungen bei verschiedenen Experimenten notwendig. Teilweise wurde die vollständige Übernahme des Tafelbildes mehrstufig ausgewertet: Beim Experiment 2.1. (Abschnitt 4.2.1) wurde die Übernahme der Schreibweise und Zeichnungen, beim Experiment 2.3 (Abschnitt 4.2.3.3) die Übernahme des Lösungswegs und die Angabe der Lösungsmenge getrennt erfasst. Diese Kriterien sind im Anhang B im elektronischen Zusatzmaterial visualisiert.

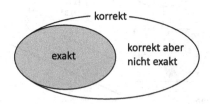

Abbildung 4.2 Auswertung längerer Umformungen

Um die Interrater-Reliabilität zu überprüfen, wurde die Vollständigkeit der Vorlesungsnotizen doppelt ausgewertet. Unabhängig vom Ausmaß der Interrater-Reliabilität wurde bei jeder durchgeführten Auswertung konsensuelle Validierung durchgeführt, indem alle unterschiedlich geratenen Bewertungen kritisch verglichen wurden, um das Ergebnis der Validierung als vollständige Übernahme des Tafelbildes festzulegen. Es wurde beobachtet, dass es Unterschiede in der Qualität der Erfassung gab: nach photographischer (exakter) und sinngemäßer (korrekter) Übernahme des Tafelbildes. (Das führte zu den moderaten Werten der Interrater-Reliabilität bezüglich der Übernahme des Lösungswegs bei den Experimenten 2.2 und 2.3.) Die Vollständigkeit der Vorlesungsnotizen wurde bei den Experimenten der zweiten Studie entsprechend kodiert und als zwei verschiedene Merkmale „Exakte Übernahme des Tafelbildes" und die Bewertung nach Korrektheit als „Korrekte (inklusive exakte) Übernahme des Tafelbildes" erfasst. Da die Menge der positiven Bewertungen der exakten Übernahme des Tafelbildes immer eine Teilmenge der Menge der positiven Bewertungen der korrekten Übernahme des Tafelbildes darstellte (visualisiert in der Abbildung 4.2), konnte bei statistischen Auswertungen die Variable „Korrekte aber nicht exakte Übernahme des Tafelbildes" verwendet werden. Der Begriff der „Vollständigkeit" wird nachfolgend als Sammelbegriff für „Exaktheit" und „Korrektheit" verwendet, falls die Unterscheidung zwischen Exaktheit und Korrektheit unter gegebenem Kontext nicht relevant ist.

Aspekte, die jeweils jedes durchgeführte Experiment im Einzelnen betreffen, sowie das Ausmaß der Interrater-Reliabilität werden nachfolgend bei der Beschreibung der Experimente erläutert und dargestellt.

4.2 Experimente der zweiten Studie

4.2.1 Experiment 2.1

Im ersten Experiment der zweiten Studie wurden **statische und dynamische** Darstellungsarten am Beispiel der **handschriftlichen Tafelvorlesung** gegenübergestellt. Der Parameter „Dynamik" unterschied sich unter anderem in den Experimenten der ersten Studie und hätte potenziell eine Wirkung auf den signifikanten Performanzunterschied der Parallelgruppen in der ersten Studie haben können.

Die Untersuchungsergebnisse von Vinci-Booher et al. (2018) und Vinci-Booher und James (2020) weisen darauf hin, dass beim Beobachten der dynamischen Entstehung der handgeschriebenen Buchstaben eine höhere Gehirnaktivierung als beim Betrachten der statischen Darstellung hervorgerufen würde. Deswegen konnte angenommen werden, dass eine dynamische (und handschriftliche) Darstellungsart vorteilhafter als eine statische Darstellungsart sein könnte. Im Experiment 2.1 wurde die Hypothese getestet, dass eine traditionelle, dynamische Tafelvorlesung vorteilhafter als das Betrachten des statischen Tafelbildes für die Performanz der Teilnehmenden ist.

Mehrere Studien wiesen außerdem darauf hin, dass das Schreiben mit der Hand signifikant bessere Erkennung von Symbolen fördere (Longcamp et al., 2005) und dass durch das Schreiben eine Verbindung zwischen der visuellen Buchstabenerkennungsregion und den motorischen Hirnarealen aufgebaut werde (Vinci-Booher et al., 2016). Das Experiment 2.1 sollte außerdem testen, ob sich das Erstellen von handschriftlichen Vorlesungsnotizen positiv auf die Performanz der Teilnehmenden auswirkt. Zusätzlich wurde die Wechselwirkung zwischen den getesteten Darstellungsarten und dem Erstellen der Vorlesungsnotizen untersucht.

Das Experiment fand am Anfang des Vorkurses, und zwar am zweiten Unterrichtstag statt. In der Gruppe A wurde vormittags eine traditionelle Tafelvorlesung durchgeführt. Für den relevanten Vorlesungsabschnitt wurde das untere Tafelblatt verwendet. Das Tafelbild (dargestellt in der Abbildung 4.3) wurde nach der Vorlesung verdeckt und in der Gruppe B am Nachmittag zur Zeit des Experiments komplett (statisch) präsentiert.

4.2.1.1 Lehrinhalte, Experiment 2.1

Als Lehrgegenstand des Experiments 2.1 wurde die Intervallschreibweise ausgewählt, nachdem am ersten Vorkurstag elementare Aussagenlogik und elementare Mengenlehre behandelt wurden. Die Intervallschreibweise hat eine symbolische Natur. Sie wird in der Oberstufenmathematik nur teilweise und ausschließlich für die Darstellung einzelner Intervalle verwendet. In der Schulmathematik werden Intervalle oft in beschreibender Form mit Hilfe von Relationszeichen dargestellt, beispielsweise bei Bigalke et al. (2012a). Mengenoperationen zwischen Intervallen gehören nicht explizit zum Schulcurriculum (Hessisches Kultusministerium, 2016).

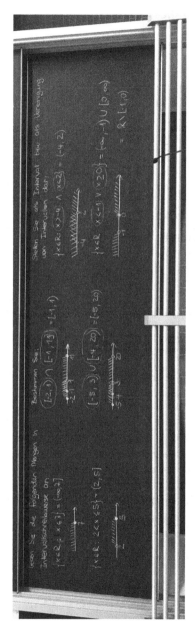

Abbildung 4.3 Tafelbild, Experiment 2.1; in der Gruppe A wurde die Vorlesung traditionell (dynamisch) durchgeführt, in der Gruppe B wurde das statische Tafelbild präsentiert.

4.2.1.2 Exkurs: Intervalle

Für Intervalle als bestimmte Teilmengen der reellen Zahlen wurden unter der Annahme, dass $a, b \in \mathbb{R}$, folgende Bezeichnungen (beispielsweise nach Teschl & Teschl, 2014) verwendet:

endliche Intervalle:

$[a, b] := \{x \in \mathbb{R} : a \leq x \leq b\}$ abgeschlossenes Intervall

$(a, b] := \{x \in \mathbb{R} : a < x \leq b\}$ halboffenes Intervall

$[a, b) := \{x \in \mathbb{R} : a \leq x < b\}$ halboffenes Intervall

$(a, b) := \{x \in \mathbb{R} : a < x < b\}$ offenes Intervall

unendliche Intervalle:

$(-\infty, b] := \{x \in \mathbb{R} : x \leq b\}$

$(-\infty, b) := \{x \in \mathbb{R} : x < b\}$

$[a, \infty) := \{x \in \mathbb{R} : x \geq a\}$

$(a, \infty) := \{x \in \mathbb{R} : x > a\}$

$(-\infty, \infty) := \mathbb{R}$

(Teschl & Teschl, 2014, S. 41–42)

Im für das Experiment 2.1 relevanten Vorlesungsabschnitt wurden die Umwandlung der beschreibenden Mengendarstellung (mit Hilfe von Relationszeichen) in die Intervallschreibweise sowie Mengenoperationen zwischen Intervallen behandelt. Die in der Vorlesung auf unterschiedliche Art dargestellten Inhalte sind der Abbildung 4.3 zu entnehmen.

Der anschließend durchgeführte Test, der sich im Anhang A im elektronischen Zusatzmaterial befindet, enthielt sechs ähnliche Aufgaben sowie einige Vergleichsaufgaben zu schulmathematischen algebraischen Themen.

4.2.1.3 Testaufgaben, Experiment 2.1

1. Geben Sie die folgenden Mengen in Intervallschreibweise an:

(a)
$$\{x \in \mathbb{R} : x \leq 4\}$$

Lösung/Ergebnis: $(-\infty, 4]$

(b)
$$\{x \in \mathbb{R} : 6 \leq x < 8\}$$

Lösung/Ergebnis: $[6, 8)$

2. Bestimmen Sie:

(a)
$$[1, 5] \cap (3, 7)$$

Lösung/Ergebnis: $(3, 5]$

(b)
$$[-2, 8] \cup (1, 9)$$

Lösung/Ergebnis: $[-2, 9)$

3. Stellen Sie als Intervall bzw. als Vereinigung von Intervallen dar:

(a)
$$\{x \in \mathbb{R} : x \geq -6 \ \wedge \ x \leq -1\}$$

Lösung/Ergebnis: $[-6, -1]$

(b)
$$\{x \in \mathbb{R} : x < -5 \ \vee \ x \geq 10\}$$

Lösung/Ergebnis: $(-\infty, -5) \cup [10, \infty)$

4.2.1.4 Vergleichsaufgaben, Experiment 2.1

Als Vergleichsaufgaben wurden die zwei folgenden Aufgaben ausgewählt, da bei der Auswertung der restlichen Aufgaben der Bodeneffekt eingetreten ist.

1. Vereinfachen Sie (gehen Sie davon aus, dass die Variablen solche Werte annehmen, dass Divisionen durch 0 ausgeschlossen sind):

$$\frac{x^2 - 18x + 81}{x - 9}$$

Ergebnis: $x - 9$

2. Bestimmen Sie alle Werte der Variablen x, die die folgenden Gleichungen erfüllen:

$$-2x^2 + 8x + 24 = 0$$

Ergebnis: $x = -2$ oder $x = 6$

4.2.1.5 Ergebnisse, Experiment 2.1

Vergleich der Performanz der beiden Gruppen

Die interne Konsistenz für die Subskala mit sechs Aufgaben mit $\alpha = .78$ war akzeptabel (annähernd hoch). Deswegen wurden die einzelnen Items außerdem zu ihrem Mittelwert zusammengefasst und ebenfalls ausgewertet.

Eine ANOVA mit Messwiederholung bezogen auf die Mittelwerte der Performanz in allen Testaufgaben (visualisiert in der Abbildung 4.4a) zeigte mit $p = .151$ keinen signifikanten Interaktionseffekt von Test × Gruppe. Bei der getrennten Auswertung aller Testaufgaben zeigte eine ANOVA mit Messwiederholung mit Huynh-Feldt-Korrektur eine signifikant höhere Performanz der Teilnehmenden der Gruppe A (traditionelle, dynamische Tafelvorlesung) als der Teilnehmenden der

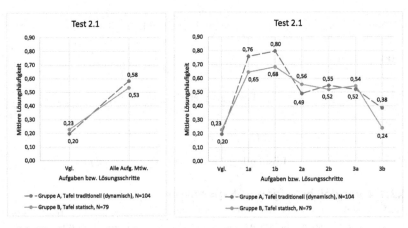

(a) Alle Aufgaben, Mittelwert   (b) Alle Aufgaben getrennt

Abbildung 4.4 Vergleich der Performanz der statischen und der dynamischen Tafel-Gruppe, Experiment 2.1

Gruppe B (statische Tafelvorlesung). Es gab einen kleinen Interaktionseffekt von Test × Gruppe: $F(5.58, 1009.80) = 2.26$, $p = .040$, $\eta_p^2 = .012$. Der Vergleich der Performanz der beiden Gruppen bei der getrennten Auswertung aller Testaufgaben ist in der Abbildung 4.4b graphisch dargestellt.

Anschließend wurden zum Vergleich der Performanz in der Vergleichsaufgabe, in den einzelnen Testaufgaben und der Mittelwerte der Performanz in allen Testaufgaben t-Tests ausgeführt und insbesondere der Effekt mittels Cohen's d bestimmt. Nur bei der Aufgabe 3b zeigte der t-Test einen signifikanten Vorsprung der Gruppe A mit kleiner Effektstärke: $t(177.07) = 2.12$, $p = .036$, nach der Bonferroni-Korrektur: $p = .312$, $|d| = 0.31$ (Gruppe A: $N = 104$, $M = 0.38$, $SD = 0.49$, Gruppe B: $N = 79$, $M = 0.24$, $SD = 0.43$).

Vergleich im Zusammenhang mit der Notizenerstellung
Die nächste Auswertung verglich die Performanz der Teilnehmenden, die das für das Experiment 2.1 relevante Tafelbild übernahmen, und der Teilnehmenden, die das Tafelbild gar nicht übernahmen.

Eine ANOVA mit Messwiederholung zeigte bezogen auf Mittelwerte der Performanz in allen Testaufgaben mit $p = .505$ keine signifikante Interaktion von Test × „Übernahme des Tafelbildes". Der Vergleich ist in der Abbildung 4.5a visualisiert. Auch bei getrennter Auswertung aller Testaufgaben mit Hilfe von ANOVA mit Messwiederholung (graphisch dargestellt in den Abbildungen 4.5b) wurde keine signifikante Interaktion von Test × „Übernahme des Tafelbildes" beobachtet: $p = .138$.

Nachfolgend wurden zum Vergleich der Performanz in der Vergleichsaufgabe, in den einzelnen Testaufgaben und der Mittelwerte der Performanz in allen Testaufgaben t-Tests ausgeführt und insbesondere der Effekt mittels Cohen's d bestimmt. Bei den zwei folgenden Aufgaben zeigte der t-Test jeweils einen signifikanten Vorsprung den Teilnehmenden, die das Tafelbild übernommen haben:

Aufgabe 1a:
Tafelbild nicht übernommen: $N = 52$, $M = 0.60$, $SD = 0.50$,
Tafelbild übernommen: $N = 131$, $M = 0.76$, $SD = 0.43$,
$t(83.34) = -2.04$, $p = .045$, nach der Bonferroni-Korrektur: $p = .359$, $|d| = 0.35$ (kleiner Effekt)
Aufgabe 3b:
Tafelbild nicht übernommen: $N = 52$, $M = 0.19$, $SD = 0.40$,
Tafelbild übernommen: $N = 131$, $M = 0.37$, $SD = 0.49$,
$t(113.57) = -2.61$, $p = .010$, nach der Bonferroni-Korrektur: $p = .082$, $|d| = 0.39$ (kleiner Effekt)

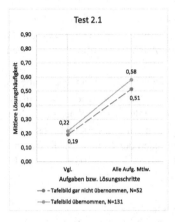

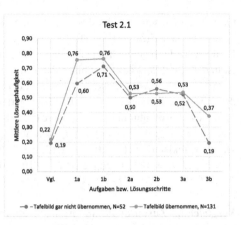

(a) Alle Aufgaben, Mittelwert   (b) Alle Aufgaben getrennt

Abbildung 4.5 Vergleich der Performanz der Gruppe der Teilnehmenden, die das Tafelbild grundsätzlich übernommen haben, und der Gruppe der Teilnehmenden, die das Tafelbild gar nicht übernommen haben, Experiment 2.1

Für die Auswertung in der Abbildung 4.6 wurde nur die Performanz der Teilnehmenden verglichen, die das Tafelbild gar nicht übernommen haben, um zu überprüfen, ob die Mitschrift unter den verschiedenen Vorlesungs-Bedingungen die gleiche Wirkung zeigt. Eine ANOVA mit Messwiederholung zeigte bezogen auf die Mittelwerte der Performanz in allen Testaufgaben (dargestellt in der Abbildung 4.6a) zwar keine signifikante Interaktion von Test × Gruppe, aber einen statistischen Trend für den Vorteil der dynamischen Gruppe A: $F(1, 50) = 3.57$, $p = .065$, $\eta_p^2 = .067$ (mittlerer Effekt). Ebenfalls einen statistischen Trend zeigte eine ANOVA mit Messwiederholung mit Huynh-Feldt-Korrektur bei getrennter Auswertung aller sechs Aufgaben: $F(5.82, 291.21) = 2.09$, $p = .056$, $\eta_p^2 = .040$ (kleiner Effekt; dargestellt in der Abbildung 4.6b).

Es gab außerdem keinen signifikanten Unterschied zwischen den Performanzen in den beiden Parallelgruppen für die Teilnehmenden, die das Tafelbild übernommen haben.

In der Gruppe B, in der eine statische Präsentation durchgeführt wurde, wurden an diesem Tag grundsätzlich weniger Notizen erstellt als in der Gruppe A. Die Übernahme des Tafelbildes hängt entsprechend davon ab, ob die Vorlesungsnotizen grundsätzlich angefertigt wurden. Es handelt sich also bei der Übernahme des Tafelbildes zunächst um den absoluten Wert der Anzahl der Übernahmen des Tafelbildes und nicht in Bezug auf grundsätzliches Erstellen von Notizen. (Die Auswertung der Übernahme des für jedes Experiment relevanten Tafelbildes in Relation zur grundsätzlichen Erstellung der Vorlesungsnotizen wird im Abschnitt 4.3.2 behandelt.) Der folgende explorative Vergleich wurde mit Hilfe der t-Tests durchgeführt:

Notizen grundsätzlich angefertigt:
Gruppe A: $N = 104$, $M = 0.91$, $SD = 0.28$,
Gruppe B: $N = 79$, $M = 0.57$, $SD = 0.50$,
$t(115.53) = 5.50$, $p < .001$, nach der Bonferroni-Korrektur: $p < .001$, $|d| = 0.88$
(großer Effekt)

Tafelbild übernommen:
Gruppe A: $N = 104$, $M = 0.86$, $SD = 0.35$,
Gruppe B: $N = 79$, $M = 0.53$, $SD = 0.50$,
$t(133.32) = 4.89$, $p < .001$, nach der Bonferroni-Korrektur: $p < .001$, $|d| = 0.77$
(mittlerer, annähernd großer Effekt)

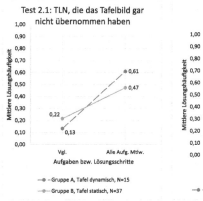

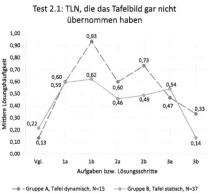

(a) Alle Aufgaben, Mittelwert   (b) Alle Aufgaben getrennt

Abbildung 4.6 Vergleich der Performanz der statischen und der dynamischen Tafel-Gruppe für die Teilnehmenden, die das Tafelbild gar nicht übernommen haben, Experiment 2.1

Um die Qualität der Vorlesungsmitschrift genauer zu betrachten, wurde die Vollständigkeit der Lösungsübernahme ausgewertet. Die Vollständigkeit der Lösungsübernahme wurde mit $\kappa = .67$ doppelt geratet, was nach Altman (1990) einem guten Wert der Interrater-Reliabilität entspricht. Nach der konsensuellen Validie-

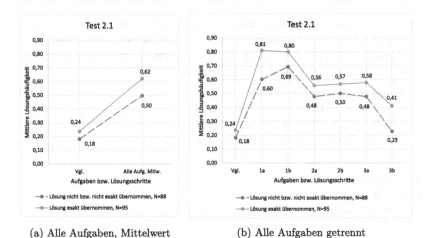

(a) Alle Aufgaben, Mittelwert   (b) Alle Aufgaben getrennt

Abbildung 4.7 Vergleich der Performanz der Teilnehmenden, die die Lösung von der Tafel exakt übernahmen, und der Teilnehmenden, die die Lösung von der Tafel nicht bzw. nicht exakt übernahmen

rung wurde die Variable „Exakte Übernahme der Lösung" festgelegt. Eine ANOVA mit Messwiederholung zeigte keine signifikante Interaktion von Test $\times$ „Exakte Übernahme der Lösung". Die Testung des nicht messwiederholten Faktors „Exakte Übernahme der Lösung", die in den Abbildungen 4.7a und 4.7b visualisiert ist, zeigte einen signifikanten Performanzunterschied mit jeweils kleiner Effektstärke zwischen den Teilnehmenden, die Lösung von der Tafel exakt übernommen haben, und der Teilnehmenden, die die Lösung von der Tafel nicht bzw. nicht exakt übernommen haben: $F(1, 181) = 5.82$, $p = .017$, $\eta_p^2 = .031$ (bezogen auf Mittelwerte der Performanz in allen Testaufgaben); $F(1, 181) = 7.11$, $p = .008$, $\eta_p^2 = .038$ (für alle Aufgaben getrennt).

Nachträglich wurden zum Vergleich der Performanz in der Vergleichsaufgabe, in den einzelnen Testaufgaben und der Mittelwerte der Performanz in allen Testaufgaben t-Tests ausgeführt und insbesondere der Effekt mittels Cohen's d bestimmt. Der t-Test zeigte jeweils signifikante Unterschiede wieder bei den Aufgaben 1a und 3b sowie beim Vergleich der Mittelwerte der Performanz in allen Testaufgaben:

Aufgabe 1a:
Tafelbild nicht, bzw. nicht exakt übernommen: $N = 88$, $M = 0.60$, $SD = 0.49$,
Tafelbild exakt übernommen: $N = 95$, $M = 0.81$, $SD = 0.39$,

$t(166.59) = -3.14$, $p = .002$, nach der Bonferroni-Korrektur: $p = .016$, $|d| = 0.47$ (mittlerer, annähernd großer Effekt)

Aufgabe 3b:

Tafelbild nicht, bzw. nicht exakt übernommen: $N = 88$, $M = 0.23$, $SD = 0.42$, Tafelbild exakt übernommen: $N = 95$, $M = 0.41$, $SD = 0.49$,

$t(179.78) = -2.70$, $p = .008$, nach der Bonferroni-Korrektur: $p = .060$, $|d| = 0.40$ (mittlerer Effekt)

Mittelwert der sechs Items:

Tafelbild nicht, bzw. nicht exakt übernommen: $N = 88$, $M = 0.50$, $SD = 0.33$, Tafelbild exakt übernommen: $N = 95$, $M = 0.62$, $SD = 0.31$,

$t(181) = -2.62$, $p = .010$, nach der Bonferroni-Korrektur mit acht Vergleichen: $p = .078$, $|d| = 0.39$ (mittlerer Effekt)

Anschließend wurde die Performanz der beiden Parallelgruppen im Zusammenhang mit der grundsätzlichen Übernahme des Tafelbildes sowie mit der exakten Übernahme des Tafelbildes verglichen, wofür die folgenden Teilgruppen gebildet wurden:

A0: Teilnehmende der Gruppe A, die die Lösung nicht übernahmen,
A1: Teilnehmende der Gruppe A, die die Lösung grundsätzlich übernahmen,
B0: Teilnehmende der Gruppe B, die Lösung nicht übernahmen,
B1: Teilnehmende der Gruppe B, die die Lösung grundsätzlich übernahmen

sowie

a0: Teilnehmende der Gruppe A, die die Lösung nicht bzw. nicht exakt übernahmen,
a1: Teilnehmende der Gruppe A, die die Lösung exakt übernahmen,
b0: Teilnehmende der Gruppe B, die die Lösung nicht bzw. nicht exakt übernahmen,
b1: Teilnehmende der Gruppe B, die die Lösung exakt übernahmen.

Die Gruppen A1 und B1 sowie a1 und b1 erzielten zwar höhere Performanz als die Teilgruppen A0 und B0 sowie a0 und b0, aber eine ANOVA mit Messwiederholung zeigte keine signifikanten Performanzunterschiede zwischen den Teilgruppen A0, A1, B0 und B1 sowie a0, a1, b0 und b1.

Erstellung von Zeichnungen

Der Gegenstand des Experiments 2.1 ermöglichte im Unterschied zu den anderen Experimenten einen Einblick darauf zu gewähren, ob ein Zusammenhang zwischen dem Erstellen von Zeichnungen und der Performanz in den Testaufgaben bestehen kann. Die Anzahl der vom Tafelbild (korrekt) übernommenen Zeichnungen (maximal sechs; beschrieben im Abschnitt 4.1.2, visualisiert im Anhang B im elektronischen Zusatzmaterial) wurde mit $\kappa = .86$ doppelt geratet. Nach Altman (1990) entspricht das einem sehr guten Wert der Interrater-Reliabilität. Anschließend wurde konsensuelle Validierung durchgeführt und die Variable „Anzahl der vom Tafelbild korrekt übernommenen Zeichnungen" festgelegt.

Dass in der Gruppe A signifikant mehr Zeichnungen in die Vorlesungsnotizen korrekt übernommen wurden, kann dadurch verursacht worden sein, dass in dieser Gruppe grundsätzlich mehr Teilnehmende ihre Notizen erstellten. Für die folgende Auswertung wurden nur die Fälle ausgewählt, wenn die Teilnehmenden das für das Experiment relevante Tafelbild in ihre Notizen grundsätzlich (vollständig oder auch nicht vollständig) übernommen haben. Der für einen explorativen Vergleich unter dieser Bedingung angewendete t-Test zeigte, dass durchschnittlich signifikant mehr Zeichnungen in der Gruppe B ($N = 42$, $M = 4.67$, $SD = 1.88$) als in der Gruppe A ($N = 89$, $M = 3.91$, $SD = 2.28$) in die Notizen korrekt übernommen wurden: $t(96.14) = -2.00$, $p = .048$, nach der Bonferroni-Korrektur: $p = .097$, $|d| = .35$ (kleiner bis mittlerer Effekt). Der Vergleich der Teilnehmendenzahlen, die mindestens eine Zeichnung in ihre Notizen korrekt übernommen haben, zeigte allerdings mit $p = .231$ (nach der Bonferroni-Korrektur: $p = 1.$) keinen signifikanten Unterschied zwischen der Gruppe A ($N = 89$, $M = 0.83$, $SD = 0.38$) und der Gruppe B ($N = 42$, $M = 0.90$, $SD = 0.30$).

Die **Anzahl der in die Notizen (korrekt) übernommenen Zeichnungen** korreliert signifikant (auf dem Niveau von $p = .01$) mit $r = .215$ (kleiner Effekt) mit der **Anzahl der in der Testlösung korrekt erstellten Zeichnungen**. Sie korreliert aber nicht mit der Performanz in den Testaufgaben: $r = .015$.

Die **Häufigkeit mindestens einer (korrekten) Zeichnung-Übernahme in die Notizen** korreliert signifikant (auf dem Niveau von $p = .01$) mit $r = .336$ (mittlerer Effekt) mit der **Häufigkeit der in der Testlösung erstellten mindestens einer (korrekten) Zeichnung**. Sie korreliert aber nicht mit der Performanz in den Testaufgaben: $r = .034$.

Eine ANOVA mit Messwiederholung zeigte außerdem keine signifikante Interaktion von Test × „Mindestens eine (korrekte) Zeichnung-Übernahme in die Notizen".

Die **Anzahl der in der Testlösung (korrekt) erstellen Zeichnungen** korreliert signifikant (auf dem Niveau von $p = .05$) mit $r = .178$ (kleiner Effekt) mit der **durchschnittlichen Performanz in allen Testaufgaben.**

Außerdem zeigte eine ANOVA mit Messwiederholung bezogen auf Mittelwerte der Performanz in allen Testaufgaben (visualisiert in der Abbildung 4.8a) eine signifikante Interaktion von Test × „Erstellen von mindestens einer (korrekten) Zeichnung in der Testlösung": $F(1, 181) = 5.89$, $p = .016$, $\eta_p^2 = .032$ (kleiner Effekt). Bei getrennter Auswertung aller sechs Aufgaben zeigte eine ANOVA mit Messwiederholung mit Huynh-Feldt-Korrektur eine signifikante Interaktion von Test × „Erstellen von mindestens einer (korrekten) Zeichnung in der Testlösung": $F(5.61, 1014.98) = 2.76$, $p = .014$, $\eta_p^2 = .015$ (kleiner Effekt). Dieser Vergleich ist in der Abbildung 4.8b dargestellt.

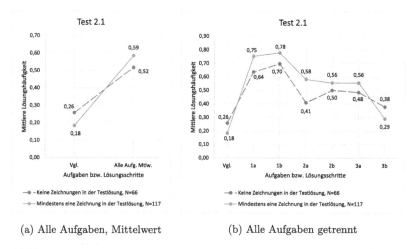

(a) Alle Aufgaben, Mittelwert   (b) Alle Aufgaben getrennt

Abbildung 4.8 Vergleich der Performanz der Teilnehmenden, die mindestens eine Zeichnung in der Testlösung erstellt haben und der Teilnehmenden, die keine Zeichnung in der Testlösung erstellt haben

Zusammenfassend ist dieser korrelative Zusammenhang in der Abbildung 4.9 dargestellt.

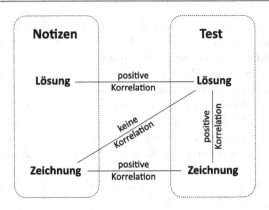

Abbildung 4.9 Korrelativer Zusammenhang zwischen der Übernahme der Lösung und der Zeichnung in die Vorlesungsnotizen und der Performanz in dem Test bezüglich der Lösung und der Zeichnung, Experiment 2.1

Beobachtungsergebnisse[1]
Die Auswertungsergebnisse der Feldnotizen ergaben einige Unterschiede des Verhaltens der beiden Parallelgruppen. Die Teilnehmenden der Gruppe A hörten eher aufmerksam zu. Sie übernahmen den Tafelanschrieb schrittweise, sobald etwas Neues an der Tafel erschien, und meldeten sich mehrfach mit unterschiedlichen Fragen zum Inhalt. Es wurden einige Unterhaltungen in den kleineren Teilnehmendengruppen bezüglich des Vorlesungsinhalts beobachtet. Die Teilnehmenden der Gruppe B, die den Tafelanschrieb als fertiges Tafelbild auf einmal präsentiert bekamen, tendierten dazu, das Tafelbild sofort (und entsprechend asynchron zu den mündlichen Informationen) zu übernehmen. Es erweckte den Eindruck, dass viele nicht zuhörten, da ihre Blicke nach unten auf Papierblätter gerichtet waren, während an der Tafel etwas besprochen wurde. Außerdem waren die Teilnehmenden der Gruppe B während der Vorlesung mehr abgelenkt (haben mehr miteinander geredet und sich mit ihren Mobiltelefonen beschäftigt) als die Teilnehmenden der Gruppe A.

---

[1] Für dieses und alle weiteren Experimente der zweiten Studie: Die Auswertungsergebnisse der Feldnotizen haben keinen Einfluss auf die Analyse der Experimente. Sie werden für eine spätere Diskussion der Ergebnisse verwendet.

4.2.1.6 Vorläufige Zusammenfassung der Ergebnisse, Experiment 2.1

Die Teilnehmenden der Gruppe A, in der eine traditionelle, dynamische Tafelvorlesung durchgeführt wurde, zeigten bei der getrennten Auswertung aller Aufgaben signifikant höhere Performanz als die Teilnehmenden der Gruppe B (statische Tafelvorlesung). Es zeigte sich eine signifikante Interaktion von Test × Gruppe. Außerdem sprechen die Testergebnisse dafür, dass die Teilnehmenden, die das Tafelbild exakt übernommen haben, signifikant leistungsstärker waren, als die Teilnehmenden, die das Tafelbild nicht bzw. nicht exakt übernommen haben.

Es ist außerdem zu beachten, dass in der Gruppe A signifikant mehr Teilnehmende an diesem Tag Vorlesungsnotizen (grundsätzlich) erstellt haben. Mit dem Erstellen von Notizen wurde noch vor dem Beginn des Experiments begonnen.

Bei der getrennten Betrachtung der Teilnehmenden, die das Tafelbild übernahmen, und die das Tafelbild gar nicht übernahmen, zeigte sich unter den Teilnehmenden, die das Tafelbild nicht übernommen haben, ein statistischer Trend, der auf einen Vorsprung der dynamischen Gruppe A hindeutet. Unter den Teilnehmenden, die das Tafelbild übernommen haben, gab es keinen signifikanten Unterschied zwischen den Performanzen der beiden Parallelgruppen.

Bezüglich der Wechselwirkung der in diesem Experiment untersuchten Darstellungsarten und dem Mitschreiben während der Vorlesung wurden keine signifikanten Unterschiede beobachtet.

Es wurden positive Korrelationen zwischen der Übernahme der Zeichnungen in die Notizen und dem Erstellen der Zeichnungen in der Testlösung sowie zwischen dem Erstellen der Zeichnungen in der Testlösung und der Performanz bezüglich der Testlösung festgestellt. Zwischen der Übernahme der Zeichnungen in die Notizen und der Performanz bezüglich der Testlösung wurde keine Korrelation beobachtet.

Die Beobachtungsergebnisse deuten darauf hin, dass eine traditionelle Tafelvorlesung die Teilnehmenden eher dazu anleitet, der Vorlesung zu folgen, da die Teilnehmenden der Gruppe A anscheinend aufmerksamer als die Teilnehmenden der Gruppe B zuhörten und weniger abgelenkt waren.

4.2.2 Experiment 2.2

Im zweiten Experiment der zweiten Studie wurden **statische und dynamische** Darstellungsarten am Beispiel der **computergedruckten Beamervorlesung** einander gegenübergestellt. Analog zum Experiment 2.1 wurde im Experiment 2.2 die Hypothese getestet, dass eine dynamische Präsentation vorteilhafter als eine statische Präsentation für die Performanz der Teilnehmenden sein könnte, und zwar dieses

Mal unter dem Aspekt, ob der Vorteil, auf den das Experiment 2.1 bereits hingewiesen hat, auch bei einer computergedruckten Beamer-Präsentation bestehen bleibt. Der Unterschied zwischen einer dynamischen computergedruckten Beamerpräsentation und einer traditionellen Tafelvorlesung bestand darin, dass die Inhalte nicht symbolweise (wie bei einer handschriftlichen Tafelvorlesung), sondern etwa zeilenweise sequentiell eingeblendet wurden. Wie das Experiment 2.1 sollte das Experiment 2.2 ebenfalls testen, ob das Erstellen von handschriftlichen Vorlesungsnotizen sich positiv auf die Performanz der Teilnehmenden auswirkt, und eine mögliche Wechselwirkung zwischen den getesteten Darstellungsarten und dem Erstellen der Vorlesungsnotizen untersuchen.

Das Experiment wurde am vierten Unterrichtstag durchgeführt. In der Gruppe B ($N = 78$) wurde vormittags zwei statische PowerPoint-Folien präsentiert, die in den Abbildungen 4.10a und 4.10b dargestellt sind. In der Gruppe A ($N = 66$) wurden am Nachmittag dieselben Folien sequentiell/dynamisch mit jeweils zwölf Sequenzschritten pro Folie präsentiert.

4.2.2.1 Lehrinhalte, Experiment 2.2

Als Lehrgegenstand des Experiments 2.2 wurde die Lösung der Gleichungen und Ungleichungen mit Betrag ausgewählt. Nach dem ersten Experiment wurden im Vorkurs Gleichungen und Ungleichungen (als Aussageformen) behandelt sowie der Absolutbetrag formal definiert. Gleichungen und Ungleichungen mit Betrag gehören nicht zu den Schullehrplänen (Hessisches Kultusministerium, 2010; Hessisches Kultusministerium, 2016). Aus diesem Grund wurde davon ausgegangen, dass die Vorkursteilnehmenden mit dieser Aufgabenart wenig vertraut waren.

4.2.2.2 Exkurs: Betrag

Der **Absolutbetrag** (oder **Betrag**) einer reellen Zahl wird als

$$|x| := \begin{cases} x; & \text{falls } x \geq 0 \\ -x; & \text{falls } x < 0 \end{cases}$$

definiert (Forster, 2016, S. 29).
Gleichungen und Ungleichungen mit Betrag
Sollte in einer Gleichung bzw. Ungleichung der **Betrag** eines Terms T mit Variablen vorkommen, müssen auch hier **zwei Fälle** unterschieden werden:
  Fall 1: $T \geq 0 \Leftrightarrow |T| = T$ **Fall 2:** $T < 0 \Leftrightarrow |T| = -T$
Die Vereinigung der Lösungsmengen der beiden Fälle ergibt die Lösungs-

menge der ganzen Gleichung. Im Falle einer Ungleichung wird analog vorgegangen. (Weitere Lösungsmöglichkeiten der Betragsgleichungen und -ungleichungen wurden im Rahmen des Experiments 2.2 nicht behandelt.)

4.2.2.3 Testaufgaben, Experiment 2.2

1. Bestimmen Sie jeweils die Menge aller **reellen** Werte der Variablen x, die die folgende Gleichung bzw. Ungleichung erfüllen:

(a) $|2x - 3| = x$
   Lösung:

$$\textbf{Fall 1:} \quad 2x - 3 \geq 0 \ \wedge \ 2x - 3 = x \tag{4.1}$$

$$\Leftrightarrow \quad x \geq \frac{3}{2} \ \wedge \ x = 3$$

$$\Leftrightarrow \quad x \in \{3\}$$

$$\textbf{Fall 2:} \quad 2x - 3 < 0 \ \wedge \ -2x + 3 = x \tag{4.2}$$

$$\Leftrightarrow \quad x < \frac{3}{2} \ \wedge \ x = 1$$

$$\Leftrightarrow \quad x \in \{1\}$$

$$\text{Ergebnis: } x \in \{1, 3\} \tag{4.3}$$

(b) $|5x - 9| \geq 4x$
   Lösung:

$$\textbf{Fall 1:} \quad 5x - 9 \geq 0 \ \wedge \ 5x - 9 \geq 4x \tag{4.4}$$

$$\Leftrightarrow \quad x \geq \frac{9}{5} \ \wedge \ x \geq 9$$

$$\Leftrightarrow \quad x \in [9, \infty)$$

$$\textbf{Fall 2:} \quad 5x - 9 < 0 \ \wedge \ -5x + 9 \geq 4x \tag{4.5}$$

$$\Leftrightarrow \quad x < \frac{9}{5} \ \wedge \ x \leq 1$$

$$\Leftrightarrow \quad x \in (-\infty, 1]$$

$$\text{Ergebnis: } x \in (-\infty, 1] \cup [9, \infty) \tag{4.6}$$

Wenn die Schritte (4.1) und (4.2) sowie (4.4) und (4.5) korrekt erledigt wurden, wurden jeweils der Ansatz 1a und der Ansatz 1b als korrekt gewertet. Wenn die gesamten Lösungen mit den anschließenden Schritten (4.3) sowie (4.6) korrekt erledigt wurden, wurden jeweils Aufgabe 1a sowie Aufgabe 1b als korrekt gewertet. Es ist zu beachten, dass die kompletten Lösungen der beiden Aufgaben jeweils die korrekten Zwischenschritte Ansatz 1a und Ansatz 1b voraussetzen.

Teilweise fehlende Äquivalenzzeichen wurden bei der Auswertung der Teilnehmendenlösungen nicht als Fehler gewertet, da dieser Aspekt nicht schwerpunktmäßig im Experiment 2.2 behandelt wurde.

4.2.2.4 Vergleichsaufgaben, Experiment 2.2
1. Zerlegen Sie in Linearfaktoren:

(a) $4x^2 - 36$
Ergebnis: $4(x - 3)(x + 3)$ bzw. $(2x - 6)(2x + 6)$
(b) $49x^2 + 14x + 1$
Ergebnis: $(7x + 1)^2$

2. Vereinfachen Sie (gehen Sie davon aus, dass die Variablen solche Werte annehmen, dass Divisionen durch 0 ausgeschlossen sind):

(a) $(3p + 5q)(5q - 3p)$
Lösung/Ergebnis: $(5q)^2 - (3p)^2 = 25q^2 - 9p^2$ (das Ausmultiplizieren der beiden Faktoren ohne Verwendung der dritten binomischen Formel wurde nicht als korrekt gewertet, da dieser Aspekt im Vorkurs behandelt wurde)
(c) $\dfrac{4 + 4x + x^2}{-x - 2}$
Ergebnis: $-x - 2$

4.2.2.5 Ergebnisse, Experiment 2.2
Die interne Konsistenz für die Subskala mit zwei Aufgaben 1a und 1b zeigte mit $\alpha = .53$ einen niedrigen Wert. Aus diesem Grund konnten die beiden Ergebnisse nicht zu ihrem Mittelwert gefasst werden und wurden getrennt ausgewertet.

Bestimmen Sie die Menge aller Lösungen der folgenden Gleichung:

$$|x - 3| = \frac{1}{2}x \qquad |x - 3| = \begin{cases} x - 3, & \text{wenn } x - 3 \geq 0 \\ -(x - 3) = -x + 3; & \text{wenn } x - 3 < 0 \end{cases}$$

Fall 1: $\quad x - 3 \geq 0 \;\wedge\; x - 3 = \frac{1}{2}x$ **Fall 2:** $\quad x - 3 < 0 \;\wedge\; -x + 3 = \frac{1}{2}x$

$\Leftrightarrow \qquad x \geq 3 \;\wedge\; \frac{1}{2}x = 3 \qquad\qquad \Leftrightarrow \qquad x < 3 \;\wedge\; \frac{3}{2}x = 3$

$\Leftrightarrow \qquad x \geq 3 \;\wedge\; x = 6 \qquad\qquad\quad \Leftrightarrow \qquad x < 3 \;\wedge\; x = 2$

$\Leftrightarrow \qquad x \in \{6\} \qquad\qquad\qquad\quad\;\; \Leftrightarrow \qquad x \in \{2\}$

$$x \in \{6\} \cup \{2\} \quad \Leftrightarrow \quad \boxed{x \in \{2,\, 6\}}$$

(a) Beamerfolie 1, statisch bzw. dynamisch mit zwölf Sequenzschritten

Lösen Sie die Ungleichung: $\;|3x - 8| \geq x$

$$|3x - 8| = \begin{cases} 3x - 8, & \text{wenn } 3x - 8 \geq 0 \\ -(3x - 8) = -3x + 8; & \text{wenn } 3x - 8 < 0 \end{cases}$$

Fall 1: $\;\; 3x - 8 \geq 0 \;\wedge\; 3x - 8 \geq x$ **Fall 2:** $\;\; 3x - 8 < 0 \;\wedge\; -3x + 8 \geq x$

$\Leftrightarrow \qquad 3x \geq 8 \;\wedge\; 2x \geq 8 \qquad\qquad \Leftrightarrow \qquad 3x < 8 \;\wedge\; -4x \geq -8$

$\Leftrightarrow \qquad x \geq \frac{8}{3} \;\wedge\; x \geq 4 \qquad\qquad\;\; \Leftrightarrow \qquad x < \frac{8}{3} \;\wedge\; x \leq 2$

$\Leftrightarrow \qquad x \in [4, \infty) \qquad\qquad\qquad\;\;\; \Leftrightarrow \qquad x \in (-\infty, 2]$

$$\boxed{x \in (-\infty, 2] \;\cup\; [4, \infty)}$$

(b) Beamerfolie 2, statisch bzw. dynamisch mit zwölf Sequenzschritten

Abbildung 4.10 Zwei Beamerfolien, Experiment 2.2

Vergleich der Performanz der beiden Gruppen

Eine ANOVA mit Messwiederholung war bei der getrennten Auswertung zweier Aufgaben 1a und 1b mit $p = .111$ nicht signifikant (dargestellt in der Abbildung 4.11a). Da die Performanz in diesen zwei Aufgaben in den beiden Parallelgruppen relativ niedrig war, wurden außerdem die Ansätze der beiden Aufgaben (als Zwischenschritte) getrennt ausgewertet. Eine ANOVA mit Messwiederholung mit Huynh-Feldt-Korrektur zeigte bei der getrennten Auswertung der beiden Ansätze ebenfalls keine signifikante Interaktion von Test × Gruppe aber einen statistischen Trend zum Vorteil der dynamischen Gruppe A:

$F(1.62, 229.30) = 2.88$, $p = .069$, $\eta_p^2 = .020$ (kleiner Effekt; visualisiert in der Abbildung 4.11b).

Nachfolgend wurden zum Vergleich der Performanz bei den Teilaufgaben t-Tests ausgeführt und der Effekt mittels Cohen's d bestimmt. Die t-Tests, die die Performanz in den Vergleichsaufgaben, in den beiden Aufgaben sowie in den beiden Ansätzen verglich, zeigte nur bei Vergleichsaufgaben einen signifikanten Unterschied: Die Teilnehmenden der Gruppe B (statische Beamerpräsentation, $N = 78$, $M = 0.58$, $SD = .33$) zeigten bei den Vergleichsaufgaben signifikant bessere Performanz als die Teilnehmenden der Gruppe A (dynamische Beamerpräsentation, $N = 66$, $M = 0.45$, $SD = .33$): $t(142) = -2.36$, $p = .019$, nach der Bonferroni-Korrektur: $p = .097$, $|d| = 0.40$ (kleiner Effekt).

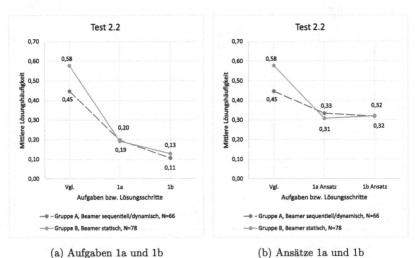

(a) Aufgaben 1a und 1b   (b) Ansätze 1a und 1b

Abbildung 4.11 Vergleich der Performanz der statischen und der dynamischen Beamer-Gruppe, Experiment 2.2

Vergleich im Zusammenhang mit der Erstellung von Notizen

In der Gruppe A, in der eine dynamische (sequentielle) Beamervorlesung durchgeführt wurde, wurden an diesem Tag grundsätzlich etwas mehr Notizen erstellt als in der Gruppe B (statische Beamervorlesung). Der Unterschied zwischen den beiden Parallelgruppen, der mit Hilfe eines t-Tests für einen explorativen Vergleich ermittelt wurde, war allerdings nicht signifikant. Die Übernahme des Tafelbildes hängt entsprechend davon ab, ob die Vorlesungsnotizen grundsätzlich angefertigt wurden. Es handelt sich also bei der Übernahme des Tafelbildes zunächst um den absoluten Wert der Anzahl der Übernahmen des Tafelbildes und nicht in Bezug auf grundsätzliches Erstellen von Notizen.

Notizen grundsätzlich angefertigt:
Gruppe A: $N = 66$, $M = 0.82$, $SD = 0.39$,
Gruppe B: $N = 78$, $M = 0.77$, $SD = 0.42$,
$p = .475$, nach der Bonferroni-Korrektur: $p = .949$

Tafelbild übernommen:
Gruppe A: $N = 66$, $M = 0.77$, $SD = 0.42$,
Gruppe B: $N = 78$, $M = 0.68$, $SD = 0.47$,
$p = .212$, nach der Bonferroni-Korrektur: $p = .424$

Im Zusammenhang mit der Erstellung der Vorlesungsnotizen wurde die Performanz der Teilnehmenden, die das Tafelbild übernommen haben, und der Teilnehmenden, die das Tafelbild gar nicht übernommen haben, verglichen.

Bei der getrennten Auswertung der Aufgaben 1a und 1b, die in der Abbildung 4.12a graphisch dargestellt ist, zeigte eine ANOVA mit Messwiederholung mit $p = .241$ keine signifikante Interaktion von Test × „Übernahme des Tafelbildes". Beim Vergleich der Performanz bezüglich der beiden Ansätze (dargestellt in der Abbildung 4.12b) zeigte eine ANOVA mit Messwiederholung mit Huynh-Feldt-Korrektur eine signifikante Interaktion mit einer kleinen Effektstärke von Test × „Übernahme des Tafelbildes": $F(1.60, 227.25) = 4.45$, $p = .019$, $\eta_p^2 = .030$, was auf einen Vorsprung der Teilnehmenden, die das Tafelbild übernommen haben, hindeutet.

Nachträglich wurden zum Vergleich der Performanz in den einzelnen Aufgaben t-Tests ausgeführt und insbesondere der Effekt mittels Cohen's d bestimmt. Die Ergebnisse der t-Tests (dargestellt in der Tabelle 4.2) zeigten einen kleinen Effekt bei der Aufgabe 1a und einen mittleren Effekt beim Ansatz 1b.

Für den Vergleich der Performanz hinsichtlich der vollständigen Lösung der beiden Parallelgruppen in der Abbildung 4.13 wurden nur die Teilnehmenden ausgewählt, die das Tafelbild nicht in die Vorlesungsnotizen übernommen haben. Eine

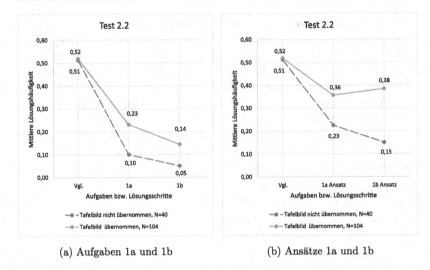

(a) Aufgaben 1a und 1b   (b) Ansätze 1a und 1b

Abbildung 4.12 Vergleich der Performanz der Teilnehmenden, die das Tafelbild übernommen haben, und der Teilnehmenden, die das Tafelbild gar nicht übernommen haben,
Experiment 2.2

ANOVA mit Messwiederholung mit Huynh-Feldt-Korrektur zeigte für die Aufgaben 1a und 1b einen statistischen Trend für die Interaktion von Test × Gruppe mit
einem Vorsprung der Gruppe A, in der eine dynamische Beamervorlesung durchgeführt wurde: $F(1.95, 73.98) = 2.99$, $p = .058$, $\eta_p^2 = .073$ (mittlerer Effekt). Der
Vergleich ist in der Abbildung 4.13a visualisiert.

Bezüglich der Performanz hinsichtlich der Teillösung (Ansatz) zeigte eine
ANOVA mit Messwiederholung mit Huynh-Feldt-Korrektur eine signifikante Interaktion von Test × Gruppe, die ebenfalls auf den Vorsprung der dynamischen Gruppe
hindeutet: $F(1.84, 70.02) = 4.08$, $p = .024$, $\eta_p^2 = .97$ (mittlerer Effekt). Der Vergleich ist in der Abbildung 4.13b dargestellt.

Unter den Teilnehmenden, die das Tafelbild übernommen haben, gab es keinen
signifikanten Unterschied in der Performanz der beiden Parallelgruppen.

Nachfolgend wurde der Zusammenhang mit der Übernahme des Tafelbildes in
den beiden Parallelgruppen getrennt ausgewertet. Während in der Gruppe A kein
signifikanter Unterschied zwischen der Performanz der Teilnehmenden, die das
Tafelbild übernahmen, und den Teilnehmenden, die das Tafelbild nicht übernahmen, beobachtet wurde, erzielten die Teilnehmenden der Gruppe B, die das Tafelbild
übernommen haben, eine höhere Performanz als die Teilnehmenden der Gruppe B,

Tabelle 4.2 Vergleich der Performanz der Teilnehmenden, die das Tafelbild übernommen haben, und der Teilnehmenden, die das Tafelbild gar nicht übernommen haben, Ergebnisse der t-Tests, Experiment 2.2

	Tafelbild nicht übernommen N = 40		Tafelbild übernommen N = 104			p	p nach der Bonferroni-Korrektur	$|d|$
	M	SD	M	SD				
Vergleichsaufgaben	**0.51**	0.35	**0.52**	0.33		.914	1.	
Aufgabe 1a	**0.10**	0.30	**0.23**	0.42	$t(98.26) = -2.06$	.042	.210	.33
Ansatz 1a	**0.23**	0.42	**0.36**	0.48		.114	.570	
Aufgabe 1b	**0.05**	0.22	**0.14**	0.35	$t(112.33) = -1.92$	.058	.289	.29
Ansatz 1b	**0.15**	0.36	**0.38**	0.49	$t(95.27) = -3.14$	.002	.011	.51

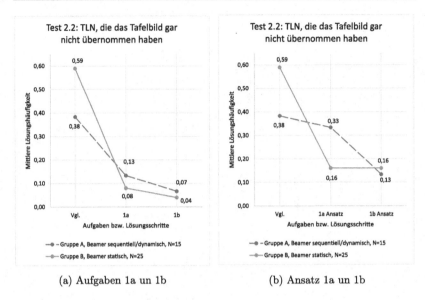

(a) Aufgaben 1a un 1b   (b) Ansatz 1a un 1b

Abbildung 4.13 Vergleich der Performanz der statischen und der dynamischen Beamer-Gruppe für die Teilnehmenden, die das Tafelbild gar nicht übernommen haben, Experiment 2.2

die das Tafelbild nicht übernommen haben. Bei der Auswertung der beiden Aufgaben 1a und 1b, die in der Abbildung 4.14a visualisiert ist, war die Interaktion von Test × „Übernahme des Tafelbildes" mit $p = .172$ nicht signifikant. Eine ANOVA mit Messwiederholung mit Huynh-Feldt-Korrektur zeigte eine signifikante Interaktion von Test × „Übernahme des Tafelbildes" bei der Auswertung der beiden Ansätze: $F(1.55, 117.94) = 4.57$, $p = .019$, $\eta_p^2 = .057$ (mittlerer Effekt; visualisiert in der Abbildung 4.14b).

Anschließend wurden zum Vergleich der Performanz in den einzelnen Aufgaben und Teilaufgaben t-Tests ausgeführt und insbesondere der Effekt mittels Cohen's d bestimmt. Die Ergebnisse des nachfolgend durchgeführten t-Tests (dargestellt in der Tabelle 4.3) zeigten bei allen signifikanten Ergebnissen eine kleine bis mittlere Effektstärke.

Für die nachfolgenden Auswertungen wurde die Qualität der Vorlesungsmitschrift genauer betrachtet. Die Vollständigkeit der Übernahme des Tafelbildes wurde mit $\kappa = .51$, was nach Altman (1990) einem moderaten Wert der Interrater-Reliabilität entspricht, doppelt geratet. Wie im Abschnitt 4.1.2 beschrieben, wurden

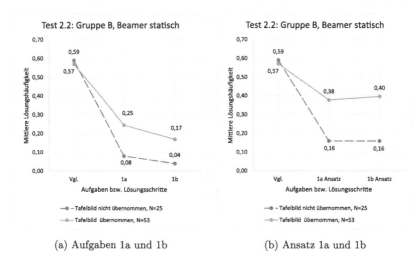

(a) Aufgaben 1a und 1b (b) Ansatz 1a und 1b

Abbildung 4.14 Vergleich der Performanz in der Gruppe B der Teilnehmenden, die das Tafelbild übernommen haben, und die das Tafelbild gar nicht übernommen haben, Experiment 2.2

im Zuge der konsensuellen Validierung die Variablen „Exakte Übernahme des Tafelbildes", „Korrekte (inklusive exakte) Übernahme des Tafelbildes" sowie „Korrekte aber nicht exakte Übernahme des Tafelbildes" festgelegt.

Die durchgeführte ANOVA mit Messwiederholung, die in der Abbildung 4.15a graphisch dargestellt ist, hat keinen signifikanten Unterschied zwischen der Performanz bezüglich der kompletten Lösungen diesen drei Teilgruppen gezeigt.

Nur beim Vergleich der Performanz in den Ansätzen der beiden Aufgaben in der Abbildung 4.15b zeigte sich ein statistischer Trend bei der Testung des nicht messwiederholten Faktors „Korrekte aber nicht exakte Übernahme des Tafelbildes": $F(1, 85) = 3.71$, $p = .057$, $\eta_p^2 = .042$ (kleiner Effekt). Es war aber eine Tendenz zu beobachten, dass die Teilnehmenden die beste Performanz zeigten, die das Tafelbild korrekt aber nicht exakt übernommen haben, und die Teilnehmenden die schlechteste, die das Tafelbild gar nicht übernahmen.

Beobachtungsergebnisse

Die Auswertung der Feldnotizen zeigte viele Gemeinsamkeiten mit dem Verhalten der Teilnehmenden im Experiment 2.1. Die Teilnehmenden der Gruppe B tendierten eher dazu, die komplett präsentierte Folie sofort zu übernehmen. Wie die Beobachterinnen und Beobachter berichtet haben, wirkten die Teilnehmenden der

Tabelle 4.3 Vergleich der Performanz ausschließlich in der Gruppe B der Teilnehmenden, die das Tafelbild übernommen haben, und der Teilnehmenden, die das Tafelbild gar nicht übernommen haben, Ergebnisse der t-Tests, Experiment 2.2

	Tafelbild nicht übernommen $N = 25$		Tafelbild übernommen $N = 53$			p	p nach der Bonferroni-Korrektur	$|d|$
	M	SD	M	SD				
Vergleichsaufgaben	**0.59**	0.35	**0.57**	0.32		.809	1.	
Aufgabe 1a	**0.08**	0.28	**0.25**	0.43	$t(69.09) = -2.03$	.046	.231	.42
Ansatz 1a	**0.16**	0.37	**0.38**	0.49	$t(60.25) = -2.16$	.035	.173	.48
Aufgabe 1b	**0.04**	0.20	**0.17**	0.38	$t(74.94) = -1.98$	.052	.259	.39
Ansatz 1b	**0.16**	0.37	**0.40**	0.49	$t(60.72) = -2.34$	.023	.113	.51

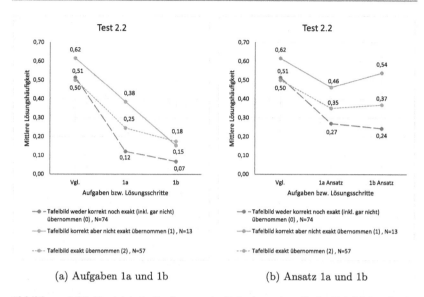

(a) Aufgaben 1a und 1b   (b) Ansatz 1a und 1b

Abbildung 4.15 Vergleich der Performanz der Teilnehmenden, die das Tafelbild exakt (2), korrekt aber nicht exakt (1) und weder korrekt noch exakt, inklusive gar nicht, (0) übernahmen, Experiment 2.2

Gruppe B gestresst und mit der Folie „erschlagen". Auch die Teilnehmenden der Gruppe A schrieben die neu eingeblendeten Inhalte sofort ab. Da es allerdings in dieser Gruppe um kleinere Teile ging, die sequentiell eingeblendet wurden, schienen sie besser zuhören zu können, wodurch sie weniger gestresst und „erschlagen" als die Teilnehmenden der Gruppe B wirkten. In den beiden Gruppen wurden kleinere Diskussionen zwischen den Teilnehmenden über den Vorlesungsinhalt beobachtet.

4.2.2.6 Vorläufige Zusammenfassung der Ergebnisse, Experiment 2.2

Die beiden Parallelgruppen, die am Experiment 2.2 teilgenommen haben, waren zu Beginn des Experiments unterschiedlich stark, ihre Performanz dagegen ziemlich gleich, sodass sich ein statistischer Trend für die Interaktion von Test × Gruppe zeigte.

Es wurde ein signifikanter Leistungsunterschied beim Vergleich der Performanz bezüglich der beiden Ansätze der Teilnehmenden festgestellt, die das relevante Tafelbild in ihre Vorlesungsnotizen übernommen haben, und den Teilnehmenden, die das relevante Tafelbild nicht übernommen haben, mit dem Vorteil für die Teilnehmenden, die das Tafelbild übernahmen.

Bei separater Betrachtung der Teilgruppe der Teilnehmenden, die das relevante Tafelbild gar nicht übernommen haben, zeigte die dynamische Gruppe A eine signifikant höhere Performanz bezüglich der beiden Ansätze und einen statistischen Trend bezüglich der vollständigen Lösungen. Bei separater Betrachtung der Teilgruppe der Teilnehmenden, die das relevante Tafelbild übernommen haben, gab es keinen Unterschied in der Performanz zwischen der dynamischen Gruppe A und der statischen Gruppe B.

In der statischen Gruppe B wurde ein signifikanter Unterschied beim Vergleich der Performanz der Teilnehmenden, die das relevante Tafelbild in ihre Vorlesungsnotizen übernommen haben, und den Teilnehmenden, die das relevante Tafelbild nicht übernommen haben, bezüglich der beiden Ansätze festgestellt, und zwar mit dem Vorteil für die Teilgruppe, die das Tafelbild übernommen hat.

Beim Vergleich der Teilgruppen der Teilnehmenden, die das Tafelbild exakt (2), korrekt aber nicht exakt (1) und weder korrekt noch exakt, inklusive gar nicht, (0) übernommen haben, zeigte die Teilgruppe (1) die besten Testergebnisse, gefolgt von der Teilgruppe (2). Der Unterschied zwischen diesen Teilgruppen war allerdings nicht signifikant.

4.2.3   Experiment 2.3

Im dritten Experiment der zweiten Studie wurde die Rolle des Mediums getestet. Dafür wurde **ein traditionelles und ein digitales Medium** am Beispiel der **handschriftlichen und dynamischen Darstellung** einander gegenübergestellt. Artemeva und Fox (2011) vermuten, dass eine traditionelle Tafelvorlesung als „embodied practice" die beste Alternative für mathematische Lehrveranstaltungen darstelle. Clark (1994) meint andererseits, dass das Medium das Lernen nicht beeinflussen sollte. Daraufhin wurde im Experiment 2.3 untersucht, wie sich die Performanz der Teilnehmenden nach einer handschriftlichen und dynamischen Vorlesung, die in einer Gruppe mit Hilfe eines digitalen Mediums (Digitales Whiteboard: Beamer mit Digitalstift) und in einer anderen Gruppe mit Hilfe eines traditionellen Mediums (Kreidetafel) unterscheiden wird. Der Parameter „Medium" war außerdem unter anderem in den Experimenten der ersten Studie, die jeweils einen signifikanten Performanzunterschied der Parallelgruppen zeigte, unterschiedlich und wurde im Experiment 2.3 explizit in den Fokus genommen.

Wie die Experimente 2.1 und 2.2 sollte das Experiment 2.3 ebenfalls testen, ob sich das Erstellen von handschriftlichen Vorlesungsnotizen positiv auf die Performanz der Teilnehmenden auswirkt, und eine mögliche Wechselwirkung zwischen den getesteten Darstellungsarten und dem Erstellen der Vorlesungsnotizen untersuchen.

Das Experiment wurde am zehnten Unterrichtstag durchgeführt. In der Gruppe A ($N = 85$) wurde vormittags eine traditionelle Tafelvorlesung durchgeführt. Das Tafelbild der Gruppe A ist in der Abbildung 4.16 dargestellt. In der Gruppe B ($N = 63$) wurde nachmittags eine dynamische Beamerpräsentation mit Hilfe vom Digitalstift durchgeführt. Die während der Vorlesung entstandene Beamerfolie ist in der Abbildung 4.17 dargestellt.

4.2.3.1 Lehrinhalte, Experiment 2.3

Die Besonderheit dieses Experiments bestand darin, dass die Lehrinhalte und die Testaufgaben (außer den Vergleichsaufgaben) absolut exakt aus dem Experiment 1.1, das in der ersten Studie stattfand, übernommen wurde. Die Lehrinhalte und die Testaufgaben wurden im Abschnitt 3.4.1 vorgestellt. Auch der Zeitpunkt - 365 Tage nach dem Experiment 1.1 – wurde so gewählt, dass vor dem Experiment dieselben Lehrinhalte in den beiden Studien durchgenommen werden konnten.

Als Vergleichsaufgaben (dargestellt im Abschnitt 4.2.3.2) wurden Aufgaben zur elementaren Algebra verwendet. Der durchgeführte Test befindet sich im Anhang A im elektronischen Zusatzmaterial.

4.2.3.2 Vergleichsaufgaben, Experiment 2.3

1. Bestimmen Sie alle reellen Werte der Variablen x, die die folgenden Gleichungen erfüllen:

(a) $-2x^2 + 8x + 24 = 0$

Ergebnis: $x = -2 \quad x = 6$

(b) $-\dfrac{25}{x} = x + 10$

Ergebnis: $x = -5$

(c) $\dfrac{2}{x-4} = \dfrac{x}{x^2 - 16}$

$x = -8$

Abbildung 4.16 Tafelbild, Gruppe A, Experiment 2.3

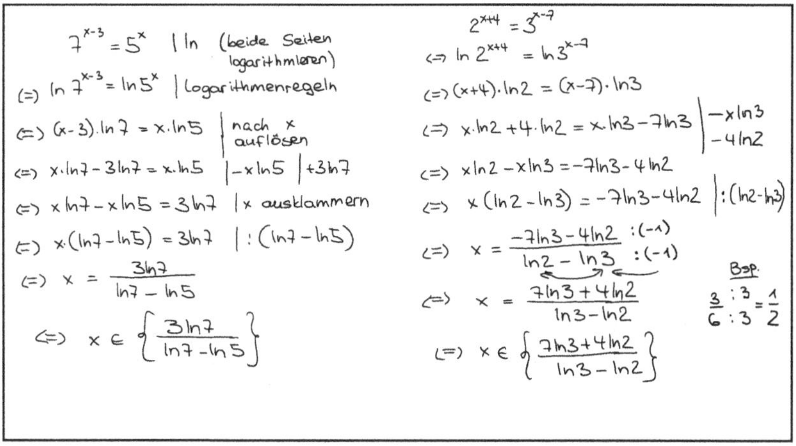

Abbildung 4.17 Beamerfolie, Digitales Whiteboard, Digitalstift, Gruppe B, Experiment 2.3

2. Vereinfachen Sie (gehen Sie gegebenenfalls davon aus, dass die Variablen solche Werte annehmen, dass Divisionen durch 0 ausgeschlossen sind):

(a) $(2x + 1)^2 - (x - 1)^2$

Ergebnis: $3x^2 + 6x = 3x(x + 2)$

(b) $\dfrac{x^2 - 14x + 49}{x - 7}$

Ergebnis: $x - 7$

(c) $\dfrac{3a + 5b}{9a^2 - 25b^2}$

Ergebnis: $\dfrac{1}{3a - 5b}$

(d) $\dfrac{(x + 2)^2}{x^2 - 4} + \dfrac{x^2 - 4}{(x + 2)^2} - \dfrac{x^2 - 4}{(x - 2)^2}$

Ergebnis: $\dfrac{x - 2}{x + 2}$

(e) $\dfrac{x^2 + 4x + 3}{x^2 + 6x + 9}$

Ergebnis: $\dfrac{x + 1}{x + 3}$

(f) $\dfrac{x^2 + x - 12}{x^2 + 4x}$

Ergebnis: $\dfrac{x - 3}{x}$

4.2.3.3 Ergebnisse, Experiment 2.3

Bei der Auswertung der Ergebnisse des Experiments 2.3 wurden die Bezeichnungen des Experiments 1.1 verwendet:

Schritt (3.4): Erste Gleichung vollständig gelöst,
Schritt (3.5): Lösungsmenge der ersten Gleichung korrekt angegeben,
Schritt (3.8): Zweite Gleichung vollständig gelöst,
Schritt (3.9): Zweite Gleichung, Zähler und Nenner durch -1 geteilt,
Schritt (3.10): Lösungsmenge der zweiten Gleichung korrekt angegeben,
Mittelwert: Durchschnittliche Performanz in den Schritten (3.4), (3.5), (3.8), (3.9) und (3.10)

und zusätzlich:

Mittelwert (3.4),(3.8): Durchschnittliche Performanz in den Schritten (3.4) und (3.8),
Mittelwert (3.5),(3.10): Durchschnittliche Performanz in den Schritten (3.5) und (3.10).

Die interne Konsistenz für die Subskala mit allen fünf Aufgaben/Lösungsschritten war mit $\alpha = .847$ hoch. Deswegen konnten die Items zu ihrem Mittelwert zusammengefasst ausgewertet werden.

Da außerdem die interne Konsistenz für die Subskala mit zwei Aufgaben bezüglich der beiden Ergebnisse (inklusive Lösungswege) mit $\alpha = .78$ akzeptabel (annähernd hoch) war, wurden die Schritte (3.4) und (3.8) zu ihrem Mittelwert zusammengefasst und bei einigen Fragestellungen ebenfalls ausgewertet. Die interne Konsistenz für die Subskala mit zwei Lösungsmengen war mit $\alpha = .95$ exzellent, sodass auch die Schritte (3.5) und (3.10) zu ihrem Mittelwert zusammengefasst werden konnten.

Vergleich der Performanz der beiden Parallelgruppen

Um die Performanz der beiden Parallelgruppen zu vergleichen, wurde zunächst eine ANOVA mit Messwiederholung bezüglich der Mittelwerte aller Aufgaben bzw. Lösungsschritte durchgeführt. Der Vergleich ist in der Abbildung 4.18a visualisiert. Es wurde kein signifikanter Interaktionseffekt festgestellt: $p = .923$. Die beiden Parallelgruppen zeigten sehr ähnliche Performanzwerte. Eine ANOVA mit Messwiederholung mit Greenhouse-Geisser-Korrektur bei der getrennten Auswertung aller Aufgaben bzw. Lösungsschritte zeigte mit $p = .904$ ebenfalls keine signifikanten Unterschiede. Die beiden Parallelgruppen haben sehr ähnliche Performanzen gezeigt; die Vergleiche sind in den Abbildungen 4.18b und 4.19 dargestellt.

Nachträglich wurden zum Vergleich der Performanz in den Teilaufgaben t-Tests ausgeführt. Auch die t-Tests zeigten keinen signifikanten Unterschied zwischen der Performanzen der beiden Parallelgruppen. Die Ergebnisse sind in der Tabelle 4.4 dargestellt.

Da die Performanz der beiden Parallelgruppen sehr ähnlich ausfiel, wurde außerdem ein **Äquivalenztest** auf Basis der mittleren Effektstärke $|d| = 0.5$ durchgeführt. Zum Äquivalenztest gehörten TOST, die nach Konvention zusammen mit dem Ergebnis des üblichen Nullhypothesentests – NHST – angegeben werden. Bei NHST wird getestet, ob die Nullhypothese des Unterschieds zwischen zwei Gruppen verworfen werden kann (Lakens, 2017; Lakens, Scheel & Isager, 2018).

Die Ergebnisse der Äquivalenztests des Vergleichs der Performanz der Gruppe A (Tafel) und der Gruppe B (Digitalstift) für die Lösungsschritte (3.4), (3.5), (3.8), (3.9) und (3.10) aus dem Abschnitt 3.4.1.3 sowie für den Mittelwert der Performanz dieser Lösungsschritte (graphische Darstellungen befinden sich in der Abbildung 4.20):

(3.4): TOST: $t(135.98) = 2.63$, $p = .005$
NHST: $t(135.98) = -0.38$, $p = .702$
(3.5): TOST: $t(133.18) = -2.91$, $p = .002$
NHST: $t(133.18) = 0.10$, $p = .920$
(3.8): TOST: $t(132.79) = -2.37$, $p = .010$
NHST: $t(132.79) = 0.63$, $p = .528$
(3.9): TOST: $t(133.68) = -2.97$, $p = .002$
NHST: $t(133.68) = 0.04$, $p = .969$

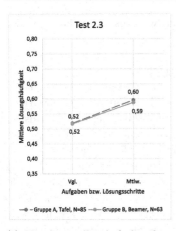

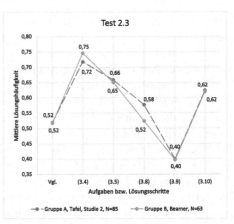

(a) Mittelwert aller Aufgaben bzw.   (b) Alle Aufgaben bzw. Lösungsschritte getrennt
Lösungsschritte   ausgewertet

Abbildung 4.18 Vergleich der Performanz der Gruppe A (Tafel) und der Gruppe B (Digitalstift); kann mit den Ergebnissen des Experiments 1.1 in der Abbildung 3.5b verglichen werden. Experiment 2.3

$$(3.10): \quad \text{TOST: } t(133.42) = -2.95, \quad p = .002$$
$$\text{NHST: } t(133.42) = 0.06, \quad p = .956$$
$$\text{Mittelwert: } \text{TOST: } t(134.83) = -2.84, \quad p = .003$$
$$\text{NHST: } t(134.83) = 0.17, \quad p = .865$$

Die Ergebnisse des Äquivalenztests zeigten, dass die Tafel-Gruppe A und die Gruppe B, die mit Hilfe vom Digitalstift unterrichtet wurde, bei jedem ausgewerteten Schritt die gleiche Performanz gezeigt haben.

Vergleich der Performanz der Tafel-Gruppe B des Experiments 1.1 und der Tafel-Gruppe A des Experiments 2.3
Da der Inhalt des Experiments 2.3 mit dem Inhalt des Experiments 1.1 (in der ersten Studie) übereinstimmte, wurde außerdem die Performanz der in diesen beiden Experimenten teilgenommenen Tafel-Gruppen verglichen. Grafisch ist der Vergleich in der Abbildung 4.21 dargestellt. Da die beiden Gruppen ähnliche Performanz zeigten, wurde ebenfalls ein Äquivalenztest durchgeführt.

Die Ergebnisse der Äquivalenztests des Vergleichs der Performanz der Tafel-Gruppe B des Experiments 1.1 und der Tafel-Gruppe A des Experiments 2.3 für

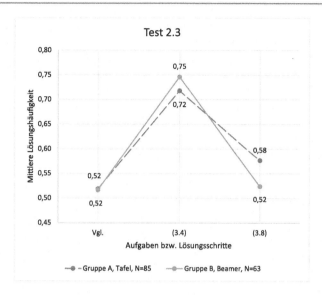

Abbildung 4.19 Vergleich der Performanz der Gruppe A (Tafel) und der Gruppe B (Digitalstift), Experiment 2.3, Rechenergebnisse; kann mit den Ergebnissen des Experiments 1.1 in der Abbildung 3.6 verglichen werden

die Lösungsschritte (3.4), (3.5), (3.8), (3.9) und (3.10) sowie für den Mittelwert der Performanz dieser Lösungsschritte (graphische Darstellungen befinden sich in der Abbildung 4.22):

$$
\begin{aligned}
(3.4): \text{ TOST: } & t(126.38) = 2.40, \ p = .009 \\
\text{NHST: } & t(126.38) = -0.55, \ p = .586 \\
(3.5): \text{ TOST: } & t(123.19) = 2.77, \ p = .003 \\
\text{NHST: } & t(123.19) = -0.17, \ p = .867 \\
(3.8): \text{ TOST: } & t(127.54) = 1.57, \ p = .060 \\
\text{NHST: } & t(127.54) = -1.39, \ p = .168 \\
(3.9): \text{ TOST: } & t(123.91) = -2.48, \ p = .007 \\
\text{NHST: } & t(123.91) = 0.46, \ p = .649 \\
(3.10): \text{ TOST: } & t(122.25) = -2.90, \ p = .002 \\
\text{NHST: } & t(122.25) = 0.03, \ p = .973 \\
\text{Mittelwert: TOST: } & t(127.27) = 1.88, \ p = .031 \\
\text{NHST: } & t(127.27) = -1.08, \ p = .284
\end{aligned}
$$

Tabelle 4.4 Vergleich der Performanz der Gruppe A (Tafel) und der Gruppe B (Digitalstift), Experiment 2.3., Ergebnisse der t-Tests

	Gruppe A Tafel $N = 85$		Gruppe B Digitalstift $N = 63$		
	M	SD	M	SD	p
Vergleichsaufgaben, Mittelwert	**0.52**	0.29	**0.52**	0.29	.964
Erste Gleichung vollständig gelöst, Schritt (3.4)	**0.72**	0.45	**0.75**	0.44	.703
Lösungsmenge der ersten Gleichung korrekt angegeben, Schritt (3.5)	**0.66**	0.48	**0.65**	0.48	.920
Zweite Gleichung vollständig gelöst, Schritt (3.8)	**0.58**	0.50	**0.52**	0.50	.527
Zweite Gleichung, Zähler und Nenner durch −1 geteilt, Schritt (3.9)	**0.40**	0.49	**0.40**	0.49	.969
Lösungsmenge der zweiten Gleichung korrekt angegeben, Schritt (3.10)	**0.62**	0.49	**0.62**	0.49	.956
Durchschnittliche Performanz in den Schritten (3.4), (3.5), (3.8), (3.9) und (3.10): Mtlw.	**0.60**	0.38	**0.59**	0.38	.899

Die Ergebnisse des Äquivalenztests zeigten, dass die Tafel-Gruppe des Experiments 1.1 und die Tafel-Gruppe des Experiments 2.3 bei jedem ausgewerteten Schritt bis auf den Schritt (3.8) die gleiche Performanz gezeigt haben. Beim Schritt (3.8) war das Ergebnis des Äquivalenztests unschlüssig, da sowohl das Ergebnis von TOST als auch das Ergebnis von NHST nicht signifikant waren.

Auswertung der Notizen, Experiment 2.3
In der Gruppe A, in der eine traditionelle Tafelvorlesung durchgeführt wurde, wurden an diesem Tag grundsätzlich weniger Vorlesungsnotizen erstellt als in der

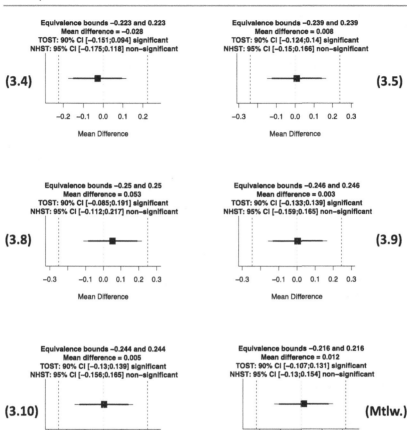

Abbildung 4.20 Ergebnisse der Äquivalenztests des Vergleichs der Performanz der Gruppe A (Tafel) und der Gruppe B (Digitalstift) für die Lösungsschritte (3.4), (3.5), (3.8), (3.9) und (3.10) sowie für den Mittelwert der Performanz dieser Lösungsschritte

Gruppe B (Digitalstift). Die Übernahme des Tafelbildes hängt entsprechend davon ab, ob die Vorlesungsnotizen grundsätzlich angefertigt wurden. Es handelt sich also bei der Übernahme des Tafelbildes zunächst um den absoluten Wert der Anzahl der Übernahmen des Tafelbildes und nicht in Bezug auf das grundsätzliche Erstellen von Notizen. Die zwecks eines explorativen Vergleichs durchgeführten t-Tests zeigen jeweils einen signifikanten Unterschied zwischen den beiden Parallelgruppen:

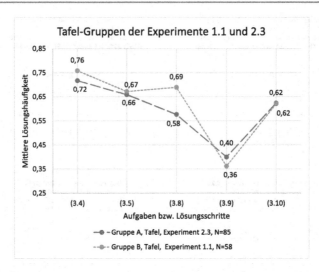

Abbildung 4.21 Vergleich der Performanz der Tafel-Gruppe des Experiments 1.1 und der Tafel-Gruppe des Experiments 2.3

Notizen grundsätzlich angefertigt:

Gruppe A: $N = 85$, $M = 0.66$, $SD = 0.48$,

Gruppe B: $N = 63$, $M = 0.83$, $SD = 0.38$, $t(145.04) = -2.36$, $p = .020$, nach der Bonferroni-Korrektur: $p = .040$, $|d| = 0.38$ (kleiner Effekt).

Tafelbild übernommen:

Gruppe A: $N = 85$, $M = 0.62$, $SD = 0.49$,

Gruppe B: $N = 63$, $M = 0.79$, $SD = 0.41$,

$t(143.79) = -2.31$, $p = .022$, nach der Bonferroni-Korrektur: $p = .045$, $|d| = 0.37$ (kleiner Effekt). Die Übernahme des Tafelbildes wurde jeweils für den Lösungsweg und für die Lösungsmenge getrennt ausgewertet. Die Auswertungskriterien befinden sich im Anhang B im elektronischen Zusatzmaterial.

In der Abbildung 4.23 ist der Vergleich der Performanz in Abhängigkeit von der grundsätzlichen Übernahme des Tafelbildes in die Vorlesungsnotizen bezüglich der beiden Ergebnisse (inklusive Lösungswege) und der beiden Lösungsmengen dargestellt. Eine ANOVA mit Messwiederholung zeigte mit $p = .930$ keine signifikante Interaktion von Test × „Übernahme des Tafelbildes". Es trat aber ein signifikanter Haupteffekt mit mittlerer Effektstärke des nicht messwiederholten Faktors „Übernahme des Tafelbildes" auf: $F(1, 146) = 16.52$, $p < .001$, $\eta_p^2 = .102$, was auf unterschiedliche Leistungsstärke der Teilnehmenden, die das Tafelbild übernom-

Equivalence bounds −0.221 and 0.221
Mean difference = −0.041
TOST: 90% CI [−0.165;0.083] significant
NHST: 95% CI [−0.189;0.107] non−significant

(3.4)

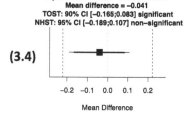

Mean Difference

Equivalence bounds −0.238 and 0.238
Mean difference = −0.014
TOST: 90% CI [−0.148;0.12] significant
NHST: 95% CI [−0.174;0.146] non−significant

(3.5)

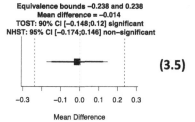

Mean Difference

Equivalence bounds −0.241 and 0.241
Mean difference = −0.113
TOST: 90% CI [−0.248;0.022] non−significant
NHST: 95% CI [−0.275;0.048] non−significant

(3.8)

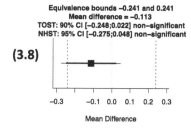

Mean Difference

Equivalence bounds −0.244 and 0.244
Mean difference = 0.038
TOST: 90% CI [−0.1;0.176] significant
NHST: 95% CI [−0.127;0.202] non−significant

(3.9)

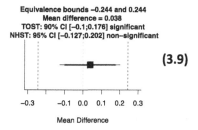

Mean Difference

Equivalence bounds −0.244 and 0.244
Mean difference = 0.003
TOST: 90% CI [−0.135;0.141] significant
NHST: 95% CI [−0.162;0.168] non−significant

(3.10)

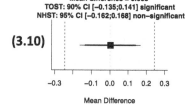

Mean Difference

Equivalence bounds −0.211 and 0.211
Mean difference = −0.077
TOST: 90% CI [−0.196;0.042] significant
NHST: 95% CI [−0.219;0.065] non−significant

(Mtlw.)

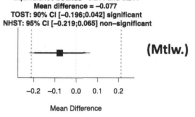

Mean Difference

Abbildung 4.22 Ergebnisse der Äquivalenztests des Vergleichs der Performanz der Tafel-Gruppe B des Experiments 1.1 und der Tafel-Gruppe A des Experiments 2.3 für die Lösungsschritte (3.4), (3.5), (3.8), (3.9) und (3.10) sowie für den Mittelwert der Performanz dieser Lösungsschritte

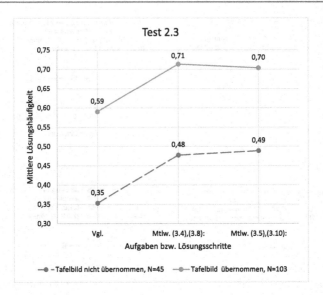

Abbildung 4.23 Vergleich der Performanz in Abhängigkeit von der grundsätzlichen Übernahme des Tafelbildes in die Vorlesungsnotizen bezüglich der beiden Ergebnisse (inklusive Lösungswege) und der beiden Lösungsmengen

men haben, und der Teilnehmenden, die das Tafelbild nicht übernommen haben, hindeutet.

Nachfolgend wurde die Performanz der Teilnehmenden in Abhängigkeit von der grundsätzlichen Übernahme des Tafelbildes in die Vorlesungsnotizen getrennt nach beiden Parallelgruppen A und B ausgewertet, um eine mögliche Wechselwirkung zwischen den getesteten Darstellungsarten und dem Erstellen der Vorlesungsnotizen zu untersuchen. Für den Vergleich der Performanz in Abhängigkeit von der grundsätzlichen Übernahme des Tafelbildes in die Vorlesungsnotizen bezüglich der beiden Ergebnisse (inklusive Lösungswege) und der beiden Lösungsmengen getrennt nach Gruppen, der in der Abbildung 4.24 visualisiert ist, wurden die folgenden Teilgruppen gebildet:

A0:   Teilnehmende der Gruppe A, die das Tafelbild nicht übernahmen,
A1:   Teilnehmende der Gruppe A, die das Tafelbild grundsätzlich übernahmen,
B0:   Teilnehmende der Gruppe B, die das Tafelbild nicht übernahmen,
B1:   Teilnehmende der Gruppe B, die das Tafelbild grundsätzlich übernahmen,

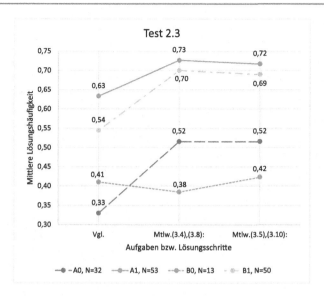

Abbildung 4.24 Vergleich der Performanz in Abhängigkeit von der grundsätzlichen Übernahme des Tafelbildes in die Vorlesungsnotizen bezüglich der beiden Ergebnisse (inklusive Lösungswege) und der beiden Lösungsmengen getrennt nach Gruppen

Eine ANOVA mit Messwiederholung zeigte mit $p = .679$ keine signifikante Interaktion von Test × Teilgruppe. Die Testung des nicht messwiederholten Faktors Teilgruppe zeigte einen signifikanten Unterschied der Leistungsstärke der Teilgruppen A0, A1, B0 und B1: $F(3, 144) = 5.72$, $p = .001$, $\eta_p^2 = .107$ (mittlerer Effekt). Ein Post-Hoc-Test mit Bonferroni-Korrektur zeigte einen signifikanten Unterschied der Leistungsstärke der Teilgruppen A0 und A1: $p = .006$. Die paarweise Testung des nicht messwiederholten Faktors Teilgruppe zeigte einen signifikanten Unterschied der Leistungsstärke der Teilgruppen A0 und A1: $F(1, 83) = 11.01$, $p = .001$, $\eta_p^2 = .117$ (mittlerer Effekt), sowie der Teilgruppen B0 und B1: $F(1, 61) = 6.07$, $p = .017$, $\eta_p^2 = .091$ (mittlerer Effekt). Keiner der paarweisen Vergleiche zeigte eine signifikante Interaktion von Test × Teilgruppe.

Um die Qualität der Vorlesungsmitschrift genauer zu betrachten, wurden die Vollständigkeit der Übernahme des Lösungswegs und die Vollständigkeit der Übernahme der Lösungsmengen getrennt ausgewertet. Die Vollständigkeit der Übernahme des Lösungswegs wurde mit $\kappa = .44$ doppelt geratet. Nach Altman (1990) entspricht das einem moderaten Wert der Interrater-Reliabilität. Wie im Abschnitt 4.1.2 beschrieben, wurden im Zuge der konsensuellen Validierung die

Variablen „Exakte Übernahme des Lösungswegs", „Korrekte (inklusive exakte) Übernahme des Lösungswegs" sowie „Korrekte aber nicht exakte Übernahme des Lösungswegs" festgelegt.

Die Vollständigkeit der Übernahme der Lösungsmengen wurde mit $\kappa = .71$ doppelt geratet, was nach Altman (1990) einem guten Wert der Interrater-Reliabilität entspricht, und nach der konsensuellen Validierung als die Variable „Exakte Übernahme der Lösungsmengen" festgelegt.

In den Abbildung 4.25 ist der Vergleich der Performanz der Teilnehmenden, die die Lösungswege und die Ergebnisse exakt (2), korrekt aber nicht exakt (1) sowie weder exakt noch korrekt (inklusive gar nicht) (0) übernahmen, dargestellt. Der Vergleich bezieht sich auf die Performanz in Abhängigkeit von der Übernahme des Tafelbildes in die Vorlesungsnotizen bezüglich der beiden Lösungswege und Ergebnisse. Eine ANOVA mit Messwiederholung zeigte keine signifikante Interaktion von Test × „Korrekte aber nicht exakte bzw. exakte Übernahme des Lösungswegs": $p = .569$. Es trat aber ein signifikanter Haupteffekt des nicht messwiederholten Faktors „Korrekte aber nicht exakte bzw. exakte Übernahme des Lösungswegs"

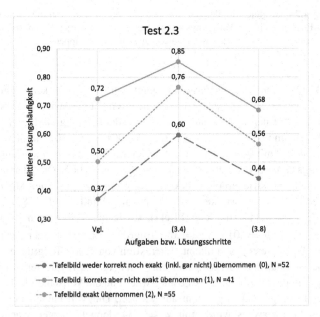

Abbildung 4.25 Vergleich der Performanz in Abhängigkeit von der Übernahme des Tafelbildes in die Vorlesungsnotizen bezüglich der beiden Lösungswege und Ergebnisse

auf: $F(2, 145) = 8.85$, $p < .001$, $\eta_p^2 = .109$ (mittlerer Effekt). Ein Post-Hoc-Test mit Bonferroni-Korrektur zeigte ebenfalls mit $p < .001$ einen signifikanten Unterschied der Leistungsstärke der Teilgruppen (0) und (1).

Die paarweise Testung der nicht messwiederholten Faktoren „Korrekte aber nicht exakte Übernahme des Tafelbildes" bzw. „Exakte Übernahme des Tafelbildes" zeigte jeweils signifikante Unterschiede der Leistungsstärke der Teilgruppen mit jeweils kleiner bis mittlerer Effektstärke (0) und (2): $F(1, 105) = 4.57$, $p = .035$, $\eta_p^2 = .042$ sowie der Teilgruppen (1) und (2): $F(1, 94) = 5.11$, $p = .026$, $\eta_p^2 = .052$ (kleiner Effekt).

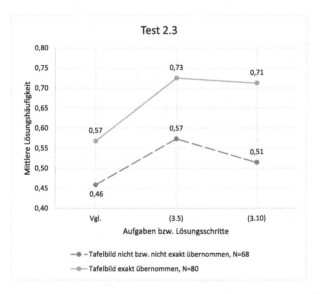

Abbildung 4.26 Vergleich der Performanz in Abhängigkeit von der exakten Übernahme des Tafelbildes in die Vorlesungsnotizen bezüglich der beiden Lösungsmengen

In der Abbildung 4.26 ist Vergleich der Performanz der Teilnehmenden, die die Lösungsmengen exakt übernahmen, und der Teilnehmenden, die die Lösungsmengen nicht bzw. nicht exakt übernahmen, dargestellt. Der Vergleich bezog sich auf die Performanz in Abhängigkeit von der Übernahme des Tafelbildes in die Vorlesungsnotizen bezüglich der beiden Lösungsmengen.

Eine ANOVA mit Messwiederholung zeigte keine signifikante Interaktion von Test × „Exakte Übernahme der Lösungsmengen". Es trat aber ein signifikanter

Haupteffekt des nicht messwiederholten Faktors „Exakte Übernahme der Lösungsmengen" auf: $F(1, 146) = 6.85$, $p = .010$, $\eta_p^2 = .045$ (kleiner bis mittlerer Effekt).

In der Abbildung 4.27a ist der Vergleich der Performanz in Abhängigkeit von der korrekten Übernahme des Tafelbildes in die Vorlesungsnotizen bezüglich der beiden Lösungswege und Ergebnisse getrennt nach Gruppen dargestellt. Dafür wurden die Teilgruppen a0, a1, b0 und b1 gebildet.

Eine ANOVA mit Messwiederholung zeigte keine signifikante Interaktion von Test $\times$ Teilgruppe: $p = .689$. Es trat aber ein signifikanter Haupteffekt des nicht messwiederholten Faktors Teilgruppe auf: $F(3, 144) = 4.32$, $p = .006$, $\eta_p^2 = .083$ (mittlerer Effekt). Beim Vergleich der Teilgruppen a0 und a1: $F(1, 83) = 7.94$, $p = .006$, $\eta_p^2 = .087$ (mittlerer Effekt). Beim Vergleich von b0 und b1: $F(1, 61) = 4.99$, $p = .029$, $\eta_p^2 = .076$ (mittlerer Effekt). Der Unterschied zwischen den Teilgruppen a0 und b0 sowie a1 und b1 war nicht signifikant.

In der Abbildung 4.27b ist der Vergleich der Performanz in Abhängigkeit von der exakten Übernahme des Tafelbildes in die Vorlesungsnotizen bezüglich der beiden Lösungsmengen getrennt nach Gruppen dargestellt. Für die Auswertung wurden ebenfalls die Teilgruppen a0, a1, b0 und b1 gebildet.

Signifikant war nur der Haupteffekt des nicht messwiederholten Faktors Teilgruppe zwischen den Teilgruppen a0 und a1: $F(1, 83) = 5.12$, $p = .026$, $\eta_p^2 = .058$ (mittlerer Effekt). Beim Vergleich aller vier Teilgruppen a0, a1, b0 und b1 zeigte sich ein statistischer Trend: $F(1, 144) = 2.40$, $p = .071$, $\eta_p^2 = .048$ (kleiner, annähernd mittlerer Effekt).

Beobachtungsergebnisse
Es wurden keine nennenswerten Verhaltensunterschiede in den beiden Parallelgruppen beobachtet.

4.2.3.4 Vorläufige Zusammenfassung der Ergebnisse, Experiment 2.3

Für das Experiment 2.3 wurden der relevante Vorlesungsabschnitt und die beiden Testaufgaben exakt aus dem Experiment 1.1 übernommen. Die Untersuchungsergebnisse zeigten, dass die Gruppe A, die mit Hilfe einer traditionellen (handschriftlichen und dynamischen) Tafelpräsentation, und die Gruppe B, die mit Hilfe einer handschriftlichen und dynamischen Digitalstift-Beamerpräsentation unterrichtet wurden, eine statistisch identische Performanz gezeigt haben. Der durchgeführte Äquivalenztest (bezüglich der mittleren Effektstärke von $d = .5$) zeigte ein signifikantes Ergebnis beim Vergleich der Performanz der beiden Gruppen. Dieses Ergebnis kann mit dem Ergebnis des Experiments 1.1 verglichen werden. Das

Experiment 1.1 zeigte einen signifikanten Unterschied mit einer mittleren Effektstärke zwischen der Performanz der Teilnehmenden nach einer traditionellen Tafelvorlesung und nach einer statischen Beamerpräsentation mit einem Vorsprung der Tafel-Gruppe.

Außerdem zeigte die Tafel-Gruppe des Experiments 2.3 die ähnlich hohe Performanz wie die Tafel-Gruppe des Experiments 1.1, was mit einem Äquivalenztest bestätigt wurde und auf eine konstante Lernleistung für (diese) bestimmte Darstellungsart über zwei nachfolgende Jahre hindeutet.

In der die Gruppe B wurden signifikant mehr Notizen erstellt. Es wird hier aber nicht davon ausgegangen, dass dieses Ergebnis von der Darstellungsart beeinflusst wurde.

Die Teilnehmenden, die das Tafelbild in ihre Vorlesungsnotizen übernahmen, zeigten eine signifikant höhere Performanz sowohl bei Vergleichsaufgaben als auch bei den Testaufgaben als die Teilnehmenden, die das Tafelbild nicht übernahmen. Dieser Effekt setzte sich beim Vergleich der Performanz der Teilnehmenden, die die Lösungsmengen exakt übernahmen, und den Teilnehmenden die Lösungsmengen nicht bzw. nicht exakt übernahmen, fort.

Die vollständige Übernahme des Lösungswegs in die Vorlesungsnotizen wurde getrennt als „Exakte Übernahme des Lösungswegs" und „Korrekte aber nicht exakte Übernahme des Lösungswegs" getestet, wobei die signifikant leistungsstärkste Gruppe (inklusive Vergleichsaufgaben) die Gruppe der Teilnehmenden war, die den Lösungsweg korrekt aber nicht exakt übernommen haben.

Die getrennte Auswertung bezüglich der korrekten (inklusive der exakten) Übernahme des Lösungsweges in die Vorlesungsnotizen und der Zugehörigkeit zu einer der Parallelgruppen zeigte jeweils einen signifikanten Vorsprung der Teilgruppe a1 über die Teilgruppe a0 und der Gruppe b1 über die Gruppe b0 und keinen signifikanten Unterschied zwischen den Teilgruppen a0 und b0 sowie a1 und b1.

Die getrennte Auswertung bezüglich der exakten Übernahme der Lösungsmengen in die Vorlesungsnotizen und der Zugehörigkeit zu einer der Parallelgruppen zeigte den gleichen statistischen Trend und einen signifikanten Vorsprung der Teilgruppe a1 über die Teilgruppe a0.

4.2.4 Experiment 2.4

Im Experiment 2.4 wurde explizit untersucht, ob das Anfertigen der **handschriftlichen Vorlesungsnotizen** den Lerneffekt beeinflusst. In diesem Experiment wurde das Erstellen der Vorlesungsnotizen als einziger Parameter, der in den beiden Parallelgruppen variiert wurde, in den Fokus genommen. Nach den zahlreichen Unter-

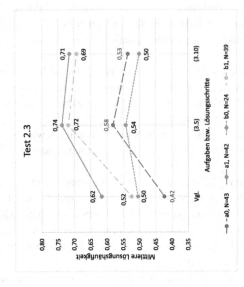

(a) Vergleich der Performanz in Abhängigkeit von der korrekten (inklusive der exakten) Übernahme der Lösung in die Vorlesungsnotizen bezüglich der beiden Lösungswege und Ergebnisse
a0: TLN A, die die Lösung nicht/nicht korrekt übernahmen
a1: TLN A, die die Lösung korrekt (inklusive exakt) übernahmen
b0: TLN B, die die Lösung nicht/nicht korrekt übernahmen
b1: TLN B, die die Lösung korrekt (inklusive exakt) übernahmen

(b) Vergleich der Testleistung in Abhängigkeit von der exakten Übernahme der Lösungsmengen in die Vorlesungsnotizen bezüglich der beiden Lösungsmengen
a0: TLN A, die die Lösungsmenge nicht/nicht exakt übernahmen
a1: TLN A, die die Lösungsmenge exakt übernahmen
b0: TLN B, die die Lösungsmenge nicht/nicht exakt übernahmen
b1: TLN B, die die Lösungsmenge exakt übernahmen

Abbildung 4.27 Zwei Vergleiche der Performanz getrennt nach Gruppen, Experiment 2.3

suchungsergebnissen, die darauf hinweisen, dass durch das Schreiben eine Verbindung zwischen der visuellen Buchstabenerkennungsregion und den motorischen Arealen aufgebaut werde (Vinci-Booher et al., 2016) und dass das Schreiben mit der Hand signifikant bessere Erkennung von Symbolen fördere (Longcamp et al., 2005), wurde im Experiment 2.4 die Hypothese getestet, dass die Teilnehmenden, die ihre Vorlesungsnotizen erstellen, höhere Performanz in mathematischen formalen, abstrakten und symbolischen Aufgaben (definiert im Abschnitt 3.1) erzielen würden.

Der relevante Vorlesungsabschnitt wurde in den beiden Parallelgruppen auf gleiche Art – mit Hilfe einer computergedruckten sequentiellen Beamerpräsentation – durchgeführt. Der Unterschied zwischen den beiden Gruppen lag darin, dass die Gruppe A ($N = 66$, nachmittags) während des relevanten Vorlesungsabschnitts gebeten wurde, die Stifte wegzulegen und nicht mitzuschreiben. (Damit die Teilnehmenden die Inhalte doch in Papierform mitnehmen konnten, wurde der Präsentationsinhalt als Handout ausgegeben, was den Teilnehmenden vor dem Experiment mitgeteilt wurde.) In der Gruppe B ($N = 81$, vormittags) wurden keine Bemerkungen bezüglich des Erstellens der Vorlesungsnotizen gemacht, sodass sie ihre Notizen nach ihrem eigenen Wunsch und Ermessen, wie bei den anderen durchgeführten Experimenten, erstellen konnten. In der ersten Hälfte der Vorlesung (während der die beiden Parallelgruppen gleich behandelt wurden und mitschreiben durften) wurden trigonometrische Funktionen abschließend behandelt. Für das Experiment 2.4 wurde die Summen- und Produktschreibweise als ein kurzer Lehrabschnitt ausgewählt, der vor dem Beginn der Behandlung der Differentialrechnung platziert wurde.

4.2.4.1 Lehrinhalte, Experiment 2.4

Die Summen- und Produktschreibweise ist eine bequeme und übersichtliche Möglichkeit, nach einem (bestimmten) Gesetz zu erstellende Summen und Produkte aufzuschreiben. Der Lehrinhalt (nach Forster, 2016, S. 2 und Teschl & Teschl, 2014, S. 46–48) kann den in der Abbildung 4.28 dargestellten Beamerfolien entnommen werden.

Die Summen- und Produktschreibweise hat eine ausgesprochen symbolische Darstellung und gehört nicht explizit zum Schulcurriculum (Hessisches Kultusministerium, 2016; Hessisches Kultusministerium, 2010). Zwar ist (nur) das Summenzeichen einzeln (z. B. bei der Behandlung der Binomialverteilung bzw. des Erwartungswerts) in den Oberstufenlehrbüchern für Stochastik, wie beispielsweise Bigalke et al. (2012b) oder Brand et al. (2012), zu treffen, es werden aber Lösungswege ohne Verwendung der Summenzeichen vorgeschlagen. Deswegen wurde davon ausgegangen, dass die meisten Teilnehmenden kaum Erfahrung mit der Summen- und Produktschreibweise vor dem Vorkurs hatten.

4.2.4.2 Testaufgaben, Experiment 2.4

1. Berechnen Sie:

(a) $\sum\limits_{k=2}^{5} 3k$

Als korrekt gewertet: $3(2 + 3 + 4 + 5)$ bzw. $3 \cdot 2 + 3 \cdot 3 + 3 \cdot 4 + 3 \cdot 5$

Ergebnis: 42

(b) $\sum\limits_{i=0}^{4} (i + 1)^2$

Als korrekt gewertet:

$(0 + 1)^2 + (1 + 1)^2 + (2 + 1)^2 + (3 + 1)^2 + (4 + 1)^2$

Ergebnis: 55

(c) $\prod\limits_{k=3}^{6} (k - 2)$

Als korrekt gewertet: $(3 - 2)(4 - 2)(5 - 2)(6 - 2)$

Ergebnis: 24

2. Schreiben Sie mit Hilfe des Summen- bzw. des Produktzeichens (ohne auszurechnen):

(a) $\dfrac{1}{3} + \dfrac{1}{4} + \dfrac{1}{5} + \dfrac{1}{6} + \dfrac{1}{7} + \dfrac{1}{8}$

Ergebnis und als korrekt gewertet: $\sum\limits_{k=3}^{8} \dfrac{1}{k}$

(b) $5^2 \cdot 5^3 \cdot 5^4 \cdot 5^5 \cdot 5^6$

Ergebnis und als korrekt gewertet: $\prod\limits_{k=2}^{6} 5^k$

Um eventuelle Rechenfehler aus der Bewertung auszuschließen, wurde bei den Aufgaben 1a, 1b und 1c der richtig erstellte Rechenterm als korrekte Lösung gewertet.

Als Vergleichsaufgaben (dargestellt im Abschnitt 4.2.4.3) wurden einige Aufgaben zur Schulalgebra gestellt, die in den beiden Parallelgruppen auf gleiche Art und Weise behandelt wurden. Der gesamte Test befindet sich im Anhang A im elektronischen Zusatzmaterial.

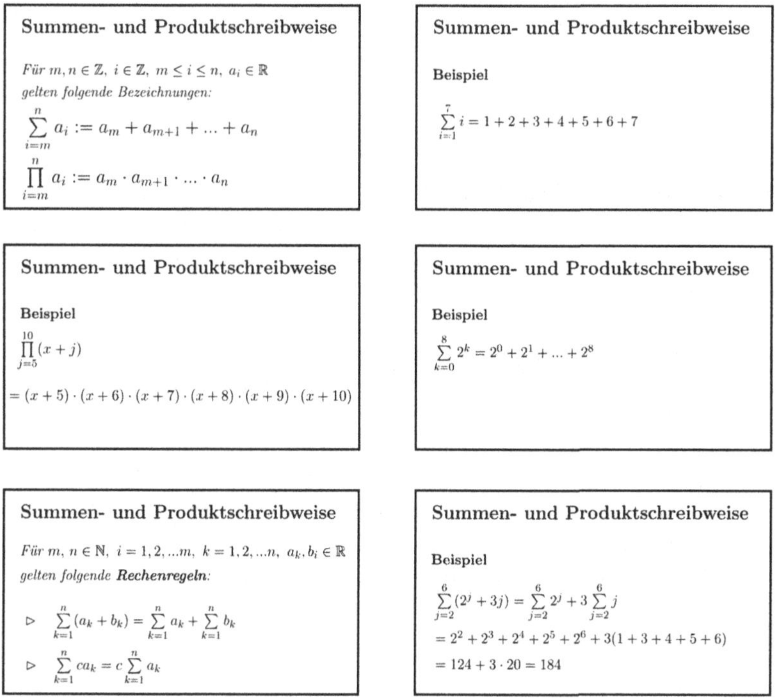

Summen- und Produktschreibweise	Summen- und Produktschreibweise
Für $m, n \in \mathbb{Z}$, $i \in \mathbb{Z}$, $m \le i \le n$, $a_i \in \mathbb{R}$ *gelten folgende Bezeichnungen:* $\sum\limits_{i=m}^{n} a_i := a_m + a_{m+1} + \ldots + a_n$ $\prod\limits_{i=m}^{n} a_i := a_m \cdot a_{m+1} \cdot \ldots \cdot a_n$	**Beispiel** $\sum\limits_{i=1}^{7} i = 1 + 2 + 3 + 4 + 5 + 6 + 7$
Summen- und Produktschreibweise	**Summen- und Produktschreibweise**
Beispiel $\prod\limits_{j=5}^{10} (x + j)$ $= (x+5) \cdot (x+6) \cdot (x+7) \cdot (x+8) \cdot (x+9) \cdot (x+10)$	**Beispiel** $\sum\limits_{k=0}^{8} 2^k = 2^0 + 2^1 + \ldots + 2^8$
Summen- und Produktschreibweise	**Summen- und Produktschreibweise**
Für $m, n \in \mathbb{N}$, $i = 1, 2, \ldots m$, $k = 1, 2, \ldots n$, $a_k, b_i \in \mathbb{R}$ *gelten folgende **Rechenregeln:*** ▷ $\sum\limits_{k=1}^{n} (a_k + b_k) = \sum\limits_{k=1}^{n} a_k + \sum\limits_{k=1}^{n} b_k$ ▷ $\sum\limits_{k=1}^{n} c a_k = c \sum\limits_{k=1}^{n} a_k$	**Beispiel** $\sum\limits_{j=2}^{6} (2^j + 3j) = \sum\limits_{j=2}^{6} 2^j + 3 \sum\limits_{j=2}^{6} j$ $= 2^2 + 2^3 + 2^4 + 2^5 + 2^6 + 3(1 + 3 + 4 + 5 + 6)$ $= 124 + 3 \cdot 20 = 184$

Abbildung 4.28 Beamerfolien, dynamisch mit zwei bis fünf Sequenzschritten pro Folie, Experiment 2.4

4.2.4.3 Vergleichsaufgaben, Experiment 2.4

1. Vereinfachen Sie (gehen Sie davon aus, dass die Variablen solche Werte annehmen, dass Divisionen durch 0 ausgeschlossen sind):

  (a) $\dfrac{c^3}{c^{2x-2}}$
  Ergebnis: c^{5-2x}

  (b) $\dfrac{(2x^5 y^{-4})^3}{4(x^3 y^{-6})^2}$
  Ergebnis: $2x^9$

2. Berechnen Sie alle gemeinsamen Punkte der Geraden $y = -x$ und der Parabel $y = x^2$.
  Ergebnis: $(0; 0)$, $(-1; 1)$

3. Bestimmen Sie alle Werte der Variablen x, die die folgende Gleichung erfüllen:

$$6^{3-4x} = \frac{1}{36}$$

Ergebnis: $x = \dfrac{5}{4}$

4.2.4.4 Ergebnisse, Experiment 2.4

Da die interne Konsistenz für die Subskala mit fünf Aufgaben mit $\alpha = .79$ akzeptabel (annähernd hoch) war, wurden die einzelnen Items zu ihrem Mittelwert zusammengefasst und immer zunächst ausgewertet.

Vergleich der Performanz der Gruppen A und B

Beim Vergleich der Performanz der beiden Parallelgruppen A und B zeigte eine ANOVA mit Messwiederholung bezogen auf die beiden Mittelwerte der fünf Items (dargestellt in der Abbildung 4.29a) keine signifikante Interaktion von Test × Gruppe: $p = .327$. Die Testung des nicht messwiederholten Faktors Gruppe zeigte einen signifikanten Unterschied zwischen der Leistungsstärke der Gruppen A und B, der für eine höhere Leistungsstärke der Gruppe B, die beim Erstellen von Notizen nicht gehindert wurde, spricht: $F(1, 145) = 4.89$, $p = .036$, $\eta_p^2 = .030$ (kleiner Effekt).

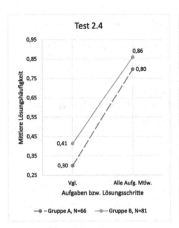

(a) Alle Aufgaben, Mittelwert

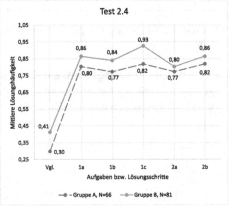

(b) Alle Aufgaben getrennt

Abbildung 4.29 Vergleich der Performanz der Gruppe A (Mitschrift nicht erlaubt) und der Gruppe B (keine Einschränkungen bezüglich der Mitschrift) Experiment 2.4

In der Abbildung 4.29b ist der Vergleich der Performanz der beiden Parallel-gruppen A und B für alle fünf Testaufgaben getrennt visualisiert. Eine ANOVA mit Messwiederholung zeigte mit $p = .762$ ebenfalls keine signifikante Interaktion von Test × Gruppe. Die Testung des nicht messwiederholten Faktors Gruppe zeigte einen statistischen Trend für eine höhere Leistungsstärke der Gruppe B: $F(1, 145) = 2.77$, $p = .098$, $\eta_p^2 = .019$ (kleiner Effekt).

Die beiden Gruppen zeigten unterschiedliche Performanz bei Vergleichsaufgaben. Es kann angenommen werden, dass die Gruppe B nämlich schon zu Beginn des Experiments leistungsstärker als die Gruppe A war, denn der t-Test, der die Performanz bei Vergleichsaufgaben der beiden Gruppen explorativ verglich, zeigte einen signifikanten Unterschied:
Gruppe A: $N = 66$, $M = 0.30$, $SD = 0.29$,
Gruppe B: $N = 81$, $M = 0.41$, $SD = 0.34$,
$t(145) = -2.17$, $p = .032$, $|d| = .36$ (kleiner Effekt).

Vergleich der Performanz im Zusammenhang mit der Erstellung von Vorle-sungsnotizen
Am Tag des Experiments vor dem Beginn der Intervention wurden in der Gruppe A grundsätzlich signifikant weniger Notizen angefertigt als in der Gruppe B. Zwecks eines explorativen Vergleichs wurde ein t-Test durchgeführt:
Gruppe A: $N = 66$, $M = 0.62$, $SD = 0.49$,
Gruppe B: $N = 81$, $M = 0.83$, $SD = 0.38$,
$t(121.05) = -2.80$, $p = .006$, $|d| = .48$ (kleiner, annähernd mittlerer Effekt).
Für den Vergleich der Performanz im Zusammenhang mit der Erstellung von Vorle-sungsnotizen wurden folgende Aspekte beachtet: Die Teilnehmenden der beiden Gruppen haben am Testtag vor dem relevanten Vorlesungsabschnitt ihre Vorle-sungsnotizen erstellen dürfen. Die meisten Teilnehmenden der Gruppe A und der Gruppe B haben vor dem relevanten Vorlesungsabschnitt ihre Notizen erstellt. Da in der Gruppe A nicht gestattet wurde, während des Experiments mitzuschreiben, hat niemand aus dieser Gruppe die relevanten Beamerfolien in ihre Notizen über-nommen. Die Teilnehmenden der Gruppe B wurden nicht daran gehindert, Vorle-sungsnotizen zu erstellen. Trotzdem haben einige Teilnehmenden der Gruppe B die relevanten Beamerfolien nicht in ihre Notizen übernommen (und sich somit nach dem Muster der Gruppe A verhalten). Dieser Sachverhalt machte weitere Auswer-tungen notwendig.

Die Auswertungen in der Abbildung 4.30 beziehen sich – getrennt nach Gruppen – ausschließlich auf die Teilnehmenden, die am Tag des Experiments Vorlesungs-notizen erstellt haben.

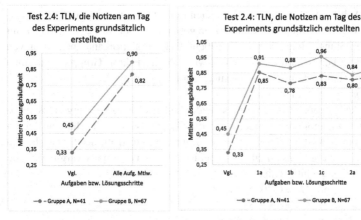

(a) Alle Aufgaben, Mittelwert

(b) Alle Aufgaben getrennt

Abbildung 4.30 Vergleich der Performanz der Gruppe A (Mitschrift nicht erlaubt) und der Gruppe B (keine Einschränkungen bezüglich der Mitschrift) Experiment 2.4

Beim Vergleich der Performanz der beiden Parallelgruppen A und B zeigte eine ANOVA mit Messwiederholung bezogen auf die beiden Mittelwerte der fünf Items (dargestellt in der Abbildung 4.30a) mit $p = .462$ keine signifikante Interaktion von Test × Gruppe. Die Testung des nicht messwiederholten Faktors Gruppe zeigte einen signifikanten Unterschied zwischen der Leistungsstärke der Gruppen A und B, der auf eine höhere Leistungsstärke der Gruppe B, die beim Erstellen von Notizen nicht gehindert wurde, hinweist: $F(1, 106) = 4.83$, $p = .030$, $\eta_p^2 = .044$ (kleiner Effekt).

In der Abbildung 4.30b ist der Vergleich der Performanz der beiden Parallelgruppen A und B für alle fünf Testaufgaben getrennt visualisiert. Eine ANOVA mit Messwiederholung zeigte ebenfalls keine signifikante Interaktion von Test × Gruppe: $p = .786$. Die Testung des nicht messwiederholten Faktors Gruppe zeigte einen statistischen Trend für eine höhere Leistungsstärke der Gruppe B: $F(1, 106) = 3.83$, $p = .053$, $\eta_p^2 = .035$ (kleiner Effekt).

Für die Auswertungen, die in der Abbildung 4.31 graphisch dargestellt sind, wurden drei folgende Teilgruppen (ebenfalls unabhängig davon, ob sie zur Parallelgruppe A oder zur Parallelgruppe B gehörten) gebildet:

0–0: die Teilnehmenden, die an diesem Tag keine Vorlesungsnotizen erstellt haben, weder vor dem Experiment noch während des Experiments,

1–0: die Teilnehmenden, die ihre Vorlesungsnotizen vor dem Experiment erstellt haben aber das für das Experiment relevante Tafelbild nicht übernahmen, und zwar unabhängig davon, ob sie zur Gruppe A gehörten und daran gehindert wurden, mitzuschreiben, oder zu Gruppe B gehörten und aus einem anderen Grund nicht mitgeschrieben haben,

1–1: die Teilnehmenden, die ihre Vorlesungsnotizen vor dem Experiment erstellt und das für das Experiment relevante Tafelbild grundsätzlich übernommen haben.

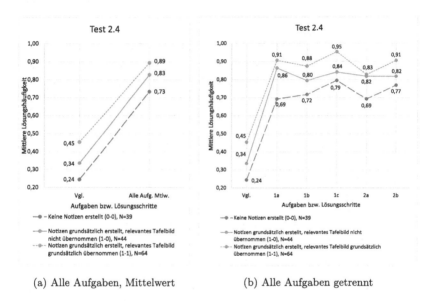

(a) Alle Aufgaben, Mittelwert (b) Alle Aufgaben getrennt

Abbildung 4.31 Vergleich der Performanz der Gruppen (0–0), (1–0) und (1–1), Experiment 2.4

Beim Vergleich der Performanz bezogen auf die beiden Mittelwerte der fünf Items (dargestellt in der Abbildung 4.31a) zeigte eine ANOVA mit Messwiederholung mit $p = .640$ keine signifikante Interaktion von Test × „Erstellen der Notizen bzw. Übernahme des Tafelbildes". Die Testung des nicht messwiederholten Faktors „Erstellen der Notizen bzw. Übernahme des Tafelbildes" zeigte einen signifikanten

Haupteffekt für die drei Teilgruppen 0–0, 1–0 und 1–1: $F(2, 144) = 7.07$, $p = .001$, $\eta_p^2 = .089$ (mittlerer Effekt). Ein Post-Hoc-Test mit Bonferroni-Korrektur war für die Teilgruppen 0–0 und 1–1 mit $p = .001$ signifikant. Die Testung des nicht messwiederholten Faktors „Erstellen der Notizen bzw. Übernahme des Tafelbildes" zeigte außerdem signifikante Unterschiede der Leistungsstärke der Teilgruppen 0–0 und 1–1:

$F(1, 101) = 13.49$, $p < .001$, $\eta_p^2 = .118$ (mittlerer Effekt)

sowie der Teilgruppen (1–0) und (1–1):

$F(1, 106) = 4.26$, $p = .041$, $\eta_p^2 = .039$ (kleiner Effekt).

Beim Vergleich der Performanz für alle Aufgaben getrennt (dargestellt in der Abbildung 4.31b) zeigte eine ANOVA mit Messwiederholung ebenfalls keine signifikante Interaktion von Test × „Erstellen der Notizen bzw. Übernahme des Tafelbildes". Die Testung des nicht messwiederholten Faktors „Erstellen der Notizen bzw. Übernahme des Tafelbildes" zeigte einen signifikanten Leistungsunterschied der Teilgruppen 0–0, 1–0 und 1–1 ($F(2, 144) = 5.49$, $p = .005$, $\eta_p^2 = .071$, mittlerer Effekt) und der Teilgruppen 0–0 und 1–1 ($F(1, 101) = 10.43$, $p = .002$, $\eta_p^2 = .094$, mittlerer Effekt) sowie einen statistischen Trend für die Teilgruppen 1–0 und 1–1 ($F(1, 106) = 3.14$, $p = .079$, $\eta_p^2 = .029$, kleiner Effekt). Ebenfalls signifikant mit $p = .004$ war ein Post-Hoc-Test mit Bonferroni-Korrektur beim Vergleich der Teilgruppen 0–0 und 1–1.

Wie bei den anderen Experimenten der zweiten Studie wurde im Experiment 2.4 ebenfalls die Qualität der Vorlesungsmitschrift der Teilnehmenden erfasst, indem die Vollständigkeit der Übernahme des Tafelbildes ausgewertet wurde. Die Vollständigkeit der Übernahme des Tafelbildes wurde mit $\kappa = .70$ doppelt geratet. Nach Altman (1990) entspricht dieses Ergebnis einem guten Wert der Interrater-Reliabilität. Die Kriterien der Notizenauswertung befinden sich im Anhang A im elektronischen Zusatzmaterial. Nach der konsensuellen Validierung wurde die Variable „Exakte Übernahme der Tafelbildes" festgelegt.

Die Auswertung, die in der Abbildung 4.32 graphisch dargestellt ist, bezieht sich auf den Vergleich der Performanz der Teilnehmenden, die das Tafelbild exakt übernommen haben, und der Teilnehmenden, die das Tafelbild nicht bzw. nicht exakt übernommen haben, und zwar unabhängig davon, ob sie zur Gruppe A oder zur Gruppe B gehörten.

Beim Vergleich der Performanz der Teilnehmenden, die das Tafelbild exakt übernommen haben, und der Teilnehmenden, die das Tafelbild nicht bzw. nicht exakt übernommen haben, bezogen auf den Mittelwert der fünf Testaufgaben, der in der Abbildung 4.32a visualisiert ist, zeigte eine ANOVA mit Messwiederholung mit $p = .422$ keine signifikante Interaktion von Test × „Exakte Übernahme des Tafelbildes". Es trat aber ein signifikanter Haupteffekt des nicht messwiederholten Faktors

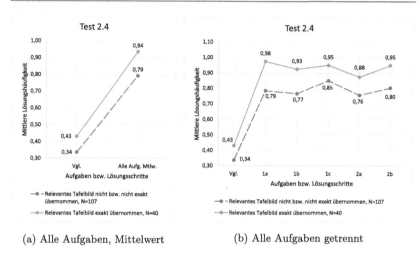

(a) Alle Aufgaben, Mittelwert (b) Alle Aufgaben getrennt

Abbildung 4.32 Vergleich der Performanz der Teilnehmenden, die das Tafelbild exakt übernommen haben, und der Teilnehmenden, die das Tafelbild nicht bzw. nicht exakt übernommen
haben, Experiment 2.4

„Exakte Übernahme des Tafelbildes" auf: $F(1, 145) = 6.58$, $p = .011$, $\eta_p^2 = .043$
(kleiner Effekt). Dieser Effekt ist ebenfalls aufgetreten, als die Performanz in den
fünf Testaufgaben getrennt ausgewertet wurde (dargestellt in der Abbildung 4.32b):
Eine ANOVA mit Messwiederholung mit $p = .773$ zeigte keine signifikante Interaktion von Test × „Exakte Übernahme des Tafelbildes". Es trat aber ein signifikanter
Haupteffekt des nicht messwiederholten Faktors „Exakte Übernahme des Tafelbildes" auf: $F(1, 145) = 8.26$, $p = .005$, $\eta_p^2 = .054$ (kleiner Effekt), der auf eine
signifikant höhere Leistungsstärke der Teilnehmenden, die das Tafelbild exakt übernommen haben, hindeutet.

Für die Auswertung in der Abbildung 4.33 wurden die Teilnehmenden in folgende drei Teilgruppen (ebenfalls unabhängig davon, ob sie zur Parallelgruppe A
oder zur Parallelgruppe B gehörten) geteilt:

0–0e: die Teilnehmenden, die an diesem Tag keine Vorlesungsnotizen erstellt
haben, weder vor dem Experiment noch während des Experiments,

1–0e: die Teilnehmenden, die ihre Vorlesungsnotizen vor dem Experiment erstellt
haben aber das für das Experiment relevante Tafelbild nicht bzw. nicht exakt
übernahmen, und zwar unabhängig davon, ob sie zur Gruppe A gehörten
und daran gehindert wurden, mitzuschreiben, oder zu Gruppe B gehörten

und aus einem anderen Grund nicht bzw. nicht sorgfältig mitgeschrieben haben,

1–1e: die Teilnehmenden, die ihre Vorlesungsnotizen vor dem Experiment erstellt und das für das Experiment relevante Tafelbild exakt übernommen haben.

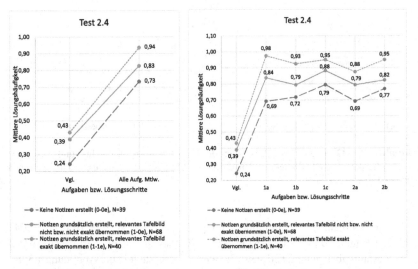

(a) Alle Aufgaben, Mittelwert   (b) Alle Aufgaben getrennt

Abbildung 4.33 Vergleich der Performanz der drei Teilgruppen nach Exaktheit, Experiment 2.4

Beim Vergleich der Performanz bezogen auf die beiden Mittelwerte der fünf Items (dargestellt in der Abbildung 4.33a) zeigte eine ANOVA mit Messwiederholung mit $p = .516$ keine signifikante Interaktion von Test × „Erstellen der Notizen bzw. exakte Übernahme des Tafelbildes". Es trat ein signifikanter Haupteffekt des nicht messwiederholten Faktors „Erstellen der Notizen bzw. exakte Übernahme des Tafelbildes" auf, der auf unterschiedliche Leistungsstärke der Gruppen 0–0e, 1–0e und 1–1e hindeutet: $F(2, 144) = 6.34$, $p = .002$, $\eta_p^2 = .081$ (mittlerer Effekt). Dieser Effekt trat auch für folgenden Teilgruppen, die getrennt verglichen wurden, auf:

für die Teilgruppen 0–0e und 1–0e:

$F(1, 105) = 5.19$, $p = .025$, $\eta_p^2 = .047$ (kleiner Effekt) sowie für die Teilgruppen 0–0e und 1–1e:

$F(1, 77) = 12.54$, $p = .001$, $\eta_p^2 = .140$ (großer Effekt).

Ein Post-Hoc-Test mit Bonferroni-Korrektur war für die Teilgruppen 0–0e und 1–1e mit $p = .002$ signifikant, für die Teilgruppen 0–0e und 1–0e lag die Signifikanz bei .050.

Beim Vergleich der Performanz für alle Aufgaben getrennt (dargestellt in der Abbildung 4.33b) zeigte eine ANOVA mit Messwiederholung mit $p = .911$ ebenfalls keine signifikante Interaktion von Test $\times$ „Erstellen der Notizen bzw. exakte Übernahme des Tafelbildes". Es trat ein signifikanter Haupteffekt des nicht messwiederholten Faktors „Erstellen der Notizen bzw. exakte Übernahme des Tafelbildes" auf: $F(1, 144) = 6.28$, $p = .002$, $\eta_p^2 = .080$ (mittlerer Effekt). Ein Post-Hoc-Test mit Bonferroni-Korrektur war für die Teilgruppen 0–0e und 1–1e signifikant: $p = .002$. Ebenfalls signifikante Unterschiede haben die paarweise Testungen des nicht messwiederholten Faktors für die Gruppen 0–0e und 1–1e:

$F(1, 77) = 12.22$, $p = .001$, $\eta_p^2 = .137$ (großer Effekt)

sowie 1–0e und 1–1e:

$F(1, 106) = 5.20$, $p = .025$, $\eta_p^2 = .047$ (kleiner Effekt).

Diese Ergebnisse deuten auf unterschiedliche Leistungsstärke der Gruppen 0–0e, 1–0e und 1–1e hin. Die stärkste Teilgruppe bestand aus den Teilnehmenden, die ihre Vorlesungsnotizen vor dem Experiment erstellt und das für das Experiment relevante Tafelbild exakt übernommen haben, die schwächste bestand aus den Teilnehmenden, die an diesem Tag keine Vorlesungsnotizen erstellt haben, weder vor dem Experiment noch während des Experiments.

Beobachtungsergebnisse

Die Auswertung der Feldnotizen zeigte, dass die Teilnehmenden der Gruppe A, in der das Mitschreiben nicht erlaubt wurde, sich ruhiger als die Teilnehmenden der Gruppe B verhielten und der Präsentation besonders aufmerksam folgten. Nach ihrem Verhalten kann angenommen werden, dass die Teilnehmenden der Gruppe A bereits geahnt haben könnten, dass sie gleich einen Test schreiben werden, da sie sich auseinandergesetzt haben. Ein paar Teilnehmende haben den Hörsaal verlassen.

4.2.4.5 Vorläufige Zusammenfassung der Ergebnisse, Experiment 2.4

Im Experiment 2.4 wurde explizit getestet, ob sich das Mitschreiben während einer Mathematikvorlesung positiv auf die Performanz der Teilnehmenden auswirkt. Während in der Gruppe A nicht erlaubt wurde, relevante Vorlesungsinhalte zu notieren, wurde die Parallelgruppe B nicht daran gehindert, Vorlesungsnotizen zu erstellen. (Die Darstellungsart blieb in den beiden Parallelgruppen gleich.) Die

Interaktion selbst zeigte keine Wirkung, denn es gab keinen signifikanten Inter-
aktionseffekt von Test × Gruppe. Der Interaktionseffekt blieb auch dann aus, als
ausschließlich die Teilnehmenden der beiden Gruppen betrachtet wurden, die am
Tag des Experiments ihre Vorlesungsnotizen erstellt haben. Die Untersuchungsergebnisse deuten allerdings auf eine höhere Leistungsstärke der Gruppe B schon zu
Beginn des Experiments hin, die auch bei Vergleichsaufgaben signifikant höhere
Performanz zeigte. Darüber hinaus wurde in der Gruppe B signifikant öfter das
Tafelbild grundsätzlich (noch vor dem relevanten Vorlesungsabschnitt) übernom-
men. Diese Ergebnisse sprechen für einen Zusammenhang zwischen dem grund-
sätzlichen (langfristigen) Mitschreiben während der Lehrveranstaltung(en) und der
Leistungsstärke der Teilnehmenden.

Auch weitere Auswertungen dieses Experiments deuten ebenfalls auf einen möglichen langfristigen Effekt des Mitschreibens während der Lehrveranstaltungen:
Die Gruppe der Teilnehmenden, die ihre Vorlesungsnotizen am Tag des Experiments erstellten und das relevante Tafelbild übernahmen, war leistungsstärker als
die Gruppe der Teilnehmenden, die ihre Vorlesungsnotizen am Tag des Experiments
erstellten aber das relevante Tafelbild nicht übernahmen, die letzte Gruppe war leistungsstärker als die Gruppe der Teilnehmenden, die während der Vorlesung nicht
mitgeschrieben haben. Der gleiche Effekt wurde beobachtet, als bei der Auswertung
die Qualität der Vorlesungsmitschrift mit erfasst wurde.

4.2.5 Experiment 2.5

Im letzten Experiment der zweiten Studie wurden die drei folgende Darstellungsarten gegenübergestellt: dynamische (sequentielle) und computergedruckte Beamerpräsentation, dynamische und handschriftliche Beamerpräsentation (die mit Hilfe
vom Digitalstift erfolgte) sowie dynamische und handschriftliche Tafelpräsentation (traditionelle Tafelvorlesung). Somit wurde die Wirkung **der handschriftlichen und der computergedruckten Darstellung** sowie **ein traditionelles und ein
digitales Medium** (noch einmal) am Beispiel der **handschriftlichen und dynamischen Darstellung** verglichen. Das Experiment wurde am fünfzehnten Unterrichtstag durchgeführt.

Der Parameter „Schriftform" unterschied sich in den Parallelgruppen in den
Experimenten der ersten Studie, die einen signifikanten Performanzunterschied
zeigte. Außerdem weisen bisherige Untersuchungen darauf hin, dass unterschiedliche Gehirnreaktionen bei der Erkennung von gedruckten und handgeschriebenen
Buchstaben beobachtet würden (Longcamp et al., 2011) und dass der Lerneffekt
größer sei, wenn während der Durchführung einer motorischen Bewegung (hier:

Handschreiben) die Ausführung einer kongruenten Bewegung beobachtet wird (Rizzolatti et al., 2009). Im Experiment 2.5 wurde deswegen die Hypothese getestet, ob die handschriftlichen Darstellungsarten vorteilhafter für die Performanz der Teilnehmenden als die computergedruckte Darstellungsart sind.

Außerdem wurden noch einmal (wie im Experiment 2.3) die zwei gegenüberliegenden Hypothesen getestet, ob die Tafelvorlesung die beste Alternative für mathematische Veranstaltungen sei (Artemeva & Fox, 2011) bzw. ob das Medium die Performanz der Teilnehmenden nicht beeinflusst (Clark, 1994). Da das Experiment 2.3 statisch identische Performanz der Tafel-Gruppe und der Gruppe, die mit Hilfe vom Digitalstift unterrichtet wurde, zeigte, wurde im Experiment 2.5 überprüft, ob dieses Ergebnis vom Lehrinhalt abhängig war.

Wie in den früheren Experimenten der zweiten Studie sollte im Experiment 2.5 ebenfalls getestet werden, ob sich das Erstellen von handschriftlichen Vorlesungsnotizen positiv auf die Performanz der Teilnehmenden auswirkt, und eine mögliche Wechselwirkung zwischen den getesteten Darstellungsarten und dem Erstellen der Vorlesungsnotizen untersucht werden.

Außer dass in diesem Experiment die Teilnehmenden in drei Parallelgruppen geteilt wurden, bestand die weitere Besonderheit darin, dass das Experiment nicht während der Vorlesung, sondern während der Übung durchgeführt wurde. Die in die Übung integrierte Vorlesung enthielt somit ausschließlich den auf unterschiedliche Art durchgeführten Vorlesungsabschnitt. In der Gruppe A ($N = 40$) wurde eine dynamische, computergedruckte Beamerpräsentation, in der Gruppe B ($N = 37$) eine Digitalstift-Beamerpräsentation und in der Gruppe C ($N = 46$) eine traditionelle Tafelvorlesung durchgeführt.

Die in der Gruppe A präsentierte computergedruckte Beamerfolie ist in der Abbildung 4.34a, das in der Gruppe B mit Hilfe von Digitalstift angefertigte Beamerbild in der Abbildung 4.34b dargestellt. Das Tafelbild, das während der Vorlesung in der Gruppe C entstanden ist, befindet sich in der Abbildung 4.34c.

4.2.5.1 Lehrinhalte, Experiment 2.5

Als Lehrinhalte für das Experiment 2.5 wurde das Differenzieren der Funktionen mit einer Variablen in der Basis und im Exponenten verwendet. Im Vorlesungsabschnitt, der auf unterschiedliche Art in den drei Parallelgruppen behandelt wurde, wurde das Berechnen der Ableitung der Funktion mit der Gleichung $f(x) = x^x$ behandelt. Der Inhalt des Vorlesungsabschnitts kann der Abbildung 4.34 entnommen werden. Da das Differenzieren der Funktionen dieser Art nicht zum Schulcurriculum gehört (Hessisches Kultusministerium, 2016; Hessisches Kultusministerium, 2010) wurde davon ausgegangen, dass dieser Lehrstoff für die meisten Vorkursteilnehmenden unbekannt ist. Die Vergleichsaufgaben sind im Abschnitt 4.2.5.3 dargestellt.

$$a^{\log_a b} = b$$

$$3^{\log_3 9} = 3^2 = 9$$

$$x = e^{\ln x}$$

$$\left(x^x\right)' = \left(e^{\ln x^x}\right)' = \left(e^{x \ln x}\right)' = e^{x \ln x} \cdot (x \ln x)' = e^{x \ln x} \left(1 \cdot \ln x + x \cdot \frac{1}{x}\right)$$

$$= e^{x \ln x} \left(\ln x + 1\right) = x^x (\ln x + 1)$$

(a) Beamerfolie mit elf Sequenzschritten, Gruppe A, Experiment 2.5

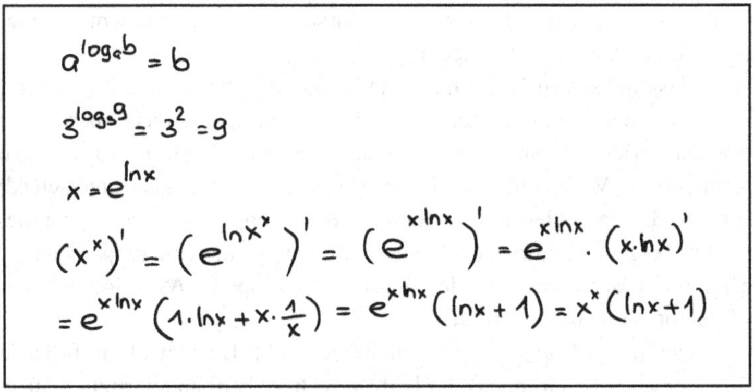

(b) Beamerfolie, Digitales Whiteboard, Digitalstift, Gruppe B, Experiment 2.5

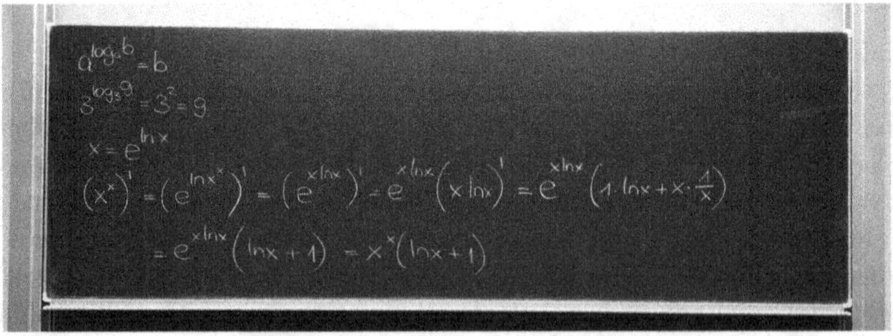

(c) Tafelbild, Gruppe C, Experiment 2.5

Abbildung 4.34 Beamer- bzw. Tafeldarstellungen, Experiment 2.5

4.2.5.2 Testaufgaben, Experiment 2.5

Berechnen Sie jeweils die erste Ableitung der folgenden Funktionen:

1.

$$f(x) = x^x$$

Lösung:

$$\left(x^x\right)' = \left(e^{\ln x^x}\right)' = \left(e^{x \ln x}\right)' = e^{x \ln x} \cdot (x \ln x)'$$

$$= e^{x \ln x} \left(1 \cdot \ln x + x \cdot \frac{1}{x}\right) = e^{x \ln x} (\ln x + 1) = x^x (\ln x + 1)$$

$$\text{Ergebnis: } f'(x) = x^x (\ln x + 1)$$

2.

$$f(x) = x^{3x-2}$$

Lösung:

$$\left(x^{3x-2}\right)' = \left(e^{\ln x^{3x-2}}\right)' = \left(e^{(3x-2)\ln x}\right)' = e^{(3x-2)\ln x} \cdot ((3x-2)\ln x)'$$

$$= e^{(3x-2)\ln x} \left(3 \cdot \ln x + (3x-2) \cdot \frac{1}{x}\right)$$

$$= e^{(3x-2)\ln x} \left(3\ln x + 3 - \frac{2}{x}\right) = x^{3x-2}\left(3\ln x + 3 - \frac{2}{x}\right)$$

$$\text{Ergebnis: } f'(x) = x^{3x-2}\left(3\ln x + 3 - \frac{2}{x}\right)$$

4.2.5.3 Vergleichsaufgaben, Experiment 2.5

Berechnen Sie jeweils die erste Ableitung der folgenden Funktionen:

1. $f(x) = \cos(3x^4 + 7x^2 - x)$

Ergebnis: $f'(x) = -(12x^3 + 14x - 1)\sin(3x^4 + 7x^2 - x)$

2. $f(x) = \dfrac{5}{\sqrt[3]{x}}$

Ergebnis: $f'(x) = -\dfrac{5}{3\sqrt[3]{x^4}}$

4.2.5.4 Ergebnisse, Experiment 2.5

Die interne Konsistenz für die Subskala mit zwei Aufgaben war mit $\alpha = .650$ fragwürdig. Deswegen konnten die einzelnen Items nicht zu ihrem Mittelwert zusammengefasst werden und wurden nur getrennt ausgewertet.

Vergleich der Performanz der drei Gruppen A, B und C:
In der Abbildung 4.35 ist der Vergleich der Performanz der drei Gruppen dargestellt.

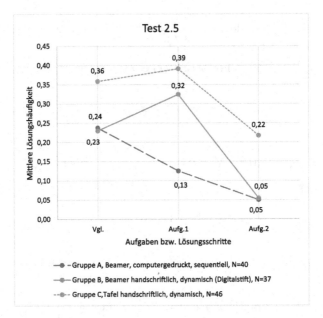

Abbildung 4.35 Vergleich der Performanz der drei Parallelgruppen A (Beamer computergedruckt, sequentiell), B (Beamer handschriftlich, dynamisch) und C (Tafel handschriftlich, dynamisch), Experiment 2.5

Die Teilnehmenden der Gruppen A und B zeigten bei Vergleichsaufgaben ähnlich hohe Performanz, die Teilnehmenden der Gruppe C waren zu Beginn des Experiments deutlich stärker als die Teilnehmenden der Gruppen A und B. In der ersten Aufgabe haben die beiden handschriftlichen Gruppen B und C deutlich höhere Performanz als die Gruppe A, in der eine computergedruckte Beamerfolie präsentiert wurde, erzielt. In der zweiten Aufgabe ist der Bodeneffekt in den (beiden zu Beginn des Experiments schwächeren) Gruppen A und B aufgetreten.

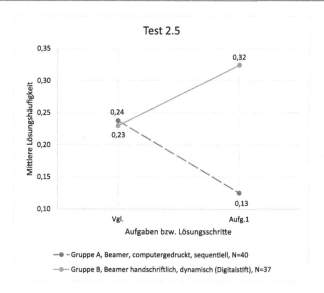

Abbildung 4.36 Vergleich der Performanz der Gruppen A und B, Experiment 2.5

In der Abbildung 4.36 ist Vergleich der Performanz der Gruppen A und B bezüglich der Vergleichsaufgaben und der ersten Aufgabe graphisch dargestellt. Eine ANOVA mit Messwiederholung zeigte eine signifikante Interaktion von Test × Gruppe: $F(1, 75) = 4.53$, $p = .037$, $\eta_p^2 = .057$ (mittlerer Effekt).

Nachträglich wurde zum Vergleich der Performanz der Gruppen A und B in der Vergleichsaufgabe und in den beiden Testaufgaben t-Tests ausgeführt und insbesondere der Effekt mittels Cohen's d bestimmt:

Vergleichsaufgaben:
Gruppe A: $N = 40$, $M = 0.24$, $SD = 0.36$,
Gruppe B: $N = 37$, $M = 0.23$, $SD = 0.30$
$p = .919$, nach der Bonferroni-Korrektur: $p = 1$.

Signifikanter Vorsprung der Gruppe B bezüglich der ersten Aufgabe:
Gruppe A: $N = 40$, $M = 0.13$, $SD = 0.33$,
Gruppe B: $N = 37$, $M = 0.32$, $SD = 0.47$

$t(64.23) = -2.11$, $p = .038$, nach der Bonferroni-Korrektur: $p = .115$, $|d| = .49$
(kleiner, annähernd mittlerer Effekt)

Zweite Aufgabe (Bodeneffekt):
Gruppe A: $N = 40$, $M = 0.05$, $SD = 0.22$,
Gruppe B: $N = 37$, $M = 0.05$, $SD = 0.23$
$p = .937$, nach der Bonferroni-Korrektur: $p = 1$.

Vergleich der Performanz der Teilnehmenden im Zusammenhang mit der Erstellung von Vorlesungsnotizen
Da das Experiment nicht während einer Vorlesung, sondern während einer Übung durchgeführt wurde, entfiel bei der Auswertung der Vorlesungsnotizen der Aspekt, ob die Notizen grundsätzlich an diesem Tag erstellt wurden. Es konnte nur die Übernahme des relevanten Tafelbildes ausgewertet werden. Die Kriterien der Auswertung befinden sich im Anhang B im elektronischen Zusatzmaterial.

In den beiden handschriftlichen Gruppen B und C wurde signifikant öfter als in der Gruppe A das Tafelbild übernommen. Die Ergebnisse des mit Hilfe von t-Tests durchgeführten Vergleichs befinden sich zusammenfassend in der Tabelle 4.8.

In der Abbildung 4.37 ist der Vergleich der Performanz der Gruppe der Teilnehmenden, die das Tafelbild übernommen haben, und der Gruppe der Teilnehmenden, die das Tafelbild gar nicht übernommen haben, dargestellt. Eine ANOVA mit Messwiederholung zeigte keine signifikante Interaktion von Test × „Übernahme des Tafelbildes". Es trat ein signifikanter Haupteffekt des Faktors „Übernahme des Tafelbildes" auf, was auf einen signifikanten Unterschied der Leistungsstärke der Teilnehmenden, die das Tafelbild übernommen haben, und der Teilnehmenden, die das Tafelbild gar nicht übernommen haben, hindeutet: $F(1, 120) = 9.82$, $p = .002$, $\eta_p^2 = .076$ (mittlerer Effekt).

Auch bei diesem Experiment wurde die Qualität der Mitschrift der Teilnehmenden betrachtet und die Vollständigkeit der Übernahme des Tafelbildes ausgewertet. Die Vollständigkeit der Übernahme des Tafelbildes wurde mit $\kappa = .78$ doppelt geratet, was nach Altman (1990) einem guten (annähernd einem sehr guten) Wert der Interrater-Reliabilität entspricht. Wie im Abschnitt 4.1.2 beschrieben, wurden im Zuge der konsensuellen Validierung die Variablen „Exakte Übernahme des Tafelbildes", „Korrekte (inklusive exakte) Übernahme des Tafelbildes" sowie „Korrekte aber nicht exakte Übernahme des Tafelbildes" festgelegt.

In der Abbildung 4.38 ist der Vergleich der Performanz der Teilnehmenden, die die Lösungswege und die Ergebnisse exakt (2), korrekt aber nicht exakt (1) sowie weder exakt noch korrekt, inklusive gar nicht, (0) übernahmen, dargestellt. Der Vergleich bezieht sich auf die Performanz in Abhängigkeit von der Übernahme

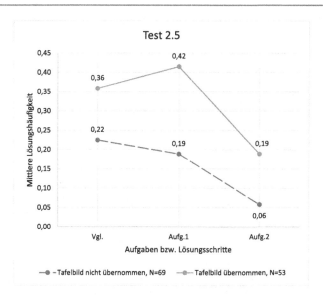

Abbildung 4.37 Vergleich der Performanz der Teilnehmenden, die das Tafelbild übernommen haben, und der Teilnehmenden, die das Tafelbild gar nicht übernommen haben, Experiment 2.5

des Tafelbildes in die Vorlesungsnotizen bezüglich der beiden Lösungswege und Ergebnisse. Eine ANOVA mit Messwiederholung zeigte keine signifikante Interaktion von Test × „Exakte bzw. korrekte aber nicht exakte Übernahme des Tafelbildes" ($p = .784$), aber es trat ein signifikanter Haupteffekt des nicht messwiederholten Faktors „Exakte bzw. korrekte aber nicht exakte Übernahme des Tafelbildes" auf, der auf signifikante Unterschiede der Leistungsstärke der untersuchten Gruppen (0), (1) und (2) hindeutet: $F(2, 119) = 8.74$, $p < .001$, $\eta_p^2 = .128$ (mittlerer bis großer Effekt). Ein Post-Hoc-Test mit Bonferroni-Korrektur zeigte signifikante Unterschiede zwischen den Teilgruppen (0) und (1) mit $p = .002$ sowie (0) und (2) mit $p = .019$ und einen statistischen Trend zwischen den Gruppen (1) und (2) mit $p = .099$. Die paarweise Testung des nicht messwiederholten Faktors „Exakte bzw. korrekte aber nicht exakte Übernahme des Tafelbildes" zwischen den einzelnen Teilgruppen (0), (1) und (2) zeigte ähnliche Ergebnisse:
Gruppen (0) und (1): $F(1, 77) = 16.13$, $p < .001$, $\eta_p^2 = .173$ (großer Effekt)
Gruppen (0) und (2): $F(1, 113) = 8.00$, $p = .006$, $\eta_p^2 = .066$ (mittlerer Effekt)
Gruppen (1) und (2): $F(1, 48) = 3.30$, $p = .076$, $\eta_p^2 = .064$ (mittlerer Effekt)
Das Zusammenfassen der Teilgruppen (1) und (2) zu der Teilgruppe der Teilnehmenden, die das Tafelbild korrekt, inklusive exakt, übernommen haben, die in der

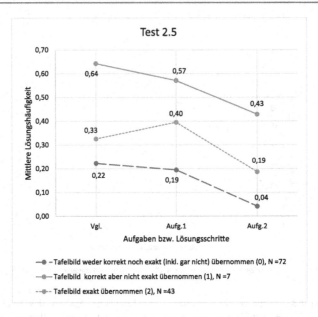

Abbildung 4.38 Vergleich der Performanz in Abhängigkeit von der korrekten bzw. exakten Übernahme des Tafelbildes in die Vorlesungsnotizen bezüglich der beiden Lösungswege und Ergebnisse, Experiment 2.5

Abbildung 4.39 dargestellt ist, zeigte bei der Testung des nicht messwiederholten Faktors „Korrekte, inklusive exakte, Übernahme des Tafelbildes" entsprechend eine höhere Effektstärke: $F(1, 120) = 12.41$, $p = .001$, $\eta_p^2 = .094$ (mittlerer Effekt). Es gab keine signifikante Interaktion von Test × „Korrekte, inklusive exakte, Übernahme des Tafelbildes": $p = .591$.

Für den Vergleich der Performanz in Abhängigkeit von der grundsätzlichen Übernahme des Tafelbildes in die Vorlesungsnotizen getrennt nach Gruppen, der in der Abbildung 4.40 visualisiert ist, wurden die folgenden Teilgruppen gebildet:

A0: Teilnehmende der Gruppe A, die das Tafelbild nicht übernahmen,
A1: Teilnehmende der Gruppe A, die das Tafelbild grundsätzlich übernahmen,
B0: Teilnehmende der Gruppe B, die das Tafelbild nicht übernahmen,
B1: Teilnehmende der Gruppe B, die das Tafelbild grundsätzlich übernahmen,
C0: Teilnehmende der Gruppe C, die das Tafelbild nicht übernahmen,
C1: Teilnehmende der Gruppe C, die das Tafelbild grundsätzlich übernahmen.

Zu beachten ist allerdings, dass nur zwei dieser sechs Teilgruppen 30 oder mehr Teilnehmende umfasste.

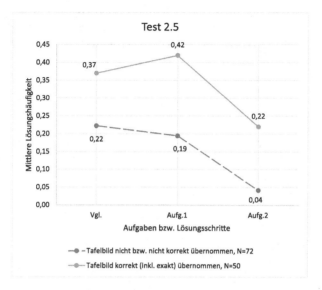

Abbildung 4.39 Vergleich der Performanz der Gruppe der Teilnehmenden, die das Tafelbild korrekt, inklusive exakt, übernommen haben, und der Gruppe der Teilnehmenden, die das Tafelbild nicht bzw. nicht korrekt übernommen haben, Experiment 2.5

Eine ANOVA mit Messwiederholung zeigte mit $p = .203$ keine signifikante Interaktion von Test × Teilgruppe. Die Testung des nicht messwiederholten Faktors „Übernahme des Tafelbildes" zeigte einen signifikanten Unterschied der Leistungsstärken der Teilgruppen: $F(5, 116) = 3.31$, $p = .008$, $\eta_p^2 = .125$ (mittlerer Effekt). Ein Post-Hoc-Test mit Bonferroni-Korrektur zeigte signifikante Unterschiede zwischen den Teilgruppen A0 und C1 mit $p = .017$ sowie B0 und C1 mit $p = .030$.

Die paarweise Testung des nicht messwiederholten Faktors zeigte außerdem einen signifikanten Vorsprung der Teilgruppe B1 über die Teilgruppe B0: $F(1, 35) = 6.21$, $p = .018$, $\eta_p^2 = .151$ (großer Effekt). Ebenfalls einen signifikanten Vorsprung der Teilgruppe C1 ($N = 30$, $M = 0.50$, $SD = 0.51$) über die Teilgruppe C0 ($N = 15$, $M = 0.20$, $SD = 0.41$) zeigte der t-Test bezüglich der Performanz in der ersten Aufgabe: $t(33.80) = -2.12$, $p = .042$, nach der Bonferroni-Korrektur:

$p = .083$, $|d| = 0.63$ (mittlerer Effekt). Zwar zeigte der t-Test einen signifikanten Vorsprung der Teilgruppe A0 ($N = 35$, $M = 0.14$, $SD = 0.36$) über die Teilgruppe A1 ($N = 5$, $M = 0.00$, $SD = 0.00$) bezüglich der Performanz in der ersten Aufgabe: $t(34.00) = 2.38$, $p = .023$, nach der Bonferroni-Korrektur: $p = .046$, $|d| = 0.43$ (kleiner Effekt), es ist aber zu beachten, dass die Teilgruppe A1 lediglich fünf Teilnehmende umfasste, von denen niemand die Testaufgaben komplett gelöst hat.

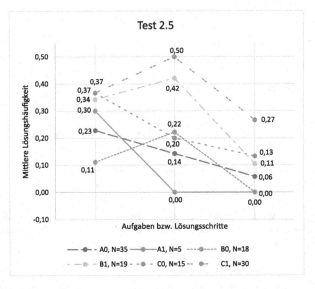

Abbildung 4.40 Vergleich der Performanz der Teilnehmenden, die das Tafelbild übernahmen, und der Teilnehmenden, die das Tafelbild nicht übernahmen, getrennt nach Gruppen, Experiment 2.5

Beobachtungsergebnisse

Die Auswertung der Feldnotizen zeigte große Verhaltensunterschiede in den Parallelgruppen. In der Gruppe A haben die Teilnehmenden aufmerksam und ruhig zugehört aber nur vereinzelt mitgeschrieben. Die Gruppe B war weniger ruhig, einige Teilnehmende wirkten zu Beginn abgelenkt und beschäftigten sich mit ihren Mobiltelefonen. Im Laufe der Präsentation haben mehrere Teilnehmende angefangen zu schreiben. Am Ende wurden zwei Verständnisfragen gestellt. Die Gruppe C

war genauso ruhig wie die Gruppe A. Einige haben mitgeschrieben. In der Gruppe C
wurde die Tafel am Ende der Präsentation mehrfach fotografiert.

4.2.5.5 Vorläufige Zusammenfassung der Ergebnisse, Experiment 2.5

Die Teilnehmenden der Gruppen A und B zeigten bei Vergleichsaufgaben ähnlich
hohe Performanz, die Teilnehmenden der Gruppe C waren zu Beginn des Experiments deutlich stärker als die Teilnehmenden der Gruppen A und B. In der ersten
Aufgabe haben die beiden handschriftlichen Gruppen B und C deutlich höhere Performanz als die Gruppe A, in der eine computergedruckte Beamerfolie präsentiert
wurde, erzielt. In der zweiten Aufgabe ist der Bodeneffekt in den (zu Beginn des
Experiments schwächeren) Gruppen A und B aufgetreten.

Das Experiment 2.5 wurde nicht unter Vorlesungs-Bedingungen durchgeführt,
was nicht zu einem gewohnten Ablauf der Vorkursveranstaltungen gehörte und eine
Besonderheit dieses Experiments darstellte.

In den beiden handschriftlichen Gruppen B und C wurde das Tafelbild signifikant
öfter als in der Gruppe A übernommen. Diese Tatsache kann eine weitere mögliche
Erklärung für die signifikant bessere Performanz der Gruppen B und C darstellen, die
durch die handschriftliche Übernahme des Tafelbildes begünstigt werden konnte,
denn die Auswertung der Notizen nach verschiedenen Kriterien deutet darauf hin,
dass sich die Übernahme des Tafelbildes auf die Performanz der Teilnehmenden
positiv auswirkt. Sie zeigte außerdem, dass die Teilnehmenden, die das Tafelbild
nicht exakt aber trotzdem korrekt übernommen haben, höhere Performanz erzielten
als die Teilnehmenden, die das Tafelbild exakt übernommen haben.

4.3   Experimenten-übergreifende Vergleiche

4.3.1   Performanz bei Vergleichsaufgaben

Die nachfolgenden Auswertungen vergleichen die Performanz der Teilnehmenden
bei Vergleichsaufgaben im Zusammenhang mit ihrem Schreibverhalten in allen
Experimenten der zweiten Studie.

Es wurden zunächst die Performanzen der Teilnehmenden mit der grundsätzlichen Erstellung von Vorlesungsnotizen am jeweiligen Tag (dargestellt in der Abbildung 4.41) verglichen. Die Ergebnisse der durchgeführten t-Tests in der Tabelle 4.5
zeigten jeweils ähnliche Performanzen der Teilnehmenden, die am jeweiligen Tag
Vorlesungsnotizen grundsätzlich erstellten, und der Teilnehmenden, die an diesem

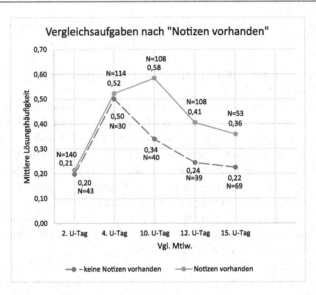

Abbildung 4.41 Performanz bei Vergleichsaufgaben in Abhängigkeit vom Erstellen von Notizen

Tag keine Notizen erstellten, bei den Vergleichsaufgaben der Experimente 2.1 und 2.2, und signifikante Performanzunterschiede bei den Experimenten 2.3 (großer Effekt), 2.4 (mittlerer Effekt) und 2.5 (kleiner Effekt).

Dieser Effekt setzte sich bei weiteren zwei Vergleichen fort: Beim Vergleich der Performanz bei Vergleichsaufgaben im Zusammenhang mit der grundsätzlichen Übernahme des Tafelbildes, der in der Abbildung 4.42 zu sehen ist, zeigten die t-Tests in der Tabelle 4.6 jeweils ähnliche Performanzen der Teilnehmenden, die das Tafelbild übernahmen, und der Teilnehmenden, die das Tafelbild nicht übernahmen, bei den Vergleichsaufgaben der Experimente 2.1 und 2.2, und signifikante Performanzunterschiede bei den Experimenten 2.3 (großer Effekt), 2.4 (mittlerer Effekt) und 2.5 (kleiner Effekt). (Beim Experiment 2.4 wurde in diesem Fall nur die Gruppe B betrachtet, in der die Teilnehmenden nicht daran gehindert wurden, das relevante Tafelbild zu übernehmen.)

Beim Vergleich der Performanz bei Vergleichsaufgaben im Zusammenhang mit der korrekten (inklusive der exakten) Übernahme des Tafelbildes, der in der Abbildung 4.43 visualisiert ist, waren die Unterschiede etwas kleiner. Die t-Tests in der Tabelle 4.7 zeigten aber wieder jeweils ähnliche Performanzen der Teilnehmenden, die das Tafelbild korrekt (inklusive exakt) übernahmen, und der Teilnehmenden,

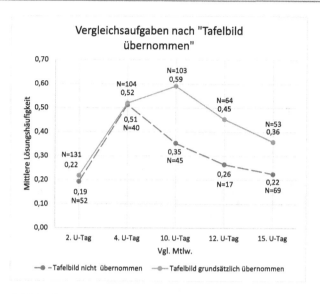

Abbildung 4.42 Performanz bei Vergleichsaufgaben im Zusammenhang mit der grundsätzlichen Übernahme des Tafelbildes

die das Tafelbild weder korrekt noch exakt (inklusive gar nicht) übernahmen, bei Vergleichsaufgaben der Experimente 2.1 und 2.2 und signifikante Performanzunterschiede bei den Experimenten 2.3 (großer Effekt) und 2.5 (kleiner Effekt), sowie einen nicht signifikanten Performanzunterschied bei Vergleichsaufgaben des Experiments 2.4. (Beim Experiment 2.4 wurde in diesem Fall ebenfalls nur die Gruppe B betrachtet, in der die Teilnehmenden nicht daran gehindert wurden, das relevante Tafelbild zu übernehmen.)

Somit zeigten alle drei Auswertungen bezüglich der Performanz bei Vergleichsaufgaben ähnlich hohe Performanzen der jeweils nach ihrem Schreibverhalten gebildeten Teilnehmendengruppen in den Experimenten 2.1 und 2.2 und jeweils einen überwiegend signifikanten Vorsprung der jeweils schreibenden Teilnehmenden in den Experimenten 2.3, 2.4 und 2.5.

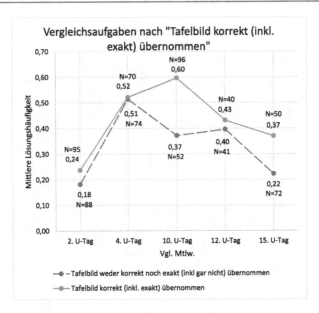

Abbildung 4.43 Performanz bei Vergleichsaufgaben im Zusammenhang mit der korrekten (inklusive exakten) Übernahme des Tafelbildes

4.3.2   Relative Häufigkeit der Notizenerstellung im Zusammenhang mit der Darstellungsart

Nachfolgend wird der Zusammenhang zwischen der Darstellungsart und der Häufigkeit der Notizenerstellung untersucht. Dafür wurden nur die Teilnehmenden betrachtet, die jeweils an den Tagen, an denen die Experimente der zweiten Studie durchgeführt wurden, grundsätzlich mitgeschrieben haben, um einen Eindruck zu bekommen, in wieweit die konkrete Intervention auf das Mitschreiben gewirkt hat.

In den Experimenten 2.1, 2.2, 2.3 und 2.4 wurden die relevanten Vorlesungsabschnitte mit den anschließenden Leistungstests jeweils in eine reguläre Vorlesung integriert. Die Experimente fanden (aus organisatorischen Gründen) immer in der zweiten Vorlesungshälfte statt, sodass die erste Hälfte in den Parallelgruppen auf jeweils gleiche Art durchgeführt wurde. Wie im Abschnitt 4.1 bereits erwähnt, wurde bei der Auswertung der Notizen erhoben, ob die/der Teilnehmende die Vorlesungsnotizen am jeweiligen Tag grundsätzlich erstellt hat und ob sie/er das für den relevanten Vorlesungsabschnitt Beamer- bzw. Tafelbild grundsätzlich übernommen hat. Die Darstellungsart hat (teilweise) mit dem Beginn des Experiments gewechselt. Die nachfolgende Auswertung vergleicht das Schreibverhalten der Teilnehmenden in verschiedenen Parallelgruppen während des relevanten Vorlesungsabschnitts im Zusammenhang mit der grundsätzlichen Erstellung der Vorlesungsnotizen am Tag des Experiments.

Im Unterschied zu den anderen Experimenten der zweiten Studie, in denen unterschiedliche Darstellungsarten verglichen wurden, blieb im Experiment 2.4 die Darstellungsart in den beiden Parallelgruppen gleich. Aus diesem Grund wurde das Experiment 2.4 aus der nachfolgenden Auswertung ausgeschlossen.

Die Durchführung des Experiments 2.5 unterschied sich von den anderen Experimenten der zweiten Studie dadurch, dass dieses Experiment nicht unter Vorlesungs-Bedingungen durchgeführt wurde. Das Experiment begann mit dem relevanten Vorlesungsabschnitt, vor dem keine anderen Vorlesungsteile stattfanden. (Außerdem wurden bei diesem Experiment drei Darstellungsarten miteinander verglichen.)

Die nachfolgende Auswertung, die mit Hilfe von t-Tests in der Tabelle 4.8 dargestellt ist, bezieht sich somit auf die Experimente 2.1, 2.2, 2.3 und 2.5. Dafür wurden in jeder Gruppe ausschließlich die Fälle ausgewählt, bei welchen die Teilnehmenden die Notizen grundsätzlich am Tag des jeweiligen Experiments erstellt haben. (Das betrifft die Experimente 2.1, 2.2 und 2.3; bei der Auswertung des Experiments 2.5 wurden alle Fälle betrachtet.)

Für diese ausgewählten Teilnehmendengruppen wurde die relative Häufigkeit der Übernahme des relevanten Tafelbildes verglichen, um die Relation der Häufigkeit der Übernahme des relevanten Tafelbildes zur Häufigkeit der grundsätzlichen Notizenerstellung auszuwerten.

4.3.3 Zusammenhänge zwischen der Übernahme des Tafelbildes und den Performanzen bei den Testaufgaben und bei den Vergleichsaufgaben

In der Tabelle 4.9 werden korrelative Zusammenhänge zwischen dem Mitschreiben während der Vorlesungen und den Performanzen bei den Testaufgaben und bei Vergleichsaufgaben für die Experimente der zweiten Studie, in der das Schreibverhalten der Teilnehmenden ausgewertet wurde, zusammengefasst. Die Performanz bei Vergleichsaufgaben korreliert mit der Performanz bei den Testaufgaben sehr stabil bei allen Experimenten mit mittlerer Effektstärke.

Die Performanz bei Vergleichsaufgaben korreliert mit dem grundsätzlichen Mitschreiben während der Vorlesungen (auch der grundsätzlichen Übernahme des Tafelbildes) erst ab dem Experiment 2.3, und zwar ab der Mitte des Vorkurses. Eben-

Tabelle 4.5 Performanz bei Vergleichsaufgaben im Zusammenhang mit der grundsätzlichen Erstellung von Vorlesungsnotizen am jeweiligen Tag, Experimente der zweiten Studie, Ergebnisse der t-Tests

	Keine Notizen vorhanden			Notizen vorhanden				p	p nach der Bonferroni-Korrektur	$|d|$
	N	M	SD	N	M	SD				
Experiment 2.1, 2. Unterrichtstag	43	**0.20**	0.31	140	**0.21**	0.31		.761	1.	
Experiment 2.2, 4. Unterrichtstag	30	**0.50**	0.34	114	**0.52**	0.33		.750	1.	
Experiment 2.3, 10. Unterrichtstag	40	**0.34**	0.26	108	**0.58**	0.27	$t(146) = -4.94$	$< .001$	$< .001$	0.91
Experiment 2.4, 12. Unterrichtstag	39	**0.24**	0.30	108	**0.41**	0.32	$t(145) = -2.74$	.007	.761	0.51
Experiment 2.5, 15. Unterrichtstag	69	**0.22**	0.35	53	**0.36**	0.37	$t(120) = -2.04$	.043	.217	0.37

Tabelle 4.6 Performanz bei Vergleichsaufgaben im Zusammenhang mit der grundsätzlichen Übernahme des Tafelbildes, Experimente der zweiten Studie, Ergebnisse der t-Tests

	Tafelbild nicht übernommen			Tafelbild übernommen				p	p nach der Bonferroni-Korrektur	$|d|$
	N	M	SD	N	M	SD				
Experiment 2.1, 2. Unterrichtstag	52	**0.19**	0.30	131	**0.22**	0.32		.622	1.	
Experiment 2.2, 4. Unterrichtstag	40	**0.51**	0.35	104	**0.52**	0.33		.914	1.	
Experiment 2.3, 10. Unterrichtstag	45	**0.35**	0.27	103	**0.59**	0.27	$t(146) = -4.94$	$< .001$	$< .001$	0.88
Experiment 2.4, Gruppe B, 12. Unterrichtstag	17	**0.26**	0.35	64	**0.45**	0.32	$t(79) = -2.10$	.039	.195	0.57
Experiment 2.5, 15. Unterrichtstag	69	**0.22**	0.35	53	**0.36**	0.37	$t(120) = -2.04$	.043	.217	0.37

Tabelle 4.7 Performanz bei Vergleichsaufgaben im Zusammenhang mit der korrekten (inklusive der exakten) Übernahme des Tafelbildes, Experimente der zweiten Studie, Ergebnisse der t-Tests

	Tafelbild nicht korrekt			Tafelbild korrekt				p	p nach der Bonferroni-Korrektur	$|d|$
	N	M	SD	N	M	SD				
Experiment 2.1, 2. Unterrichtstag	88	**0.18**	0.29	95	**0.24**	0.33		.231	1.	
Experiment 2.2, 4. Unterrichtstag	74	**0.51**	0.34	70	**0.52**	0.33		.888	1.	
Experiment 2.3, 10. Unterrichtstag	52	**0.37**	0.27	96	**0.60**	0.27	$t(146) = -4.87$	< .001	< .001	0.84
Experiment 2.4, Gruppe B, 12. Unterrichtstag	41	**0.40**	0.34	40	**0.43**	0.33		.643	1.	
Experiment 2.5, 15. Unterrichtstag	72	**0.22**	0.34	50	**0.37**	0.38	$t(120) = -2.25$	.027	.133	0.41

Tabelle 4.8 Vergleich relativer Häufigkeiten der Übernahme des relevanten Tafelbildes bezüglich der Häufigkeit der grundsätzlichen Notizenerstellung am Tag des jeweiligen Experiments, Experimente der zweiten Studie, Ergebnisse der t-Tests

	Gruppe 1			Gruppe 2				p	p nach der Bonferroni-Korrektur	$|d|$
	N	M	SD	N	M	SD				
Experiment 2.1, Gruppe 1 (A): Tafel traditionell, Gruppe 2 (B): Tafel statisch	95	**0.94**	0.24	45	**0.93**	0.25	Vorlesungs-Bedingungen	.938	1.	
Experiment 2.2, Gruppe 1 (A); Beamer computergedruckt, sequenti-ell/dynamisch, Gruppe 2 (B): Beamer computergedruckt, statisch	54	**0.93**	0.26	60	**0.88**	0.32	Vorlesungs-Bedingungen	.446	1.	
Experiment 2.3, Gruppe 1 (A): Tafel traditionell, Gruppe 2 (B): Beamer, Digitalstift	56	**0.95**	0.23	52	**0.96**	0.19	Vorlesungs-Bedingungen	.712	1.	

(Fortsetzung)

Tabelle 4.8 (Fortsetzung)

	Gruppe 1			Gruppe 2				p	p nach der Bonferroni-Korrektur	$|d|$
	N	M	SD	N	M	SD				
Experiment 2.5, Gruppe 1 (A): Beamer computergedruckt, sequentiell/dynamisch, Gruppe 2 (B): Beamer, Digitalstift	40	**0.13**	0.33	37	**0.49**	0.51	$t(61.68) = -3.66$	.001	.003	.85
Experiment 2.5, Gruppe 1 (B): Beamer, Digitalstift, Gruppe 2 (C): Tafel traditionell	37	**0.49**	0.51	45	**0.67**	0.48		.104	.624	
Experiment 2.5, Gruppe 1 (A): Beamer computergedruckt, sequentiell/dynamisch, Gruppe 2 (C): Tafel traditionell	40	**0.13**	0.33	45	**0.67**	0.48	$t(78.96) = -6.11$	< .001	< .001	1.30

Tabelle 4.9 Korrelationen zwischen der korrekten (inkl. exakten) Übernahme des Tafelbildes und den Performanzen bei den Testaufgaben und bei den Vergleichsaufgaben, Experimente der zweiten Studie (**Die Korrelation ist auf dem Niveau von .01 (2-seitig) signifikant. *Die Korrelation ist auf dem Niveau von .05 (2-seitig) signifikant.)

Korrelationen zwischen den Performanzen bei:	Exp. 2.1	Exp. 2.2	Exp. 2.3	Exp. 2.4	Exp. 2.4, nur TLN, die Notizen an diesem Tag erstellten	Exp. 2.4, nur Gruppe B	Exp. 2.5
		Aufg1; Aufg2					Aufg1; Aufg2
Testaufgaben und							
– Notizen erstellt	.156*	.122; .135,	.256**	.213**		.307**	
– Tafelbild übernommen	.093	.148; .132,	.254**	.199**	.142	.259**	.248**; .203*
– Tafelbild korrekt	.191**	.189*; .161	.211**	.230**	.229*	.290**	.245**; .275**
Vergleichsaufgaben und							
– Notizen erstellt	.023	.027	.378**	.222**		.249**	
– Tafelbild übernommen	.037	.009;	.378**	.249**	.181	.230**	.183*
– Tafelbild korrekt	.089	.012	.374**	.131	.063	.052	.201*
Vergleichsaufgaben und Testaufgaben	.278**	.402**	.446**	.441**	.388**	.454**	.330**; .394**

falls erst ab dem Experiment 2.3 korreliert die Performanz bei den Testaufgaben mit dem grundsätzlichen Mitschreiben während der Vorlesungen. Diese Korrelationen erreichen überwiegend eine kleine und teilweise mittlere Effektstärke.

Bei allen Experimenten (außer der zweiten Aufgabe des Experiments 2.2) korreliert die Performanz bei den Testaufgaben mit der korrekten (inklusive der exakten) Übernahme des Tafelbildes mit kleiner Effektstärke.

Diskussion der Ergebnisse und Ausblick 5

In diesem Kapitel werden die Untersuchungsergebnisse der ersten und der zweiten Experimentalstudie diskutiert und nach den in den Abschnitten 2.6 und 2.7 zusammengefassten theoretischen Erkenntnissen interpretiert, um die im Abschnitt 2.7 formulierte Forschungsfragen beantworten zu können. Nachfolgend werden die Limitationen der durchgeführten Untersuchung genannt und anschließend ein Ausblick auf die weiteren möglichen Forschungsfragen gegeben.

Bezüglich der nachfolgenden Diskussion der Untersuchungsergebnisse wird davon ausgegangen, dass die Ergebnisse mehrerer Forschungsstudien hinsichtlich der Aktivierung von bestimmten Hirnarealen im Zusammenhang mit bestimmten Aktivitäten, die in den Abschnitten 2.4 und 2.5 vorgestellt worden sind, mögliche Erklärungen für die im Rahmen dieser Dissertation erzielten Untersuchungsergebnisse liefern können. Der Forschungsgegenstand der im Rahmen dieser Dissertation durchgeführten Experimente gibt allerdings keine Möglichkeit, die Ergebnisse der Hirnforschung wissenschaftlich zu belegen.

5.1 Diskussion der Ergebnisse

5.1.1 Vergleich der Darstellungsarten

Um den möglichen Einfluss der Darstellungsform der Mathematikvorlesung zu untersuchen, wurden in einer Experimentenreihe, die in zwei nacheinander folgen-

Ergänzende Information Die elektronische Version dieses Kapitels enthält Zusatzmaterial, auf das über folgenden Link zugegriffen werden kann https://doi.org/10.1007/978-3-658-37789-2_5.

den Studien durchgeführt wurde, die Wirkung unterschiedlicher Darstellungsarten stufenweise miteinander verglichen.

Im Experiment 1.1 wurde untersucht, ob die Darstellungsart einer Mathematik-vorlesung grundsätzlich in der Lage sein kann, die Performanz der Teilnehmenden zu beeinflussen. Dieses erste Experiment, in dem die Wirkung einer traditionellen Tafelvorlesung mit der Wirkung einer statischen Beamerpräsentation verglichen wurde, zeigte einen hochsignifikanten Unterschied mit einer mittleren bis großen Effektstärke. Die Performanzunterschiede blieben für alle getesteten Aufgaben bzw. Lösungsschritte stabil. Im Experiment 1.3 wurde außerdem bestätigt, dass dieser Effekt unabhängig von der Gruppenzusammensetzung aufzutreten scheint. Diese Ergebnisse sind im Einklang mit der Präferenz der traditionellen Tafelvorlesung für mathematische Lehrveranstaltungen von Artemeva und Fox (2011). Eine Tafelvorlesung ist außerdem eine der gängigen Live-Schreib-Möglichkeiten, die nach Maclaren (2014) oder Ebner und Nagler (2008) von Lehrenden und Lernenden bezüglich der mathematischen Lehrveranstaltungen präferiert würden. Es wird beispielsweise von Artemeva und Fox (2011) und Maclaren (2014) grundsätzlich angenommen, dass sich eine handschriftliche Darstellungsart positiv auf den Lerneffekt der Teilnehmenden auswirkt. Nach der prinzipiellen Übereinstimmung mit den Ergebnissen der ersten Studie wurden diese Hypothesen in den Experimenten der zweiten Studie detailliert getestet.

Als bedeutsame Eigenschaften der Darstellungsarten wurden das Medium, die Dynamik und die Schriftform angesehen (dargestellt in der Tabelle 4.1) und ihre Rolle in mehreren Experimenten überprüft.

5.1.1.1 Die Rolle des Mediums

Da der Inhalt des Experiments 1.1 (der relevante Vorlesungsabschnitt und die beiden Testaufgaben) exakt in das Experiment 2.3 übernommen wurde, konnte der Vergleich mit der traditionellen Tafelvorlesung tiefer gestuft fortgesetzt werden. Im Unterschied zum Experiment 1.1 wurde im Experiment 2.3 die statische computer-gedruckte Beamervorlesung durch eine dynamische handschriftliche Beamervorle-sung (mit Hilfe vom Digitalstift) ausgetauscht. So unterschieden sich die beiden Vorlesungsarten im Experiment 2.3 lediglich durch einen Parameter: das Medium. Da im Experiment 2.3 mit Hilfe vom Äquivalenztest kein Performanzunterschied festgestellt wurde, deuten die Ergebnisse der beiden Experimente darauf hin, dass **die Rolle des Mediums** für den Lerneffekt nicht relevant sein sollte, was die Mei-nung von Clark (1994) bestätigt. Auch die Auswertung der Feldnotizen zeigte keine nennenswerten Verhaltensunterschiede der Teilnehmenden der beiden Parallelgrup-pen im Experiment 2.3. Der Hinweis von Matsuo et al. (2001), dass motorische Assoziationen sowohl während einer „normalen" Schreibbewegung als auch durch

Bewegung des „Punktes" mit dem Zeigefinger hervorgerufen würden, könnte die Ergebnisse der Experimente 1.1 und 2.3 erklären, denn während einer Digitalstift-vorlesung ist gerade die Bewegung des Digitalstift-Punktes an der Leinwand zu sehen.

5.1.1.2 Die Rolle der Schriftform

Der Vergleich, der im Experiment 2.5 stattfand, zeigte einen signifikanten Unterschied zwischen der Performanz der Teilnehmenden nach einer dynamischen computergedruckten Beamerpräsentation und nach einer dynamischen handschriftlichen Beamerpräsentation. Dieses Ergebnis gibt einen Hinweis darauf, dass **die Handschriftlichkeit** eine wichtige (vielleicht sogar entscheidende) Rolle gespielt hat, denn genau dieser Parameter war in den Gruppen A und B im Experiment 2.5 unterschiedlich. Außerdem wurde im Experiment 2.5 noch einmal die Performanz der Teilnehmenden nach einer traditionellen Tafelvorlesung und nach einer dynamischen handschriftlichen Beamervorlesung verglichen. Da für diese zwei Gruppen keine signifikante Interaktion von Test × Gruppe festgestellt wurde, wurde dadurch das Ergebnis des Experiments 2.3 bestätigt. Zusammen mit den Ergebnissen der ersten Studie stützen die Experimente 2.3 und 2.5 die Priorisierung von Live-Schreiben für mathematischen Lehrveranstaltungen von Maclaren (2014) oder Ebner und Nagler (2008). Nach Longcamp et al. (2011) würden nämlich unterschiedliche Gehirnreaktionen bei der Erkennung von gedruckten und handgeschriebenen Buchstaben beobachtet.

Als eine weitere mögliche Erklärung dieser empirischen Ergebnisse können die Untersuchungsergebnisse von Rizzolatti und Sinigaglia (2016) dienen, dass die motorischen Prozesse während der Beobachtung einer Handlung aufgerufen werden. Im Falle einer handschriftlichen Vorlesung wird die oder der Lehrende beim Ausführen von Schreibbewegungen beobachtet, was nach Arndt (2018b) die für die Buchstabenerkennung zuständige Hirnregionen aktivieren könnte. Dadurch, dass die zu beobachtende Schreibbewegung explizit durch einen Menschen (und keinen Roboter) durchgeführt wurde, habe das nach Press et al. (2005), Tai et al. (2004) und Kilner et al. (2003) die entsprechende motorische Hirnaktivierung der Teilnehmenden verstärken können.

5.1.1.3 Die Rolle der Dynamik

Weitere Aspekte brachte die Testung des **dynamischen** Effekts, die zum ersten Mal im Experiment 2.1 am Beispiel einer handschriftlichen Darstellung erfolgte. Zum zweiten Mal wurde der dynamische Effekt im Experiment 2.2 am Beispiel einer computergedruckten Darstellung getestet. Im Falle der handschriftlichen Darstellung zeigte sich eine signifikante Interaktion von Test × Gruppe, im Falle der computergedruckten Darstellung blieb es beim statistischen Trend, aber in den beiden Fällen erzielte jeweils die dynamische Gruppe eine höhere Performanz als die Gruppe, in der ein statisches Tafelbild bzw. eine statische PowerPoint-Präsentation dargestellt wurde. Der Vergleich, der im Experiment 2.1 stattgefunden hat, könnte mit den Untersuchungsergebnissen von Vinci-Booher et al. (2018) und Vinci-Booher und James (2020) erklärt werden, dass beim Beobachten der dynamischen Entstehung der handgeschriebenen Buchstaben eine höhere Gehirnaktivierung als beim Betrachten der statischen Darstellung hervorgerufen würde. Somit sprechen die Ergebnisse des Experiments 2.2 dafür, dass eine dynamische handschriftliche Darstellung vorteilhafter als eine statische handschriftliche Darstellung bezüglich des Lerneffekts sein könnte.

In den Experimenten 2.1 und 2.2 wurde zusätzlich die Performanz der Teilnehmenden, die das Tafelbild nicht übernommen haben, getrennt ausgewertet. Für diese Teilnehmenden wurden die Performanzen der dynamischen und der statischen Gruppe verglichen. Es zeigte sich hauptsächlich ein statistischer Trend und vereinzelt eine signifikante Interaktion von Test × Teilgruppe mit jeweils einem Vorsprung der dynamischen Teilgruppe. Dass somit nur ein schwacher Unterschied der Performanz dieser beiden Teilgruppen gezeigt wurde, könnte damit erklärt werden, dass die Teilnehmenden, die nicht mitgeschrieben haben, die Tafel möglicherweise nicht durchgehend im Blick behielten und die dynamische Entstehung jedes Symbols, nicht sorgfältig beobachtet haben.

5.1.1.4 Weitere Erkenntnisse im Zusammenhang mit dem Vergleich der Darstellungsarten

Des Weiteren hat die Auswertung der Feldnotizen einen Hinweis darauf gegeben, dass die Teilnehmenden dazu tendieren, die Inhalte, die sowohl an der Tafel als auch an der Leinwand neu erscheinen, sofort zu übernehmen. Im Falle einer statischen Darstellung führt dieses Verhalten entsprechend dazu, dass die Inhalte nicht synchron zum mündlichen Vortrag (handschriftlich) übernommen werden. Wenn die Präsentation dynamisch durchgeführt wird, übernehmen die Teilnehmenden die Lehrinhalte zwar trotzdem sofort, wenn sie neu erscheinen, dabei aber synchron zum mündlichen Vortrag. Aus der Perspektive der Imitation bekommt dieser Aspekt eine weitere Erklärung: Im Falle einer handschriftlichen dynamischen Vorlesung werden die Teilnehmenden dazu animiert, die Lehrinhalte synchron mit den Lehrenden zu schreiben, was nach Rizzolatti et al. (2009) als Beobachtung der Ausführung einer kongruenten motorischen Bewegung während ihrer Durchführung den Lerneffekt vergrößern sollte. Ob die handschriftliche Präsentation digital oder traditionell erfolgt, scheint dabei unerheblich zu sein.

Die festgestellten Performanzunterschiede bezüglich der Interaktion der unterschiedlichen Darstellungsarten und der Quantität und der Qualität der Notizenerstellung werden nachfolgend im Abschnitt 5.1.2.3 diskutiert.

Das Anfertigen der Zeichnungen in der Testlösung wurde im Experiment 1.3 beim Vergleich einer traditionellen Tafelvorlesung und einer statischen computergedruckten Beamervorlesung sowie im Experiment 2.1 beim Vergleich einer traditionellen dynamischen Tafelvorlesung und einer statischen Tafelvorlesung untersucht. Beide Vergleiche zeigten keinen signifikanten Unterschied der Performanz der beiden Parallelgruppen bezüglich der Häufigkeit des Anfertigens der Zeichnungen in der Testlösung. Im Experiment 1.3 wurde allerdings der statistische Trend bezüglich der nicht exakten Übernahme der Zeichnung in die Testlösung mit dem Vorteil für die Tafel-Gruppe beobachtet.

Darüber hinaus wies das Experiment 1.2 darauf hin, dass sich die Teilnehmenden an die Inhalte einer traditionellen (handschriftlichen und dynamischen) Tafelvorlesung besser zu erinnern scheinen als an die Inhalte einer statischen computergedruckten Beamervorlesung. Dieser Hinweis könnte mit den Ergebnissen von Wecker (2012) und Savoy et al. (2009) verglichen werden, dass sich die Teilnehmenden an die Informationen, die auf den PowerPoint-Folien platziert werden, besser erinnern und dass sie diese auch besser behalten könnten. (In diesen Studien wurde der Lerneffekt von PowerPoint-Präsentationen mit dem Lerneffekt von rein mündlichen Vorlesungen verglichen.)

Die Auswertung der Feldnotizen brachte noch eine zusätzliche Beobachtung beim Experiment 2.5, dass die Teilnehmenden am Ende der Vorlesung mehrfach die Kreidetafel nach einer traditionellen Tafelvorlesung aber nicht die Leinwand nach einer Beamervorlesung fotografiert haben.

5.1.2 Vergleich der Performanz im Zusammenhang mit dem Erstellen von Vorlesungsnotizen

Die Auswertung der Vorlesungsnotizen der Teilnehmenden fand in allen fünf Experimenten der zweiten Studie statt. Es wurde bei jedem Experiment ausgewertet, ob die Teilnehmenden ihre Notizen an dem jeweiligen Tag grundsätzlich angefertigt haben, ob sie das für das Experiment relevante Tafelbild in ihre Notizen übernommen haben, ob das Tafelbild exakt und teilweise korrekt (aber nicht exakt) übernommen wurde. Die Auswertungskriterien sind im Abschnitt 4.1.2 und im Anhang B im elektronischen Zusatzmaterial erläutert.

Alle Experimente der zweiten Studie deuten stabil darauf hin, dass sich handschriftliche Erstellung der Vorlesungsnotizen positiv auf die Performanz der Teilnehmenden auswirkt. Bei einigen Experimenten hatten die Teilnehmenden, die das Tafelbild grundsätzlich (nicht unbedingt absolut korrekt oder exakt) übernommen haben, einen signifikanten Performanzvorsprung mit teilweise großer Effektstärke über die Teilnehmenden, die das Tafelbild nicht übernommen haben, gezeigt.

Bei einigen Experimenten wurde dieser Effekt erst dann beobachtet, wenn nach der exakten bzw. korrekten Übernahme des Tafelbildes unterschieden wurde. Eine signifikante Interaktion von Test × „Übernahme des Tafelbildes" zeigte sich nur beim Experiment 2.2 bezüglich der Teillösung (Ansatz). Dieser Interaktionseffekt spricht für eine direkte (kurzfristige) Wirkung der Übernahme des relevanten Tafelbildes.

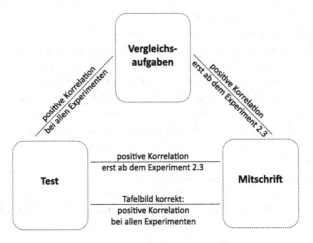

Abbildung 5.1 Korrelative Zusammenhänge zwischen der Übernahme des Tafelbildes, der Performanz bei Vergleichsaufgaben und der Performanz bei den Testaufgaben

Bei den Experimenten 2.1, 2.3, 2.4 und 2.5 wurde keine signifikante Interaktion von Test × „Übernahme des Tafelbildes" bzw. Test × „Korrekte (inklusive exakte) Übernahme des Tafelbildes" beobachtet, dafür aber jeweils ein signifikanter Performanzunterschied bei der Testung des nicht messwiederholten Faktors „Übernahme des Tafelbildes", bzw. „Korrekte (inklusive exakte) Übernahme des Tafelbildes" (bei den Experimenten 2.3, 2.4 und 2.5 mit mittlerer Effektstärke), was prinzipiell für unterschiedliche Leistungsstärken der nach diesem Prinzip gebildeten Teilnehmendengruppen spricht. So zeigten die Teilnehmenden, die das Tafelbild übernahmen, auch bei Vergleichsaufgaben eine höhere Performanz als jeweils die Teilnehmenden, die das Tafelbild nicht übernahmen.

Die im Abschnitt 4.3.1 zusammengefassten Vergleiche der Performanz bei Vergleichsaufgaben im Zusammenhang mit der Erstellung von Vorlesungsnotizen, die für alle Experimente der zweiten Studie durchgeführt wurden, zeigten, dass die nach ihrem Schreibverhalten gebildeten Teilnehmendengruppen bei den Experimenten 2.1 und 2.2 ähnlich hohe und nach dem t-Test nicht signifikant unterschiedliche Performanzen erzielt haben. Bei den Experimenten 2.3, 2.4 und 2.5 war der Vorteil der Teilnehmenden, die ihre Vorlesungsnotizen erstellt haben, signifikant und erreichte teilweise eine kleine, teilweise eine mittlere Effektstärke. Im Zusammenhang mit der korrekten (inklusive der exakten) Tafelbildübernahme war der Performanzunterschied etwas kleiner (und beim Experiment 2.4 nicht signifikant) als im Zusammenhang mit der grundsätzlichen Übernahme des Tafelbildes und im Zusammenhang mit der Erstellung von Notizen am jeweiligen Tag.

Die im Abschnitt 4.3.3 zusammengefassten korrelativen Zusammenhänge zwischen dem Mitschreiben während der Vorlesungen und den Performanzen bei den Testaufgaben und bei Vergleichsaufgaben, die in der Abbildung 5.1 visualisiert sind, ergänzen die Untersuchungsergebnisse bezüglich des Vergleichs der Performanz der Teilnehmenden im Zusammenhang mit dem Erstellen von Vorlesungsnotizen.

Die obigen Auswertungsergebnisse bezüglich des Vergleichs der Performanz im Zusammenhang mit dem Erstellen von Vorlesungsnotizen geben Anlass für folgende Hypothesen:

1. Positive Korrelationen mit überwiegend mittlerer Effektstärke zwischen den Performanzen bei Vergleichsaufgaben und den Performanzen bei den Testaufgaben sprechen dafür, dass die Performanzen der Teilnehmenden bei Vergleichsaufgaben und bei den Testaufgaben von ihrer allgemeinen mathematischen Leistungsstärke abhängen. Darauf deuten ebenfalls signifikante Performanzunterschiede mit teilweise mittlerer Effektstärke bei der Testung des nicht messwiederholten Faktors „Übernahme des Tafelbildes", bzw. „Korrekte (inklusive exakte) Übernahme des Tafelbildes" hin.

2. Die signifikante Interaktion von Test × „Übernahme des Tafelbildes" bezüglich der Teillösung (Ansatz) deutet auf die positive Wirkung der handschriftlichen Übernahme des Tafelbildes direkt beim Experiment 2.2 hin, und spricht somit für den kurzfristigen positiven Einfluss der handschriftlichen Übernahme des relevanten Tafelbildes.

Ebenfalls für eine direkte Wirkung der Übernahme des relevanten Tafelbildes sprechen positive Korrelationen zwischen der korrekten (inklusive der exakten) Übernahme des Tafelbildes und der Performanz bei den Testaufgaben, und zwar insbesondere dann, wenn dieser Korrelationseffekt stärker als der Korrelationseffekt zwischen dem grundsätzlichen Mitschreiben und der Performanz bei den Testaufgaben ist. Dieser Effekt tritt allerdings nur teilweise auf: zum Teil bei den Experimenten 2.1 und 2.2 sowie beim Experiment 2.4 für die Teilnehmenden, die am Tag des Experiments Notizen grundsätzlich erstellten, und bei der zweiten Aufgabe des Experiments 2.5.

3. Die Teilnehmenden, die Vorlesungsnotizen erstellten, zeigten signifikante Vorteile bezüglich der Performanz bei Vergleichsaufgaben, die erst ab dem Experiment 2.3, und zwar ab der Mitte des Vorkurses, aufgetreten sind. Das spricht für eine langfristige Wirkung des Mitschreibens, das die Leistungsstärke der Teilnehmenden allgemein (langfristig; in diesem Fall nach über zwei Vorkurswochen) positiv beeinflusst.

Auch signifikante Performanzunterschiede mit teilweise mittlerer Effektstärke bei der Testung des nicht messwiederholten Faktors „Übernahme des Tafelbildes", bzw. „Korrekte (inklusive exakte) Übernahme des Tafelbildes" deuten auf größere Leistungsstärke der Teilnehmenden hin, die das Tafelbild übernahmen, als der Teilnehmenden, die das Tafelbild nicht übernahmen.

Für einen langfristigen positiven Effekt des Mitschreibens sprechen auch positive Korrelationen zwischen dem (grundsätzlichen) Mitschreiben während der Vorlesungen und der Performanz bei Vergleichsaufgaben sowie positive Korrelationen zwischen dem (grundsätzlichen) Mitschreiben und der Performanz bei den Testaufgaben, die ebenfalls erst ab dem Experiment 2.3 zu beobachten waren.

4. Somit deuten die Untersuchungsergebnisse auf einen Zusammenhang zwischen dem Erstellen der Vorlesungsnotizen (bzw. der korrekten Übernahme des Tafelbildes), der Performanz bei Vergleichsaufgaben (also der allgemeinen Leistungsstärke) und der Performanz bei den Testaufgaben hin. Außer den unter 1., 2. und 3. dargestellten möglichen Interpretationen wäre die Existenz einer (übergeordneten) Eigenschaft der Teilnehmenden, die das Erstellen der Vorlesungsmitschrift, die Performanz bei Vergleichsaufgaben und die Performanz bei den Testaufgaben parallel beeinflusst, eine weitere mögliche Erklärung für die erzielten Ergebnisse.

Diese Ergebnisse könnten mit den Hinweisen von Vinci-Booher et al. (2016), dass durch das Schreiben eine Verbindung zwischen der visuellen Buchstabenerkennungsregion und den motorischen Arealen aufgebaut würde, von Ose Askvik et al. (2020), dass die präzisen und kontrollierten Bewegungen beim Schreiben neuronale Netzwerke aktivieren würden, von Longcamp et al. (2005) und Longcamp et al.

(2006), dass die mit Hilfe der motorischen Erfahrung erzielten Lernergebnisse zeitlich stabiler seien, sowie von Kersey und James (2013), dass Schreiberfahrung für die Aktivierung motorischer Hirnareale beim passiven Betrachten von Buchstaben sorge, erklärt werden. Wenn außerdem selbstgeschriebene Zeichen eine geringere kognitive Belastung, als von einer anderen Person verfasste Zeichen verursachen würden (Sawada et al., 2016), dann hätten die Teilnehmenden mehr freie Ressourcen, um den fachlichen (semantischen) Sinn der durchgeführten Berechnungen zu verstehen und zu verinnerlichen.

5.1.2.1 Performanzunterschied im Zusammenhang mit der exakten und korrekten aber nicht exakten Übernahme des Tafelbildes

Die in den Experimenten 2.2, 2.3 und 2.5 durchgeführten zusätzlichen Auswertungen, die die Performanz der Teilnehmenden nach Exaktheit und Korrektheit der Tafelbildübernahme in die Vorlesungsnotizen verglichen, zeigten stabil, dass die Teilnehmenden, die das Tafelbild korrekt aber nicht exakt übernahmen, bei allen drei Vergleichen dieser Art die höchste Performanz erzielten. Die niedrigste Performanz zeigten stabil die Teilnehmenden, die das Tafelbild weder korrekt noch exakt (inklusive gar nicht) übernahmen. Die Teilnehmenden, die das Tafelbild exakt übernahmen, zeigten stabil die mittlere Performanz. Bei den Experimenten 2.4 und 2.5 war dieser Unterschied signifikant und erreichte eine mittlere Effektstärke.

Eine mögliche Erklärung dieses Effekts könnte darauf gestützt werden, dass die Teilnehmenden, die die Rechenwege nicht exakt aber trotzdem korrekt übernahmen, sie mental intensiver verarbeitet und einige Umformungen teilweise selbstständig durchgeführt haben. So stimmen diese Ergebnisse mit den Erkenntnissen von Mueller & Oppenheimer (2014) überein, dass das Verarbeiten im Gehirn der Lehrinhalte bereits während der Vorlesung positiv auf den Lernprozess auswirke, und den Hinweisen von Kiefer et al. (2020), dass die aktive Beschäftigung mit dem Inhalt der Veranstaltung während des Handschreibens zu einem tieferen Verständnis der Lehrinhalte führe. Die genauen Ursache und Wirkung dieses Effekts konnten allerdings nicht geklärt werden. Es wäre sicherlich denkbar, dass die besser vorbereiteten Teilnehmenden (worauf ihre höhere Performanz bei den Vergleichsaufgaben hinweist) eher in der Lage waren, den Lösungsweg zu variieren, und anschließend die Testaufgaben besser zu lösen. Es wäre auch anzunehmen, dass die Teilnehmenden, die diese Arbeitsweise besitzen, die Lehrinhalte bereits während einer Lehrveranstaltung intensiv im Gehirn verarbeiten, sich damit ein tieferes Verständnis der Lehrinhalte und mehr Wissen aneignen, was zu einer besseren fachlichen Vorbereitung führen könnte.

5.1.2.2 Zusätzlicher Vergleich bezüglich langfristiger und direkter Wirkung der Notizenerstellung im Experiment 2.4

Die Besonderheit des Experiments 2.4 ermöglichte einen Performanzvergleich der drei folgenden Teilgruppen:

- den Teilnehmenden, die keine Notizen am Tag des Experiments erstellt haben,
- den Teilnehmenden, die ihre Notizen an diesem Tag grundsätzlich erstellten aber das relevante Tafelbild nicht übernahmen, und zwar unabhängig davon, ob sie und daran gehindert wurden, mitzuschreiben, oder aus einem anderen Grund nicht mitgeschrieben haben,
- den Teilnehmenden, die ihre Vorlesungsnotizen vor dem Experiment an diesem Tag erstellten und das für das Experiment relevante Tafelbild übernommen haben.

Der Vergleich der Performanz dieser drei Teilgruppen zeigte einen signifikanten Haupteffekt mit einer mittleren Effektstärke, der auf die unterschiedliche Leistungsstärke dieser drei Teilgruppen hindeutet. Die höchste Performanz zeigten die Teilnehmenden, die ihre Vorlesungsnotizen vor dem Experiment an diesem Tag erstellten und das für das Experiment relevante Tafelbild übernommen haben, die niedrigste die Teilnehmenden, die keine Notizen am Tag des Experiments erstellt haben.

Ebenfalls signifikant mit mittlerer Effektstärke war der Effekt, als der gleiche Vergleich nicht bezüglich der grundsätzlichen, sondern bezüglich der exakten Übernahme des relevanten Tafelbildes durchgeführt wurde.

Diese Ergebnisse unterstreichen die bereits im Abschnitt 5.1.2 diskutierte langfristige (bezüglich der Schreiberfahrung) und direkte (bezüglich der in der Vorlesung behandelten Inhalte) Bedeutung der Erstellung handschriftlicher Vorlesungsnotizen. Die Teilnehmenden, die vermutlich auch früher (regelmäßig) Notizen erstellt und eine längere Schreiberfahrung mit symbolischen mathematischen Inhalte haben, erreichten eine höhere Performanz als die Teilnehmenden, die keine Notizen erstellten, obwohl die beiden Teilnehmendengruppen das relevante Tafelbild nicht übernahmen. Die Teilnehmenden, die das Tafelbild übernahmen (bzw. korrekt übernahmen), zeigten höhere Performanz, als die Teilnehmenden, die das relevante Tafelbild nicht übernahmen. Diese Ergebnisse könnten unter anderem damit erklärt werden, dass die Schreibaktion als motorisches Programm gespeichert würde (Longcamp et al. 2011) sowie mit den bereits im Abschnitt 5.1.2 erwähnten Hinweisen verschiedener wissenschaftlicher Studien.

5.1.2.3 Festgestellte Performanzunterschiede bezüglich der Interaktion der Darstellungsarten und der Erstellung von Vorlesungsnotizen

Die getrennten Betrachtungen der Teilgruppen der Teilnehmenden, die den Vorlesungsinhalt in ihre Notizen übernommen haben, und der Teilnehmenden, die den Vorlesungsinhalt nicht übernommen haben, zeigte, dass die Teilnehmenden, die nicht mitgeschrieben haben, von der dynamischen Darstellungsform profitierten und eine teilweise signifikant höhere Performanz als die Teilnehmenden einer statischen Vorlesung erzielt haben. Unter den Teilnehmenden der Experimente 2.1 und 2.2, die das Tafelbild gar nicht übernahmen, haben die Teilnehmenden der Gruppe, in der jeweils eine dynamische Präsentation durchgeführt wurde, eine höhere Performanz in den Testaufgaben als die Teilnehmenden der statischen Gruppe erzielt. Beim Vergleich der handschriftlichen dynamischen und der handschriftlichen statischen Präsentationen im Experiment 2.1 zeigte sich ein statistischer Trend. Beim Vergleich der computergedruckten dynamischen und der computergedruckten statischen Präsentationen im Experiment 2.2 wurde beim Vergleich der beiden Ansätze ein signifikanter Unterschied und beim Vergleich der vollständigen Lösungen ebenfalls ein statistischer Trend beobachtet. Eine separate Betrachtung der Teilgruppe der Teilnehmenden, die das relevante Tafelbild übernommen haben, zeigte keinen nennenswerten Unterschied der Performanz der dynamischen und der statischen Gruppe.

Beim Experiment 2.2 wurde außerdem in der statischen Gruppe ein signifikanter Unterschied beim Vergleich der Performanz der Teilnehmenden, die das relevante Tafelbild in ihre Vorlesungsnotizen übernommen haben, und der Teilnehmenden, die das relevante Tafelbild nicht übernommen haben, bezüglich der beiden Ansätze festgestellt, und zwar mit dem Vorteil für die Teilgruppe, die das Tafelbild übernommen hat.

So deuten diese Ergebnisse darauf hin, dass eine dynamische, und nach den Untersuchungsergebnissen günstigere, Darstellungsart besonders denjenigen Teilnehmenden hilft, die während der Vorlesung keine handschriftlichen Notizen erstellen. Ebenso gilt umgekehrt: Durch die handschriftliche Übernahme der Vorlesungsinhalte können die Teilnehmenden die kleinere Lernwirkung einer weniger günstigen (statischen) Darstellungsart ausgleichen.

Die getrennte Auswertung bezüglich der korrekten (inklusive der exakten) Übernahme des Lösungsweges in die Vorlesungsnotizen und der Zugehörigkeit zu einer der Parallelgruppen im Experiment 2.3 zeigte jeweils einen signifikanten Vorsprung der Teilgruppe, die den Lösungsweg korrekt (inklusive exakt) übernommen hat, über die Teilgruppe, die den Lösungsweg weder korrekt noch exakt (inklusive gar nicht) übernommen hat, und zwar jeweils in der Parallelgruppe mit der traditionellen Tafelvorlesung und in der Parallelgruppe mit der Digitalstiftvorlesung.

Die getrennte Auswertung bezüglich der exakten Übernahme der Lösungsmengen in die Vorlesungsnotizen und der Zugehörigkeit zu einer der Parallelgruppen zeigte den gleichen statistischen Trend und einen entsprechenden signifikanten Vorsprung der Gruppe, in der eine Tafelvorlesung durchgeführt wurde. Eine mögliche Erklärung dafür, dass dieses Ergebnis nur teilweise einen signifikanten Performanzunterschied zeigte: Die Schreibweise der Lösungsmenge ist für die beiden Gleichungen ziemlich identisch. Als „Exakte Übernahme der Lösungsmenge" wurde die exakte Übernahme der Lösungsmengen beider Gleichungen, die in der Vorlesung vorgestellt wurden, gewertet. Möglicherweise haben einige Teilnehmende nur eine der beiden Lösungsmengen exakt übernommen, was eine negative Bewertung der „Exakten Übernahme der Lösungsmengen in die Vorlesungsnotizen" verursachte aber ausreichte, die Lösungsmengen bei dem Test richtig anzugeben. Diese Tatsache hätte die Gruppe der Teilnehmenden, die die Lösungsmenge nicht exakt übernommen haben, „stärken" können.

Beim Experiment 2.5 zeigten in den Gruppen B und C (in denen handschriftliche Vorlesungen durchgeführt wurden) jeweils diejenigen Teilgruppen signifikant höhere Performanz, in denen die Teilnehmenden das Tafelbild übernahmen. In der Gruppe A (computergedruckte Präsentation) war das Verhältnis genau umgekehrt, allerdings haben lediglich fünf Teilnehmende der Gruppe A, von denen niemand die Testaufgaben komplett gelöst hat, das Tafelbild übernommen.

5.1.2.4 Erstellung von Zeichnungen

Bezüglich der Übernahme der Zeichnungen in die Vorlesungsnotizen und der Erstellung der Zeichnungen in der Testlösung, wurden im Experiment 2.1 folgende korrelative Zusammenhänge beobachtet:

1. Die Anzahl der (korrekt) in die Notizen übernommenen Zeichnungen korreliert mit der Anzahl der in der Testlösung korrekt erstellten Zeichnungen. Sie korreliert aber nicht mit der Performanz in den Testaufgaben.

2. Die Häufigkeit mindestens einer (korrekten) Zeichnung-Übernahme in die Notizen korreliert signifikant mit der Häufigkeit der in der Testlösung erstellten mindestens einer (korrekten) Zeichnung. Sie korreliert aber nicht mit der Performanz in den Testaufgaben. Dieses Ergebnis wurde außerdem durch ANOVA mit Messwiederholung bestätigt.

3. Die Anzahl der in der Testlösung (korrekt) erstellen Zeichnungen korreliert signifikant mit der durchschnittlichen Performanz in allen Testaufgaben. Dieses Ergebnis wurde ebenfalls durch ANOVA mit Messwiederholung bestätigt.

Darüber hinaus zeigte eine ANOVA mit Messwiederholung einen signifikanten Haupteffekt des nicht messwiederholten Faktors „Exakte Übernahme der Lösung" bezüglich der Performanz in der Testlösung. Dieser Zusammenhang wird durch die positive Korrelation zwischen den Faktoren „Exakte Übernahme der Lösung" und „Performanz in der Testlösung" (Tabelle 4.9) bestätigt. Er ergänzt die Aufstellung der beobachteten Effekte, die folgendermaßen interpretiert werden könnten:

Die Vorlesungsaufgaben und die Testaufgaben wurden nach demselben Prinzip erstellt. Die Aufgabenlösungen, die in der Vorlesung behandelt wurden, und die Lösungen der Testaufgaben verwenden die gleiche abstrakte Schreibweise und dieselben mathematischen Symbole. So könnte angenommen werden, dass die während der exakten Übernahme der Lösungen in die Notizen gewonnene motorische Erfahrung das (korrekte) Lösen der Testaufgaben unterstützend beeinflussen konnte. Diese Hypothese kann mit den Untersuchungsergebnissen von beispielsweise Vinci-Booher et al. (2016), Ose Askvik et al. (2020), Vinci-Booher und James (2020) sowie Longcamp et al. (2011) erklärt werden.

Die Zeichnungen, die in der Vorlesung erstellt wurden, und die Zeichnungen, die in den Testaufgaben erstellt werden konnten, hatten ebenfalls die gleiche Struktur und waren nach dem gleichen Prinzip zu erstellen. Die positive Korrelation zwischen der Übernahme der Zeichnungen in die Vorlesungsnotizen und dem Erstellen der Zeichnungen in der Testlösung bestärkt somit die Hypothese, dass die während des Zeichnens in der Vorlesung gewonnene motorische Erfahrung die Teilnehmenden bei der Testlösung unterstützt haben können.

Diese beiden Zusammenhänge könnten mit den Untersuchungsergebnissen von Ose Askvik et al. (2020) erklärt werden, die darauf hinweisen, dass die präzisen und kontrollierten Bewegungen beim Schreiben und beim Zeichnen neuronale Netzwerke (zwar auf nicht gleiche) aber auf ähnliche Art und Weise aktivieren.

Die fehlende Korrelation zwischen der Übernahme der Zeichnungen in die Vorlesungsnotizen und der Performanz in der Testlösung spricht ebenfalls für diese Annahme, denn es gibt aus motorischer Sicht keine Gemeinsamkeiten zwischen der Form der Zeichnung und der abstrakt-symbolischen Schreibweise.

Die nachgewiesene positive Korrelation zwischen der Anzahl der in der Testlösung (korrekt) erstellen Zeichnungen und der Performanz in den Testaufgaben kann durch die Annahme von Dehaene et al. (1999), dass mathematische Fähigkeiten aus der Interaktion des sprachspezifischen und des visuell-räumlichen Gehirnsystems zu entstehen scheinen, erklärt werden. So kann angenommen werden, dass die Zahlenstrahl-Visualisierungen, die bei der Testlösung zeichnerisch erstellt wurden, die Teilnehmenden bei der abstrakt-symbolischen Lösung visuell-räumlich haben unterstützen können. Ein mentaler Zahlenstrahl wäre nach Dehaene et al. (1999) bzw. Dehaene et al. (2003) ein Beispiel für visuell-räumliche Repräsentationen.

Zusammenfassend ist diese mögliche Interpretation in der Abbildung 5.2 dargestellt.

Dass Zeichnungen im Experiment 2.1 in der statischen Gruppe B signifikant öfter als in der dynamischen Gruppe A in Relation zur grundsätzlichen Übernahme des Tafelbildes übernommen wurden, könnte damit erklärt werden, dass die Teilnehmenden der Gruppe B das Tafelbild nicht synchron zum mündlichen Vortrag übernahmen. Es wäre denkbar, dass die Teilnehmenden der Gruppe A während des Vortrags eher haben mitdenken können und somit nur die für sich notwendigen Zeichnungen übernommen haben. Es kann angenommen werden, dass die Teilnehmenden der Gruppe B eher dazu tendiert haben, den kompletten Tafelanschrieb zu übernehmen, noch bevor die Inhalte mündlich besprochen wurden.

Im Experiment 1.3 wurde kein signifikanter Einfluss der Übernahme der Zeichnung als visueller Rechenhilfe in die Lösung auf das Anfertigen der korrekten Lösung der Testaufgabe beobachtet. Es ist nicht auszuschließen, dass es von der Aufgabenstruktur bzw. von der Zeichnung selbst abhängen könnte, ob die Übernahme der bestimmten Zeichnung auf das Anfertigen der korrekten Lösung positiv auswirkt. Es wäre anzunehmen, dass die im Experiment 1.3 erstellte Zeichnung keine (ausreichende bzw. notwendige) visuelle Unterstützung für das Anfertigen

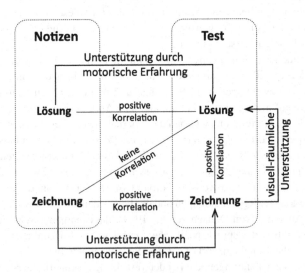

Abbildung 5.2 Mögliche Interpretation des korrelativen Zusammenhangs zwischen der Übernahme der Lösung und der Zeichnung in die Vorlesungsnotizen und der Performanz in dem Test bezüglich der Lösung und der Zeichnung, Experiment 2.1

der korrekten Lösung bot. (Welche visuellen Darstellungen genau auf das Anfertigen der korrekten Lösung bestimmter Aufgabenarten positiv auswirken könnten, wurde im Rahmen dieser Dissertation nicht erforscht.)

Die Ergebnisse der Experimente 1.3 und 2.1 bezüglich der Erstellung von Zeichnungen geben einen Hinweis auf die oben dargestellten Zusammenhänge und somit Anlass für weitere Untersuchungen.

5.1.3 Häufigkeit der Notizenerstellung im Zusammenhang mit der Darstellungsart

Die Auswertung, ob es einen Zusammenhang zwischen der Darstellungsart und dem Schreibverhalten der Teilnehmenden gibt, konnte grundsätzlich am Beispiel von den Experimenten 2.1, 2.2, 2.3 und 2.5 durchgeführt werden. Im Experiment 2.4 wurden die beiden Parallelgruppen mit der gleichen Darstellungsart unterrichtet.

Am Tag des Experiments 2.1 haben die Teilnehmenden der Gruppe A (vormittags) signifikant öfter als die Teilnehmenden der Gruppe B Vorlesungsnotizen erstellt. Am Tag des Experiments 2.3 haben die Teilnehmenden der Gruppe A (ebenfalls vormittags) signifikant seltener als die Teilnehmenden der Gruppe B Vorlesungsnotizen erstellt. Am Tag des Experiments 2.4 haben die Teilnehmenden der Gruppe A (nachmittags) signifikant seltener als die Teilnehmenden der Gruppe B Vorlesungsnotizen erstellt. Am Tag des Experiments 2.2 gab es keine Unterschiede in der Häufigkeit der Erstellung der Vorlesungsnotizen in den beiden Parallelgruppen. Für die beiden Gruppen A und B begann die Vorlesung am Tag der genannten Experimente jeweils mit einer traditionellen Tafelvorlesung.

Nachfolgend wurden in jeder Gruppe ausschließlich die Fälle ausgewählt, in denen die Teilnehmenden die Notizen jeweils grundsätzlich am Tag der Experimente 2.1, 2.2 und 2.3 übernommen haben. Für diese ausgewählten Teilnehmendengruppen wurde die relative Häufigkeit der Übernahme des relevanten Tafelbildes verglichen und somit die Relation der Häufigkeit der Übernahme des relevanten Tafelbildes zur Häufigkeit der grundsätzlichen Notizenerstellung ausgewertet. Es gab keine signifikanten Unterschiede der relativen Häufigkeiten der Übernahme des relevanten Tafelbildes in die Vorlesungsnotizen in den Experimenten 2.1, 2.2 und 2.3.

Das Experiment 2.5 fand nicht unter Vorlesungs-Bedingungen, sondern unangekündigt in einer Übung statt. Der Tafelanschrieb bzw. der Folieninhalt bestand ausschließlich aus dem für das Experiment relevanten Lehrinhalt. Es zeigte sich ein signifikanter Unterschied der Häufigkeiten der Tafelbildübernahme zwischen der Gruppe A, in der eine computergedruckte Präsentation durchgeführt wurde, und der Gruppen B und C, in denen die Präsentation handschriftlich erfolgte. Die Teilnehmenden der beiden handschriftlichen Gruppen B und C haben das Tafelbild häufiger als die Teilnehmenden der Gruppe A übernommen.

Somit geben diese Ergebnisse keinen eindeutigen Hinweis, ob die Häufigkeit der Notizenerstellung von der Darstellungsform abhängen könnte. Folgende Hypothesen könnten für die Planung weiterer Untersuchungen berücksichtigt werden:

1. Es kann angenommen werden, dass die Teilnehmenden wissen, dass es sinnvoll wäre, während der Vorlesung Notizen zu erstellen, und könnten davon ausgehen, dass es zu ihrer Aufgabe während des Studiums gehören sollte. Außerdem können sie so die Vorlesungsinhalte mit nach Hause nehmen. (Die Teilnehmenden haben zwar viele Vorkursmaterialien bekommen aber die Vorlesungsinhalte wurden in keiner Form ausgeteilt.)
2. Da die Experimente in der zweiten Hälfte stattfanden, hätten die Teilnehmenden bereits früher zum Vorlesungsbeginn die Entscheidung getroffen, ob sie an diesem Tag ihre Vorlesungsnotizen erstellen werden. Der Vergleich, ob das relevante Tafelbild grundsätzlich übernommen wurde, würde die Frage beantworten, ob die Teilnehmenden wegen einer bestimmten Vorlesungsart zu schreiben aufhörten.
3. Außerdem könnte angenommen werden, dass die Teilnehmenden, die bereits angefangen haben, die Vorlesungsinhalte zu notieren, eher nicht in der Mitte der Vorlesung ihre Schreibunterlagen wegräumten, sondern ihre Vorlesungsnotizen in diesem Fall zu Ende erstellen würden, und zwar unabhängig von den anderen Bedingungen, die ihren Schreibverhalten möglicherweise beeinflussen könnten.
4. Ausschließlich das Experiment 2.5 fand nicht unter Vorlesungs-Bedingungen statt. Die Teilnehmenden wussten nicht, was sie gerade erwartet und ob sie die dargestellten Inhalte direkt brauchen werden oder mitnehmen möchten bzw. sollten. So könnte angenommen werden, dass die Teilnehmenden beim Experiment 2.5 eher spontan (bzw. unbewusst) entschieden haben könnten, dargestellte Inhalte zu notieren oder nicht zu notieren.
5. Nach Rizzolatti und Sinigaglia (2016) können die motorischen Prozesse aufgerufen werden, indem man eine Person beobachtet, die diese Handlungen ausführt. Das lässt die Hypothese zu, dass die Teilnehmenden zu schreiben beginnen könnten, während sie schreibende Lehrende beobachten würden. Mit dieser Hypothese können die Ergebnisse nur bedingt (im Experiment 2.5) erklärt werden. Allerdings könnte angenommen werden, dass durch die Beobachtung anderer schreibenden Teilnehmenden zusätzliche Anreize zur Imitation geschaffen würden. Sollte es so sein, würde ein solches Verhalten zu einer Art „Kettenreaktion" unter den Teilnehmenden führen, unter der Bedingung natürlich, dass alle

oder mehrere Teilnehmenden einander beim Schreiben beobachten könnten. Das könnte signifikante Unterschiede bei der grundsätzlichen Notizenerstellung in den beiden Parallelgruppen bei den Experimenten 2.1, 2.3 und 2.4 erklären. Um diesen Aspekt genauer zu untersuchen, wären weitere Experimente notwendig.

Zusätzliche Bemerkung
Die Tatsache, dass in den Experimenten 2.1 und 2.3 jeweils eine der Gruppen (grundsätzlich) signifikant öfter die Vorlesungsnotizen erstellte, könnte zu einer Annahme führen, dass die entsprechende Gruppe deswegen und nicht wegen der Darstellungsart gestärkt wurde, und auch umgekehrt, dass die jeweilige gebildete Teilnehmendengruppe, die die Vorlesungsnotizen erstellte, durch die verwendete Darstellungsart gestärkt werden könnte. Gegen diese Annahme sprechen allerdings fehlende signifikante Interaktionen von Test × Teilgruppe zwischen den jeweiligen Teilgruppen A0 und A1 bzw. A1 und B1 (Experiment 2.1, S. 107) sowie B0 und B1 bzw. A1 und B1 (Experiment 2.3, S. 136).

5.1.4 Stabilität der Ergebnisse

5.1.4.1 Konstante Ergebnisse über verschiedene getestete Aufgaben und Lösungsschritte
Bei den Vergleichen aller Experimente der ersten und der zweiten Studie, die auf Performanzunterschiede hindeuten, die im jeweiligen Experiment ausgewertet wurden, blieb der Vorsprung der jeweiligen Teilnehmendengruppe über verschiedene Aufgaben und Lösungsschritte hinweg überwiegend konstant. Im Falle eines signifikanten Performanzunterschieds blieb der Effekt nur vereinzelt bei einigen Aufgaben bzw. Lösungsschritten aus.

Es wurden außerdem keine widersprüchlichen Ergebnisse bezüglich der Performanz der Teilnehmenden bei den durchgeführten Vergleichen festgestellt, was für die Konsistenz der erzielten Ergebnisse spricht.

5.1.4.2 Stabile Performanz über verschiedene Testjahre
Zum Vergleich der Performanz der Tafel-Gruppe im Experiment 1.1 und im Experiment 2.3, die unter denselben Rahmenbedingungen auf Basis derselben Lehrinhalte in zwei nacheinander folgenden Jahren durchgeführt wurde, wurden Äquivalenztests bezüglich aller Aufgaben und Lösungsschritte durchgeführt. Bis auf ein unschlüssiges Ergebnis bei einem der fünf Aufgaben/Lösungsschritte zeigten die Äquivalenztests signifikant gleiche Performanz über verschiedene Testjahre. Der Äquivalenztest war auch bezüglich der Mittelwerte der fünf Aufga-

ben/Lösungsschritte signifikant. Die statistisch identische Performanz in denselben Testaufgaben in zwei nacheinander folgenden Jahren spricht dafür, dass die Experimente gleich durchgeführt wurden.

5.2 Zusammenfassende Beantwortung der Forschungsfragen

Die vorliegende Dissertation hatte als Ziel, drei Forschungsfragen, die im Abschnitt 2.7 formuliert wurden, zu untersuchen. Unter Berücksichtigung der im Abschnitt 5.1 zusammengefassten und interpretierten Untersuchungsergebnisse können die Forschungsfragen folgendermaßen zusammenfassend beantwortet werden:

5.2.1 Forschungsfrage I

Hat die Darstellungsform einer Mathematikvorlesung mit formalen, abstrakten, symbolischen und für Studienanfängerinnen und Studienanfänger neuen mathematischen Inhalten Einfluss auf die Lernergebnisse?
Die durchgeführte Untersuchungsreihe hat gezeigt, dass handschriftliche Darstellungsarten für mathematische Lehrinhalte mit dem abstrakt-symbolischen Schwerpunkt vorteilhafter bezüglich des Lerneffekts zu sein scheinen.

Auch zeigten dynamische Darstellungsarten eine stärkere lernfördernde Wirkung als ihre statischen Alternativen. Das gilt sowohl für handschriftliche Darstellungsarten, bei denen die handschriftliche Entstehung jedes Symbols zu beobachten ist, als auch für computergedruckte Präsentationen, bei denen die Inhalte sequentiell (etwa schrittweise oder zeilenweise) eingeblendet werden.

Die Wahl des Mediums scheint den Lerneffekt nicht zu beeinflussen.

Somit haben sich eine traditionelle (handschriftliche und dynamische) Tafelvorlesung sowie eine handschriftliche und dynamische Digitalstiftvorlesung als die zwei günstigsten Darstellungsarten für abstrakt-symbolische mathematische Inhalte erwiesen. Die beiden Darstellungsarten haben in der Untersuchungsreihe den gleichen Lerneffekt gefördert.

Zusätzlich wiesen die Untersuchungsergebnisse darauf hin, dass eine dynamische (und somit günstigere) Darstellungsform für diejenigen Teilnehmenden besonders hilfreich ist, die während der Vorlesung keine (handschriftlichen) Notizen erstellen.

5.2.2 Forschungsfrage II

Führt handschriftliches Notieren von Teilnehmenden der obengenannten Lehrinhalte zum besseren Lernerfolg?
In allen fünf Experimenten der zweiten Studie wurde untersucht, ob das handschriftliche Arbeiten der Studienanfängerinnen und Studienanfänger ihre Performanz bei den Leistungstests beeinflussen könnte. Es wurden mehrere signifikante Vergleiche unterschiedlicher Arten durchgeführt, die auf die folgenden Erkenntnisse hindeuten:

Die grundsätzliche (sogar nicht unbedingt korrekte oder exakte) handschriftliche Übernahme des Tafelbildes scheint die Performanz der Teilnehmenden positiv zu beeinflussen. Dieser Effekt trat in vier von fünf Experimenten der zweiten Studie auf und erreichte teilweise mittlere Effektstärke.

Sollte es aus fachlicher Sicht keine Gestaltungsvariationen für die mathematischen Umformungen geben, beeinflusst die exakte Übernahme des Tafelanschriebs die Performanz der Teilnehmenden mit einer höheren Effektstärke als eine grundsätzliche Übernahme des Tafelanschriebs.

Wären aus fachlicher Sicht Variationen bei der Gestaltung der Umformungen zugelassen, scheint eine nicht exakte aber trotzdem korrekte Übernahme des Tafelbildes laut der Untersuchungsergebnisse am stärksten die Performanz der Teilnehmenden zu beeinflussen. Eine exakte Übernahme würde in diesem Fall einen schwächeren Effekt verursachen aber immer noch eine höhere Performanz als keine Übernahme des Tafelbildes fördern.

Zusammenfassend lässt sich eine korrekte (inklusive eine exakte) Übernahme des Tafelbildes als die Form des Schreibverhaltens definieren, die mit der größten Effektstärke die Performanz der Teilnehmenden beeinflussen könnte. Dieser Effekt mit hauptsächlich mittlerer Effektstärke wurde stabil in allen fünf Experimenten der zweiten Studie nachgewiesen. Die Untersuchungsergebnisse deuten auf die Geltung dieses Effektes auch für die handschriftliche Übernahme und Erstellung von Zeichnungen hin, denn die motorische Erfahrung beim Schreiben und beim Zeichnen scheint den Lerneffekt positiv zu unterstützen.

Die handschriftliche Erfahrung scheint die Performanz der Teilnehmenden insbesondere langfristig positiv zu beeinflussen. Die Gruppen der Teilnehmenden, die das Tafelbild übernahmen, zeigten eine höhere Leistungsstärke als die Gruppen der Teilnehmenden, die das Tafelbild nicht übernahmen. Ab der zweiten Vorkurshälfte erreichte dieser Effekt jeweils mittlere Effektstärke.

Das Schreiben mit der Hand scheint die fehlende Lernwirkung einer (weniger günstigen) statischen Darstellungsart zu kompensieren.

5.2.3 Forschungsfrage III

Führt(-en) eine (oder mehrere) Darstellungsform(en) einer Mathematikvorlesung zum handschriftlichen Arbeiten der Teilnehmenden, was wiederum den Lernerfolg (positiv) beeinflusst?
Ob der Weg zum handschriftlichen Arbeiten der Teilnehmenden zwingend über eine geeignete Darstellungsform der Mathematikvorlesung führt, konnte nicht sicher nachgewiesen werden. Die Experimente, die unter Vorlesungs-Bedingungen durchgeführt wurden, konnten keinen eindeutigen Hinweis darauf geben, ob die Entscheidung der Teilnehmenden, während der Vorlesung (handschriftliche) Notizen zu erstellen, von der Darstellungsform oder eventuell von den anderen möglichen Faktoren abhängen könnte.

Die Ergebnisse des Experiments 2.5, das nicht unter Vorlesungs-Bedingungen durchgeführt wurde, sprechen allerdings dafür, dass eine handschriftliche Darstellungsart die Teilnehmenden eher dazu animieren könnte, (handschriftliche) Notizen zu erstellen. Unter diesen Bedingungen haben die Teilnehmenden sowohl während der handschriftlichen Beamervorlesung als auch während der handschriftlichen Tafelvorlesung signifikant öfter als die Teilnehmenden einer computergedruckten Vorlesung das Tafelbild bzw. die Beamerfolie handschriftlich übernommen. Beim Vergleich der traditionellen Tafelvorlesung mit der computergedruckten Beamervorlesung war die Effektstärke zwar etwas höher als beim Vergleich der handschriftlichen Beamerpräsentation mit der computergedruckten Beamerpräsentation, aber die beiden Vergleiche zeigten Effekte mit jeweils großer Effektstärke.

Um die dritte Forschungsfrage beantworten zu können, wären weitere Untersuchungen notwendig.

5.2.4 Weitere Erkenntnisse

Bezüglich der handschriftlichen Übernahme von Zeichnungen deuten die Untersuchungsergebnisse darauf hin, dass die Teilnehmenden, die die Zeichnungen während der Vorlesung übernommen haben, sie auch in der Lösung häufiger erstellten. Es kann angenommen werden, dass der Einfluss der Zeichnungsübernahme auf die Performanz bei der Aufgabenlösung allerdings davon abhängt, ob die konkrete Zeichnung als visuelle Unterstützung prinzipiell für das Lösen der entsprechenden Aufgabe hilfreich sein könnte.

Die Teilnehmenden scheinen sich an die Inhalte einer traditionellen Tafelvorlesung im Vergleich zu einer statischen computergedruckten Beamervorlesung besser zu erinnern und sie besser behalten zu können. Der Einfluss anderer Darstellungsarten wurde in dieser Hinsicht nicht untersucht.

Die Teilnehmenden scheinen dazu zu tendieren, die Inhalte, die neu an der Tafel bzw. an der Leinwand erscheinen, sofort zu übernehmen, unabhängig davon, zu welchem Zeitpunkt diese Inhalte im mündlichen Vortrag angesprochen werden.

Am Ende einer traditionellen Tafelvorlesung haben die Teilnehmenden mehrfach die Kreidetafel fotografiert. Sie tendierten aber nicht dazu, die Leinwand nach einer Beamervorlesung zu fotografieren.

5.3   Limitationen

Folgende Aspekte könnten als Limitationen der durchgeführten Untersuchungsreihe genannt werden:

1. Mehrere Ergebnisse der bisherigen Studien deuten darauf hin, dass sich die grundsätzliche Schreiberfahrung bzw. die Schreiberfahrung bezüglich der einzelnen Symbole positiv auf den Lernprozess auswirken sollte (beispielsweise Kersey & James, 2013; Longcamp et al., 2005; Vinci-Booher & James, 2020). Einige Untersuchungsergebnisse der zweiten Studie konnten mit dieser Annahme erklärt werden. Obwohl die Lehrinhalte immer so ausgewählt wurden, dass sie für die Teilnehmenden möglichst unbekannt bzw. wenig bekannt sind, konnte der Bekanntheitsgrad der bestimmten Symbole in einer bestimmten Gruppe der Teilnehmenden nicht ermittelt werden. Es könnte deswegen sein, dass einige Performanzunterschiede dadurch verkleinert wurden, dass einige Teilnehmenden die verwendeten Symbole doch bereits früher gekannt haben und von ihrer (Schreib-)Erfahrung profitieren konnten.
2. Beim Experiment 2.4 haben die Teilnehmenden der Gruppe A, in der nicht erlaubt wurde mitzuschreiben, möglicherweise bemerkt, dass gleich nach der Vorlesung ein Test durchgeführt wird, und sich eventuell mehr darauf konzentriert, die Vorlesungsinhalte zu merken. Möglicherweise hat das den Performanzunterschied der beiden Parallelgruppen etwas abgeschwächt, wobei die Gruppe A trotzdem signifikant schlechter als die Gruppe B abgeschnitten hat. Auch die gruppenübergreifend gebildete Teilnehmendengruppe, die das Tafelbild exakt übernommen hat, hatte eine signifikant höhere Performanz erzielt als die Teilnehmendengruppe, die das Tafelbild nicht bzw. nicht exakt übernommen hat. Möglicherweise hätte dieser Effekt eine größere Stärke erreicht, wenn es gewährleistet hätte werden können, dass die Teilnehmenden nicht vom nachfolgend durchgeführten Test geahnt hätten.

3. Außerdem war die Gruppe A beim Experiment 2.4, in der nicht erlaubt wurde mitzuschreiben, zu Beginn des Experiments schwächer als die Gruppe B. Die Teilnehmenden der Gruppe A zeigten sowohl bei Vergleichsaufgaben als auch bei den Testaufgaben niedrigere Performanz als die Teilnehmenden der Gruppe B. Darüber hinaus haben die Teilnehmenden der Gruppe A grundsätzlich signifikant weniger Notizen an diesem Tag (vor dem Beginn des Experiments) angefertigt. Es bleibt somit unbekannt, wie ein solches Experiment ausgegangen wäre, wenn die beiden Gruppen zu Beginn des Experiments die gleiche Leistungsstärke gehabt hätten bzw. wenn die beiden Gruppen bezüglich des angewendeten Treatments vertauscht worden wären.

4. Die Vergleichsaufgaben, die in den Experimenten der ersten und der zweiten Studie verwendet wurden, konnten zwar die mathematische Vorbereitung der Teilnehmenden überprüfen, aber nicht explizit die Vorbereitung zum unmittelbar nachfolgend getesteten Thema. Um die Vorbereitung bezüglich der im jeweiligen Experiment verwendeten Lehrinhalte zu überprüfen, wäre notwendig gewesen, am Tag des Experiments immer jeweils zwei Leistungstests schreiben zu lassen: den ersten vor der Intervention und den zweiten nach der Intervention. Außer den damit verbundenen organisatorischer Schwierigkeiten hätte das dazu geführt, dass die Teilnehmenden während jeder Intervention gewusst hätten, dass nach der Vorlesung der zweite Test durchgeführt wird. Diese Information hätte sie dazu bringen können, sich mehr zu konzentrieren und sorgfältiger mitzuschreiben, als sie es regulär getan hätten, was die Untersuchungsergebnisse verfälschen könnte.

5. Es wurde davon ausgegangen, dass die Teilnehmenden, die ihre Notizen nicht abgegeben haben, keine bzw. keine lesenswerten Notizen erstellten. Diese Annahme wurde teilweise dadurch bestätigt, dass keine nichtlesenswerten Notizen abgegeben wurden.

6. Die Tests wurden handschriftlich durchgeführt, wie es für mathematische Leistungsnachweise regulär erfolgt. (Einige weitere Informationen zu diesem Aspekt wurden im Abschnitt 2.3.2 genannt.) Es wurde nicht die Wirkung der Darstellungsart und der Notizenerstellung für den Fall untersucht, wenn die Leistungstests und bzw. oder Vorlesungsnotizen computergedruckt angefertigt würden.

7. Bei „Vorlesungen" bzw. „Vorlesungsabschnitten" handelte es sich um Vorkursvorlesungen, die eventuell etwas langsamer als reguläre universitäre Mathematikvorlesungen durchgeführt wurden.

8. Die Bildung von verschiedenen Teilgruppen, die für unterschiedliche Auswertungen notwendig war, hat in einzelnen Fällen dazu geführt, dass einige Teil-

gruppen weniger als 30 Teilnehmende umfasste. Die Gruppenstärke wurde bei den Ergebnissen immer mit angegeben.

9. In den Experimenten 2.1 und 2.2 wurde zweimal die Gruppe A aus organisatorischen Gründen für eine dynamische Darstellungsart ausgewählt. Dies hat ermöglicht, dass eine voraussichtlich günstigere Darstellung abwechselnd vormittags und nachmittags stattfand. Außerdem wiesen die Experimente der ersten Studie darauf hin, dass die lernfördernde Wirkung einer Darstellungsart nicht von der Gruppenzusammensetzung abhängen würde.

10. Dass der jeweils für ein Experiment relevante Vorlesungsabschnitt in der zweiten Vorlesungshälfte (in den Parallelgruppen auf unterschiedliche Art) durchgeführt wurde, hat dazu geführt, dass zu Vorlesungsbeginn jeweils die gleiche Darstellungsart in den beiden Parallelgruppen verwendet wurde. Alternativ könnten solche Experimente so geplant werden, dass in den Vorlesungen gleich zu Beginn unterschiedliche zu testende Darstellungsarten (wie im Experiment 2.5) verwendet würden.

5.4   Ausblick

Für die weiteren Untersuchungen wären folgende Fragestellungen interessant und Vorgehensweisen denkbar:

Die Experimente der ersten und zweiten Studie wurden im Rahmen mathematischer Vorkurse in einer echten Unterrichtssituation durchgeführt. Das ermöglichte diverse Untersuchungen basierend auf einem echten und authentischen Verhalten aller Akteure. Ebenfalls interessant wären labortechnische Untersuchungen dieser Art. Für die Planung einer solchen experimentellen Laborstudie wäre unbedingt zu berücksichtigen, dass das Wissen der Teilnehmenden, dass sie an einem solchen (lerneffektmessenden) Experiment teilnehmen, sie beispielsweise besonders (und unnatürlich) konzentrieren ließe, was den Ausgang des Experiments beeinflussen könnte.

Um zu untersuchen, ob der Prozess der Imitation für die Entscheidung der Teilnehmenden, Notizen zu erstellen, eine Rolle spielen könnte, wäre eine videographische Untersuchung denkbar. Sie könnte das Schreibverhalten der Teilnehmenden im Hörsaal explizit in den Fokus nehmen und vergleichen. Außerdem könnten weitere Experimente im Rahmen des echten Unterrichts durchgeführt werden, in denen die Veranstaltungen von Beginn an mit Hilfe einer bestimmten Darstellungsart durchgeführt werden. Auch mit Hilfe von einer experimentellen Laborstudie könnte eventuell ermittelt werden, ob eine bestimmte Darstellungsart bzw. mehrere bestimmte Darstellungsarten die Teilnehmenden im besonderen Masse zum Mitschreiben animieren könnten. Solche Experimente müssten so geplant werden, dass alle externen (und eventuell subjektiven Einflussfaktoren) ausgeschaltet werden könnten.

Es wäre interessant zu untersuchen, ob die nachgewiesenen Effekte im gleichen Maße für unterschiedliche Geschlechter wirken. Dieser Aspekt könnte in einer Reihe entsprechend geplanter Experimente explizit in den Fokus genommen werden.

Bei der durchgeführten Untersuchungsreihe wurden ausdrücklich abstrakt-symbolische mathematische Inhalte sowie Aufgaben, die auf vorher gelernte Verfahren zurückgreifen, in den Fokus genommen. Die Forschungsziele könnten erweitert werden, um die Wirkung verschiedener Darstellungsarten und der handschriftlichen Notation bezüglich der visuell-räumlichen Inhalte und bzw. oder konzeptuellen Aufgaben zu untersuchen. Für weitere Untersuchungen hinsichtlich der visuell-räumlichen Lehrinhalte können die Hinweise der Experimente 1.3 und 2.1, die im Abschnitt 5.1.2.4 diskutiert wurden, verwendet werden. Bei den Untersuchungen hinsichtlich konzeptueller Aufgaben könnte es beispielsweise um die Erklärung von Begriffen oder auch die Bearbeitung von Problemaufgaben handeln. Dabei wäre zu beachten, dass für das Lösen der konzeptuellen Aufgaben eventuell Lehrinhalte notwendig wären, die nicht während eines kurzen Vorlesungsabschnitts zu behandeln sind. Dafür könnten eventuell ganze Unterrichtsreihen eingeplant werden. In diesem Zusammenhang könnte der langfristige Effekt der bestimmten Darstellungsarten bzw. des Schreibens mit der Hand auf unterschiedliche Art und Weise untersucht werden. Da außerdem die Performanz der Teilnehmenden bei der gleichen Darstellungsart über zwei nacheinander folgende Jahre (wie der Äquivalenztest beim Vergleich der Performanz der Experimente 1.1 und 2.3 bestätigte) stabil zu bleiben scheint, wären in diesem Zusammenhang auch Längsschnittstudien denkbar.

Die Ergebnisse der beiden Studien bieten Erkenntnisse, die sich bei der Gestaltung neuer Lehrformate mit Relevanz für das digitale Zeitalter als hilfreich erweisen könnten. Sie könnten nicht nur im Hörsaal, sondern auch bei der Gestaltung unterschiedlicher Lehrmaterialien berücksichtigt werden, um ihren Lerneffekt für Studierende zu steigern. Diese Fragestellungen würden weitere Forschungsmöglichkeiten eröffnen, mit dem Ziel, optimale und zukunftsorientierte mathematische Vorbereitung für Studierende zu ermöglichen und sie dabei zu unterstützen.

Literatur

Aebli, H. (2011). *Zwölf Grundformen des Lehrens: eine allgemeine Didaktik auf psychologischer Grundlage* (14 Aufl.). Klett-Cotta.

Altman, D. G. (1990). *Practical statistics for medical research*. CRC Press.

Anthony, L., Yang, J. & Koedinger, K. R. (2008). How handwritten input helps students learning algebra equation solving. *School of Computer Science, Carnegie Mellon University. Retrieved March, 2,* 2009.

Apperson, J. M., Laws, E. L. & Scepansky, J. A. (2006). The impact of presentation graphics on students' experience in the classroom. *Computers & Education, 47,* (1), 116–126. https://doi.org/10.1016/j.compedu.2004.09.003

Arcavi, A. (2003). The role of visual representations in the learning of mathematics. *Educational studies in mathematics 52* (3), 215–241.

Arndt, P. A. (2018a). Schreiben mit der Hand: Wichtiger Beitrag zum Schriftspracherwerb oder veraltete Kulturtechnik? In H. Böttger & M. Sambanis (Hrsg.), *Focus on Evidence II* (1. Aufl., S. 55–67). Tübingen: Narr Francke Attempto. Zugriff auf http://www.content-select.com/index.php?id=bib_view&ean=9783823391203

Arndt, P. A. (2018b). Transferdiskussion: Petra A. Arndt. In H. Böttger & M. Sambanis (Hrsg.), *Focus on Evidence II* (1. Aufl., S. 77–79). Tübingen: Narr Francke Attempto. Zugriff auf http://www.content-select.com/index.php?id=bib_view&ean=9783823391203

Arndt, P. A. & Sambanis, M. (2017). *Didaktik und Neurowissenschaften: Dialog zwischen Wissenschaft und Praxis*. Narr Francke Attempto Verlag.

Artemeva, N. & Fox, J. (2011). The Writing's on the Board The Global and the Local in Teaching Undergraduate Mathematics Through Chalk Talk. *Written Communication, 28,* 345–379. https://doi.org/10.1177/0741088311419630.

Bamne, S. & Bamne, A. (2016). Comparative study of chalkboard teaching over PowerPoint teaching as a teaching tool in undergraduate medical teaching. *International Journal of Medical Science and Public Health, 5,* 1. https://doi.org/10.5455/ijmsph.2016.01072016532.

Bartolomeo, P., Bachoud-Lévi, A. C., Chokron, S. & Degos, J. D. (2002). Visually-and motor-based knowledge of letters: Evidence from a pure alexic patient. *Neuropsychologia, 40,* (8), 1363–1371.

Bartsch, R. A. & Cobern, K. M. (2003). Effectiveness of PowerPoint presentations in lectures. *Computers & Education, 41,* (1), 77–86. Zugriff auf http://www.sciencedirect.com/science/article/pii/S0360131503000277 https://doi.org/10.1016/S0360-1315(03)00027-7

Berger, M. (2004). The Functional Use of a Mathematical Sign. *Educational Studies in Mathematics*, *55*, (1/3), 81–102. Zugriff auf http://www.jstor.org/stable/4150303

Biederstädt, W. (2018). Wir müssen das Schreiben im Fachunterricht stärken!. In H. Böttger & M. Sambanis (Hrsg.), *Focus on Evidence II* (1. Aufl., S. 131–140). Tübingen: Narr Francke Attempto. Zugriff auf http://www.content-select.com/index.php?id=bib_view&ean=9783823391203

Bigalke, A., Köhler, N., Kuschnerow, H. & Ledworuski, G. (2010). *Mathematik 2.1, Gymnasiale Oberstufe, Hessen, Leistungskurs* (1. Aufl.; A. Bigalke, Aufl.). Cornelsen Verlag.

Bigalke, A., Köhler, N., Kuschnerow, H. & Ledworuski, G. (2012a). *Mathematik 1, Gymnasiale Oberstufe, Hessen* (1. Aufl.; A. Bigalke, Hrsg.). Cornelsen Verlag.

Bigalke, A., Köhler, N., Kuschnerow, H. & Ledworuski, G. (2012b). *Mathematik 3.1, Gymnasiale Oberstufe, Hessen, Leistungskurs* (1. Aufl.; A. Bigalke, Hrsg.). Cornelsen Verlag.

Brand, D., Riemer, W. & Wollmann, A. (2012). *Lambacher Schweizer, Mathematik für Gymnasien, Stochastik* (1. Aufl.). Ernst Klett Verlag.

Brass, M. & Heyes, C. (2005). Imitation: is cognitive neuroscience solving the correspondence problem?. *Trends in Cognitive Sciences*, *9*, (10), 489–495. Zugriff auf http://www.sciencedirect.com/science/article/pii/S136466130500238X https://doi.org/10.1016/j.tics.2005.08.007

Bronštejn, I. N. & Semendjaev, K. A. (1989). *Taschenbuch der Mathematik* (24. Aufl.). Leipzig: Teubner.

Brüggemann, J., Fredebeul, C., Schröder, M., Schöwe, R., Knapp, J. & Borgmann, R. (2011). *MATHEMATIK, Allgemeine Hochschulreife, Technische Richtung* (1. Aufl.). Cornelsen Verlag.

Buccino, G., Lui, F., Canessa, N., Patteri, I., Lagravinese, G., Benuzzi, F. & Rizzolatti, G. (2004). Neural Circuits Involved in the Recognition of Actions Performed by Nonconspecifics: An fMRI Study. *Journal of cognitive neuroscience*, 16, 114–26. https://doi.org/10.1162/089892904322755601.

Catmur, C., Walsh, V. & Heyes, C. (2009). Associative sequence learning: The role of experience in the development of imitation and the mirror system. *Philosophical transactions of the Royal Society of London. Series B, Biological sciences364*, 2369–80. https://doi.org/10.1098/rstb.2009.0048

Clark, M. & Lovric, M. (2008). Suggestion for a theoretical model for secondary-tertiary transition in mathematics. *Mathematics Education Research Journal*, 20, (2), 25–37.

Clark, R. E. (1994). Media will never influence learning. *Educational Technology Research and Development*, 42, (2), 21–29. https://doi.org/10.1007/BF02299088.

Dawane, J., Mrs. Pandit V. A., D., Dhande, P., Sahasrabudhe, R. & Mrs. Karandikar Y. S, D. (2014). A Comparative study of Different Teaching Methodologies used for developing understanding of Cardiac Pharmacology in Undergraduate Medical Students. *IOSR Journal of Research & Method in Education (IOSRJRME)*, *4*, 34–38. https://doi.org/10.9790/7388-04333438.

Dehaene, S., Piazza, M., Pinel, P. & Cohen, L. (2003). Three parietal circuits for number processing. *Cognitive Neuropsychology*, *20*, (3-6), 487–506. Zugriff auf https://doi.org/10.1080/02643290244000239 (PMID: 20957581) https://doi.org/10.1080/02643290244000239

Dehaene, S., Spelke, E., Pinel, P., Stanescu, R. & Tsivkin, S. (1999). Sources of Mathematical Thinking: Behavioral and Brain-Imaging Evidence. *Science*, *284*, (5416), 970–974. Zugriff auf https://science.sciencemag.org/content/284/5416/970 https://doi.org/10.1126/science. 284.5416.970

Ebner, M. & Nagler, W. (2008). Has the end of chalkboard come? A survey about the limits of Interactive Pen Displays in Higher Education. *Proceeding of the 4th International Microlearning 2008 Conference on Microlearning and Capacity Building.*

Erdemir, N. (2011). The effect of powerpoint and traditional lectures on students' achievement in physics. *Journal of Turkish Science Education*, 8, 176–189.

Forster, O. (2016). *Analysis 1 : Differential- und Integralrechnung einer Veränderlichen* (12th ed. 2016 Aufl.). Wiesbaden. Zugriff auf https://doi.org/10.1007/978-3-658-11545-6

Fox, J. & Artemeva, N. (2012). The cinematic art of teaching university mathematics: chalk talk as embodied practice. *Multimodal Communication*, *1*, (1), 83–103. Zugriff auf https://www.degruyter.com/view/journals/mc/1/1/article-p83.xml https://doi.org/10. 1515/mc-2012-0007

Freudigmann, H., Buck, H., Greulich, D., Sandmann, R. & Zinser, M. (2012). *Lambacher Schweizer, Mathematik für Gymnasien, Analysis Leistungskurs*, (1. Aufl.). Ernst Klett Verlag.

Gehlert, T. (2015). Spiegelneuronen – eine quantenphysikalische Annäherung.

Gueudet, G. (2008). Investigating the secondary–tertiary transition. *Educational Studies in Mathematics*, *67*, (3), 237–254. Zugriff auf https://doi.org/10.1007/s10649-007-9100-6 https://doi.org/10.1007/s10649-007-9100-6

Hamdan, M. & Altaher, A. (2011, 03). Engineer's View of Lectures: PowerPoint versus Chalk and Talk. Conference: IAT Technological Education Conference. Zugriff auf https://www.researchgate.net/publication/235960572_Engineer%27s_View_ of_Lectures_PowerPoint_versus_Chalk_and_Talk

Hefendehl-Hebeker, L. (2013). Mathematische Wissensbildung in Schule und Hochschule– Gemeinsamkeiten und Unterschiede. *Mathematik im Übergang Schule/Hochschule und im ersten Studienjahr*, 79.

Hefendehl-Hebeker, L. (2016). Mathematische Wissensbildung in Schule und Hochschule. In *Lehren und Lernen von Mathematik in der Studieneingangsphase* (S. 15–30). Springer.

Herd, E., Hoche, D., König, A., Stanzel, M. & Stühler, A. (2016). *Lambacher Schweizer, Mathematik Einführungsphase* (1. Aufl.). Ernst Klett Verlag.

Hessisches Kultusministerium. (2010). *LEHRPLAN MATHEMATIK Gymnasialer Bildungsgang Jahrgangsstufen 5 bis 13*. Website. Zugriff auf https://kultusministerium.hessen.de/ sites/default/files/media/g9-mathematik.pdf (Zugriff am 25.01.2021)

Hessisches Kultusministerium. (2016). *Kerncurriculum gymnasiale Oberstufe, Mathematik*. Hessisches Kultusministerium. Zugriff auf https://kultusministerium.hessen.de/sites/ default/files/media/kcgo-m.pdf (Zugriff am 08.02.2021)

Heublein, U., Richter, J., Schmelzer, R. & Sommer, D. (2014). *Die Entwicklung der Studienabbruchquoten an den deutschen Hochschulen: Statistische Berechnungen auf der Basis des Absolventenjahrgangs 2012.*

Heyes, C. (2001). Causes and consequences of imitation. *Trends in Cognitive Sciences*, *5*, (6), 253–261. Zugriff auf http://www.sciencedirect.com/science/article/pii/ S1364661300016612 https://doi.org/10.1016/S1364-6613(00)01661-2

Institut für Psychologie der Universität Kassel. (2018). *Richtlinien zur Gestaltung schriftlicher empirischer Arbeiten.*

Jabeen, N. & Ghani, A. (2015). Comparison of the traditional Chalk and Board Lecture System Versus Power Point Presentation as a Teaching Technique for teaching Gross Anatomy to the First Professional Medical Students. *Journal of Evolution of Medical and Dental Sciences, 04,* 1811–1817. https://doi.org/10.14260/jemds/2015/258

James, K. H. & Engelhardt, L. (2012). The effects of handwriting experience on functional brain development in pre-literate children. *Trends in Neuroscience and Education, 1,* (1), 32–42. Zugriff auf http://www.sciencedirect.com/science/article/pii/S2211949312000038 https://doi.org/10.1016/j.tine.2012.08.001

Kersey, A. & James, K. (2013). Brain activation patterns resulting from learning letter forms through active self-production and passive observation in young children. *Frontiers in Psychology, 4,* 567. Zugriff auf https://www.frontiersin.org/article/10.3389/fpsyg.2013.00567 https://doi.org/10.3389/fpsyg.2013.00567

Kiefer, M., Mayer, C. & Arndt, P. (2020). Die Spuren der Handschrift im Gehirn. *lehrer nrw, 64,* (1), 15–18.

Kiefer, M., Schuler, S., Mayer, C., Trumpp, N. M., Hille, K. & Sachse, S. (2015). Handwriting or typewriting? The influence of pen-or keyboard-based writing training on reading and writing performance in preschool children. *Advances in cognitive psychology, 11,* (4), 136.

Kiefer, M. & Trumpp, N. M. (2012). Embodiment theory and education: The foundations of cognition in perception and action. *Trends in Neuroscience and Education, 1,* (1), 15–20. Zugriff auf http://www.sciencedirect.com/science/article/pii/S221194931200004X https://doi.org/10.1016/j.tine.2012.07.002

Kilner, J., Paulignan, Y. & Blakemore, S. (2003). An Interference Effect of Observed Biological Movement on Action. *Current Biology, 13,* (6), 522–525. Zugriff auf http://www.sciencedirect.com/science/article/pii/S0960982203001659 https://doi.org/10.1016/S0960-9822(03)00165-9

Klempin, C. (2018). Professionalisierung von Englischlehramtsstudierenden durch Embodiment fremdsprachendidaktischer Theorie im English Lab In H. Böttger & M. Sambanis (Hrsg.), *Focus on Evidence II* (1. Aufl., S. 207–216). Tübingen: Narr Francke Attempto. Zugriff auf http://www.content-select.com/index.php?id=bib_view&ean=9783823391203

Knoblich, G. & Prinz, W. (2001). Recognition of self-generated actions from kinematic displays of drawing. *Journal of Experimental Psychology: human perception and performance, 27,* (2), 456.

Kroell, C. & Ebner, M. (2011). Vom Overhead-Projektor zum iPad - Eine technische Übersicht. *Lehrbuch für Lernen und Lehren mit Technologien.*

Kullmann, H. M. & Seidel, E. (2005). *Lernen und Gedächtnis im Erwachsenenalter.* W. Bertelsmann Verlag.

Kultusministerkonferenz. (2015). *Bildungsstandards im Fach Mathematik für die allgemeine Hochschulreife (Beschluss der Kultusministerkonferenz vom 18.10.2012).* Sekretariat der Ständigen Konferenz der Kultusminister der Länder in der Bundesrepublik Deutschland. Zugriff auf https://www.kmk.org/fileadmin/veroeffentlichungen_beschluesse/2012/2012_10_18-Bildungsstandards-Mathe-Abi.pdf

Lakens, D. (2017). Equivalence Tests: A Practical Primer for t Tests, Correlations, and Meta-Analyses. *Social Psychological and Personality Science, 8,* (4), 355–362. Zugriff auf https://doi.org/10.1177/1948550617697177 (PMID: 28736600) https://doi.org/10.1177/1948550617697177

Lakens, D., Scheel, A. M. & Isager, P. M. (2018). Equivalence Testing for Psychological Research: A Tutorial. *Advances in Methods and Practices in Psychological Science, 1*, (2), 259–269. Zugriff auf https://doi.org/10.1177/2515245918770963 https://doi.org/10.1177/2515245918770963

Lee, K., Lim, Z. Y., Yeong, S. H., Ng, S. F., Venkatraman, V. & Chee, M. W. (2007). Strategic differences in algebraic problem solving: Neuroanatomical correlates. *Brain Research, 1155*, 163–171. Zugriff auf https://www.sciencedirect.com/science/article/pii/S0006899307008670 https://doi.org/10.1016/j.brainres.2007.04.040

Lee, K., Yeong, S., Ng, S., Venkatraman, V., Graham, S. & Chee, M. (2010). Computing solutions to algebraic problems using a symbolic versus a schematic strategy. *ZDM: the international journal on mathematics education, 42*, 591–605. https://doi.org/10.1007/s11858-010-0265-6

Lexikon der Neurowissenschaft. (2000a). *Stichwort: ‚Alexie'*. Website. Heidelberg: Spektrum Akademischer Verlag. Zugriff auf https://www.spektrum.de/lexikon/neurowissenschaft/alexie/380 (Zugriff am 26.11.2020)

Lexikon der Neurowissenschaft. (2000b). *Stichwort: ‚Elektromyographie'*. Website. Heidelberg: Spektrum Akademischer Verlag. Zugriff auf https://www.spektrum.de/lexikon/neurowissenschaft/elektromyographie/3338 (Zugriff am 08.01.2021)

Lexikon der Neurowissenschaft. (2000c). *Stichwort: 'Synapsen*. Website. Heidelberg: Spektrum Akademischer Verlag. Zugriff auf https://www.spektrum.de/lexikon/neurowissenschaft/synapsen/12620 (Zugriff am 14.05.2021)

Longcamp, M., Anton, J. L., Roth, M. & Velay, J. L. (2003). Visual presentation of single letters activates a premotor area involved in writing. *NeuroImage, 19*, (4), 1492–1500. Zugriff auf http://www.sciencedirect.com/science/article/pii/S1053811903000880 https://doi.org/10.1016/S1053-8119(03)00088-0

Longcamp, M., Anton, J. L., Roth, M. & Velay, J. L. (2005). Premotor activations in response to visually presented single letters depend on the hand used to write: a study on left-handers. *Neuropsychologia, 43*, (12), 1801–1809. Zugriff auf http://www.sciencedirect.com/science/article/pii/S0028393205000990 https://doi.org/10.1016/j.neuropsychologia.2005.01.020

Longcamp, M., Boucard, C., Gilhodes, J. C. & Velay, J. L. (2006). Remembering the orientation of newly learned characters depends on the associated writing knowledge: A comparison between handwriting and typing. *Human Movement Science, 25*, (4), 646–656. Zugriff auf http://www.sciencedirect.com/science/article/pii/S0167945706000649 (Advances in Graphonomics: Studies on Fine Motor Control, Its Development and Disorders) https://doi.org/10.1016/j.humov.2006.07.007

Longcamp, M., Hlushchuk, Y. & Hari, R. (2011). What differs in visual recognition of handwritten vs. printed letters? An fMRI study. *Human Brain Mapping, 32*, (8), 1250–1259. Zugriff auf https://onlinelibrary.wiley.com/doi/abs/10.1002/hbm.21105 https://doi.org/10.1002/hbm.21105

Longcamp, M., Zerbato-Poudou, M. T. & Velay, J. L. (2005). The influence of writing practice on letter recognition in preschool children: A comparison between handwriting and typing. *Acta Psychologica, 119*, (1), 67–79. Zugriff auf http://www.sciencedirect.com/science/article/pii/S0001691804001167 https://doi.org/10.1016/j.actpsy.2004.10.019

Maclaren, P. (2014). The new chalkboard: the role of digital pen technologies in tertiary mathematics teaching. *Teaching Mathematics and its Applications: An International Jour-*

nal of the IMA, 33, (1), 16–26. Zugriff auf https://doi.org/10.1093/teamat/hru001 https://doi.org/10.1093/teamat/hru001

Maclaren, P., Singamemni, S. & Wilson, D. (2013). Technologies for engineering education. *Australian Journal of Multi-Disciplinary Engineering, 9*. https://doi.org/10.7158/N13-GC12.2013.9.2.

Matsuo, K., Kato, C., Tanaka, S., Sugio, T., Matsuzawa, M., Inui, T. ... Nakai, T. (2001). Visual language and handwriting movement: functional magnetic resonance imaging at 3 tesla during generation of ideographic characters. *Brain Research Bulletin, 55*, (4), 549–554. Zugriff auf http://www.sciencedirect.com/science/article/pii/S0361923001005640 https://doi.org/10.1016/S0361-9230(01)00564-0

Max-Planck-Institut für biologische Kybernetik. (2018). *Stichwort: ‚Funktionelle MRT (fMRT)‘*. Website. Zugriff auf https://hirnforschung.kyb.mpg.de/methoden/funktionelle-magnetresonanztomographie-fmrt.html (Zugriff am 30.11.2020)

Max-Planck-Institut für Psychiatrie. (2020). *Stichwort: 'Funktionelle MRT (fMRT)'*. Website. Zugriff auf https://www.psych.mpg.de/1687656/fMRT (Zugriff am 30.11.2020)

Moore, R. C. (1994). Making the Transition to Formal Proof. *Educational Studies in Mathematics, 27*, (3), 249–266. Zugriff auf http://www.jstor.org/stable/3482952

Mueller, P. A. & Oppenheimer, D. M. (2014). The pen is mightier than the keyboard: Advantages of longhand over laptop note taking. *Psychological science, 25*, (6), 1159–1168.

Nielsen, J. & Levy, J. (1994). Measuring Usability: Preference vs. Performance. *Commun. ACM, 37*, (4), 66–75. Zugriff auf https://doi.org/10.1145/175276.175282 https://doi.org/10.1145/175276.175282

Ose Askvik, E., van der Weel, F. R. R. & van der Meer, A. L. H. (2020). The Importance of Cursive Handwriting Over Typewriting for Learning in the Classroom: A High-Density EEG Study of 12-Year-Old Children and Young Adults. *Frontiers in psychology, 11*, 1810. Zugriff auf https://europepmc.org/articles/PMC7399101 https://doi.org/10.3389/fpsyg.2020.01810

Paulus, W., Reimers, C. D. & Steinhoff, B. J. (2000). Elektroenzephalographie (EEG). In *Neurologie* Neurologie (S. 207–209). Heidelberg: Steinkopff. Zugriff auf https://doi.org/10.1007/978-3-642-57726-0_41 https://doi.org/10.1007/978-3-642-57726-0_41

Press, C., Bird, G., Flach, R. & Heyes, C. (2005). Robotic movement elicits automatic imitation. *Cognitive Brain Research, 25*, (3), 632–640.

Pros, R. C., Tarrida, A. C., del Mar Badia Martin, M. & del Carmen Cirera Amores, M. (2013). Effects of the PowerPoint methodology on content learning. *Intangible Capital, 9*, (1), 184–198. Zugriff auf http://www.intangiblecapital.org/index.php/ic/article/view/370 https://doi.org/10.3926/ic.370

Quinby, F., Pollanen, M., Reynolds, M. G. & Burr, W. S. (2020). Effects of digitally typesetting mathematics on working memory. In *International Conference on Human-Computer Interaction* (S. 69–80).

Rach, S. & Heinze, A. (2013). Welche Studierenden sind im ersten Semester erfolgreich?. *Journal für Mathematik-Didaktik, 34*, (1), 121–147.

Ramachandrudu. (2016). Powerpoint presentation vs blackboard teaching: a comparative study and evaluation in government medical college, Ananthapuramu, Andhra Pradesh for II M.B.B.S students: a questionnaire based study. *Journal of Evolution of Medical and Dental Sciences, 5*. https://doi.org/10.14260/jemds/2016/319

Rasch, B., Friese, M., Hofmann, W. & Naumann, E. (2010). SPSS-Ergänzungen. Kapitel 4: Merkmalszusammenhänge. In *Quantitative Methoden 1: Einführung in die Statistik für Psychologen und Sozialwissenschaftler* (3. Aufl., S. 1–11). Springer-Verlag.

Rizzolatti, G., Fabbri-Destro, M. & Cattaneo, L. (2009). Mirror neurons and their clinical relevance. *Nature clinical practice neurology, 5*, (1), 24–34.

Rizzolatti, G. & Sinigaglia, C. (2016). The mirror mechanism: a basic principle of brain function. *Nature Reviews Neuroscience, 17*, (12), 757.

Romney, C. (2010). Tablet PCs in undergraduate mathematics. In (S. T4C-1). https://doi.org/10.1109/FIE.2010.5673134

SA, M., Shaikh, S., Almasri, A., Shaikh, M., Aqil, M., Anwer, M. A. & Al Drees, A. M. (2013). Comparison of the Impact of Power Point and Chalkboard in Undergraduate Medical Teaching: An Evidence Based Study. *Journal of the College of Physicians and Surgeons-Pakistan: JCPSP, 23*, 47–50.

Savoy, A., Proctor, R. W. & Salvendy, G. (2009). Information retention from PowerPoint™ and traditional lectures. *Computers & Education, 52*, (4), 858–867. https://doi.org/10.1016/j.compedu.2008.12.005.

Sawada, R., Doi, H. & Masataka, N. (2016). Processing of self-related kinematic information embedded in static handwritten characters. *Brain Research, 1642*, 287–297. Zugriff auf http://www.sciencedirect.com/science/article/pii/S0006899316301780 https://doi.org/10.1016/j.brainres.2016.03.039

Seki, K., Yajima, M. & Sugishita, M. (1995). The efficacy of kinesthetic reading treatment for pure alexia. *Neuropsychologia, 33*, (5), 595–609. Zugriff auf http://www.sciencedirect.com/science/article/pii/002839329400138F https://doi.org/10.1016/0028-3932(94)00138-F

Shallcross, D. & Harrison, T. (2007). Lectures: Electronic presentations versus chalk and talk – A chemist's view. *Chem. Educ. Res. Pract., 8*. https://doi.org/10.1039/B6RP90021F.

Sohn, M., Goode, A., Koedinger, K., Stenger, V., Fissell, K., Carter, C. & Anderson, J. (2004). Behavioral equivalence, but not neural equivalence-neural evidence of alternative strategies in mathematical thinking. *Nature Neuroscience, 7*, 1193–1194.

Stangl, W. (2020). Stichwort: ‚Embodied Cognition'. *Online Lexikon für Psychologie und Pädagogik.* https://lexikon.stangl.eu/14550/embodied-cognition/. (Zugriff am 23.11.2020)

Stefan, K., Cohen, L. G., Duque, J., Mazzocchio, R., Celnik, P., Sawaki, L. ... Classen, J. (2005). Formation of a motor memory by action observation. *Journal of Neuroscience, 25*, (41), 9339–9346.

Susser, J. A., Panitz, J., Buchin, Z. & Mulligan, N. W. (2017). The motoric fluency effect on metamemory. *Journal of Memory and Language, 95*, 116–123. Zugriff auf http://www.sciencedirect.com/science/article/pii/S0749596X17300104 https://doi.org/10.1016/j.jml.2017.03.002

Susskind, J. E. (2005). PowerPoint's power in the classroom: enhancing students' self-efficacy and attitudes. *Computers & Education, 45*, (2), 203–215. Zugriff auf http://www.sciencedirect.com/science/article/pii/S0360131504000831 https://doi.org/10.1016/j.compedu.2004.07.005

Sweller, J. (2011). CHAPTER TWO - Cognitive Load Theory. In J. P. Mestre & B. H. Ross (Hrsg.), (Bd. 55, S. 37–76). Academic Press. Zugriff auf http://www.sciencedirect.com/science/article/pii/B9780123876911000028 https://doi.org/10.1016/B978-0-12-387691-1.00002-8

Szabo, A. & Hastings, N. (2000). Using IT in the undergraduate classroom: should we replace the blackboard with PowerPoint?. *Computers & Education, 35*, (3), 175–187. Zugriff auf http://www.sciencedirect.com/science/article/pii/S0360131500000300 https://doi.org/10.1016/S0360-1315(00)00030-0

Tai, Y. F., Scherfler, C., Brooks, D. J., Sawamoto, N. & Castiello, U. (2004). The Human Premotor Cortex Is 'Mirror' Only for Biological Actions. *Current Biology, 14*, (2), 117–120. Zugriff auf http://www.sciencedirect.com/science/article/pii/S0960982204000065 https://doi.org/10.1016/j.cub.2004.01.005

Teschl, G. & Teschl, S. (2013). *Mathematik für Informatiker : Band 1: Diskrete Mathematik und Lineare Algebra* (4. Aufl.). Berlin, Heidelberg. Zugriff auf https://doi.org/10.1007/978-3-642-37972-7

Teschl, G. & Teschl, S. (2014). *Mathematik für Informatiker : Band 2: Analysis und Statistik* (3. Aufl.). Berlin, Heidelberg. Zugriff auf https://doi.org/10.1007/978-3-642-54274-9

Tindall-Ford, S., Chandler, P. & Sweller, J. (1997). When two sensory modes are better than one. *Journal of experimental psychology: Applied, 3*, (4), 257.

van der Meer, A. L. H. & van der Weel, F. R. R. (2017). Only Three Fingers Write, but the Whole Brain Works: A High-Density EEG Study Showing Advantages of Drawing Over Typing for Learning. *Frontiers in Psychology, 8*, 706. Zugriff auf https://www.frontiersin.org/article/10.3389/fpsyg.2017.00706 https://doi.org/10.3389/fpsyg.2017.00706

Vasanth, D., Elavarasi, D. & Akilandeswari, D. (2018). Evaluation Of Impact Of Power Point Versus Chalkboard Based Lectures On Medical Student s Knowledge And Their Preferences. *Indian Journal of Applied Research, 7* (11). Zugriff auf https://wwjournals.com/index.php/ijar/article/view/7658

VEMINT-Konsortium. (2012–2021). *VEMINT*. Website. Zugriff auf https://www.vemint.de (Zugriff am 31.01.2021)

Verma, J. (2015). *Repeated measures design for empirical researchers*. John Wiley & Sons.

VinciBooher, S. & James, K. H. (2020). Visual experiences during letter production contribute to the development of the neural systems supporting letter perception. *Developmental Science,* e12965.

Vinci-Booher, S., James, T. W. & James, K. H. (2016). Visual-motor functional connectivity in preschool children emerges after handwriting experience. *Trends in Neuroscience and Education, 5*, (3), 107–120. Zugriff auf http://www.sciencedirect.com/science/article/pii/S2211949316300187 (Writing in the digital age) https://doi.org/10.1016/j.tine.2016.07.006

Vinci-Booher, S., Sehgal, N. & James, K. (2018). Visual and Motor Experiences of Handwriting Independently Contribute to Gains in Visual Recognition. *Journal of Vision, 18*, 1166. https://doi.org/10.1167/18.10.1166

Was ist Moodle. (2019). Website. Zugriff auf https://docs.moodle.org/310/de/Was_ist_Moodle (Zugriff am 28.01.2021)

Was ist Moodle FAQ. (2019). Website. Zugriff auf https://docs.moodle.org/310/de/Was_ist_Moodle_FAQ#Was_ist_Moodle.3F (Zugriff am 28.01.2021)

Weber, A. (2017). *Die körperliche Konstitution von Kognition.* https://doi.org/10.1007/978-3-658-17219-0.

Wecker, C. (2012). Slide presentations as speech suppressors: When and why learners miss oral information. *Computers & Education, 59*, (2), 260–273. https://doi.org/10.1016/j.compedu.2012.01.013

Wickens, C. (2002). Multiple resources and performance prediction. *Theoretical Issues in Ergonomic Science*, 3, 159–177. https://doi.org/10.1080/14639220210123806.

Wilson, R. A. & Foglia, L. (2017). Embodied Cognition. In E. N. Zalta (Aufl.), *The Stanford Encyclopedia of Philosophy* (Spring 2017 Aufl.). Metaphysics Research Lab, Stanford University. https://plato.stanford.edu/archives/spr2017/entries/embodied-cognition/.

Wollscheid, S., Sjaastad, J. & Tømte, C. (2016). The impact of digital devices vs. Pen(cil) and paper on primary school students' writing skills – A research review. *Computers & Education*, *95*, 19–35. Zugriff auf http://www.sciencedirect.com/science/article/pii/S0360131515300920 https://doi.org/10.1016/j.compedu.2015.12.001

Printed in the United States
by Baker & Taylor Publisher Services